진화의 렌즈로 본

생명의 아름다움

에그버트 자일스 리
크리스티안 지글러
지음

전상학
박기석
심현표
안주현
유금복
옮김

NATURE STRANGE AND BEAUTIFUL

HOW LIVING BEINGS EVOLVED AND MADE THE EARTH A HOME

북스힐

역자서문

생명과학 분야는 진화의 관점을 빼놓고는 이해할 수 없는 학문적인 밑바탕을 가지고 있다고 생각합니다. 오늘날 생물의 유전체나 적응 형태는 과거의 흔적과 적응을 내포하고 있으며, 현재의 것이 영원한 것이 아니라 환경에 따라 변할 수 있다는 아주 큰 틀의 교훈을 포함하고 있습니다.

이 책은 생명체의 역사를 진화의 관점에서 살펴보는 것이 자연 현상을 더욱 아름답게 관조할 수 있는 훌륭한 방법이라는 것을 강조하고 있으며, 풍부한 사진을 활용한 다양한 사례들을 소개하고 있습니다. 자연에는 이기적인 것만이 아니라 유전자의 전달을 위해서 희생하는 처절하면서도 아름다운 모습들도 있습니다. 이 책을 번역하면서 역자들도 원저자들에게 크게 공감했으며, 우리 독자들도 진화의 큰 사건들을 이해하고, 유전자들의 전달을 위해서 노력하는 이상하면서도 아름다운 자연의 세계를 이해할 수 있기를 기대합니다. 특히 자연의 아름다움이란 집단의 공동의 이익을 위해서 자신을 희생하는 것이나, 살기 위해서 다양한 변장술로 위장하는 것 등 생물들이 만들어가는 다양한 진화적 적응의 삶 자체라는 것입니다.

우리가 번역하면서 어려웠던 점은 진화는 방향성, 즉 목적성이 없는 것을 표현하는 것이었습니다. 어떤 경우에는 "진화"와 "자연선택"이 주체적으로 세상을 강하게 변화시키는 원동력으로 표현됨으로써 이들이 목적 지향적인 것처럼 표현되었습니다. 이러한 표현은 번역상의 어려움이기도 했지만 저자의 의도를 좀 더 잘 살리고자 어떤 부분들은 번역 시 그와 같은 관점을 유지하기도 했습니다. 역자들은 이를 피하고자 최대한 노력을 기울였지만, 혹시라도 그러한 표현을 쓸 수밖에 없었다면 그것은 목적성을 내포하고 있지 않다는 것을 다시 한번 강조합니다. 종종 생소한 지역이 등장할 때는 인터넷 검색으로 실제 그 위치를 확인하며 역자가 최대한 지역에 대해 생생하게 느끼면서 번역 작업을 하고자 노력했습니다.

함께 참여해준 제자들에게 고마움을 전합니다. 또한 수고해주신 편집진에게도 감사함을 전합니다.

서울대학교 관악캠퍼스에서

대표 역자 전상학

서문

진화가 자연선택을 통해서 이루어진다고 생각하면 자연의 아름다움을 더욱 잘 느낄 수 있을 것이다. 프랑스의 신비주의자 웨일(Simone Weil)은 과학이 세계의 아름다움을 연구하는 것이라고 믿었다. 우리는 이러한 관점에서 진화적인 생각이 어떻게 우리들에게 자연의 아름다움을 감상하는 데 도움을 줄 수 있는지 보여주고자 노력하였다. 우리는 지구의 식물, 동물, 그리고 미생물이 자연선택을 통해서 공통의 미생물로부터 진화하였고 다양한 생물이 출현하게 되었다는 많은 설득력 있는 증거들을 제시하였다. 자연선택의 관점에서 자연의 아름다움을 살펴보는 것은 마치 딱 맞는 렌즈를 통해서 자연을 살펴보는 것과 같다. 하지만 이러한 아름다움을 전달하는 과정에서 과학자의 노력뿐만 아니라 재능 있는 예술가들과 이 책의 수많은 놀라운 사진을 제공하였던 지글러(Christian Ziegler)와 같은 유능한 사진작가들의 도움이 없었다면 불가능했다.

그래서 우리는 아름답고 낯선 자연의 세계뿐만 아니라 우리가 그토록 아름답다고 생각한 자연의 세계가 생겨나게 된 전혀 예상치 못한 단계와 궁금한 기작에 초점을 두어 기술하였다. 바다 밑바닥의 틈을 통해 꾸준하게 공급되는 에너지를 이용하여 비생물적 화학 반응 과정을 하던 존재가 수많은 화학 반응의 협응을 통해 스스로 번식하는 생명체로 탄생하였다. 이러한 복제를 하는 생명체의 자손이 지구 표면의 지질 환경을 변화시킴으로써 지구는 생명체가 살기에 적합한 보금자리로 변모하기 시작하였다. 5억 년보다도 전에 생명체를 먹는 소비자들이 아직 먹이가 없는 세상에 나타나기 시작하였으며, 점점 더 많은 수의 포식자들과 이들이 먹이였던 조류 섭취자나 유기물 섭취자들이 주변에서 벌어지는 상황을 훨씬 더 잘 인식하는 방향으로 그리고 지속적으로 개선된 반응을 보이는 방향으로 진화되었다.

이처럼 '인식'이 도입됨으로써 인간 정신의 진화에 대한 토대의 일부가 마련되었다. 실제로 한 가지 목적을 위하여 진화하였던 특징은 때때로 놀라울 정도로 다른 상황에서는 엄청난 다른 결과를 가져왔다. 놀이는 아마도 포유류 중에서도 특히 사회생활하는 포유류에서 눈, 입, 발 사이의 긴밀한 조율을 필요로 하는 활동에서 운동으로 진화하였으며, 사회적 관계에서 놀이 동료들과 놀이를 연습하면서 진화한 것으로 생각된다. 어떤 동물에서는 놀이가 학문적인 목적을 위해서 배우는 것으로 자신들의 세계에 대한 흥미 없는 탐구의 한 형태가 되었다. 과학과 예술은 생존과는 거리가 먼 수학적 진리와 단테의 신곡, 아인슈타인의 일반 상대성 이론, 폴 디랙의 양자 역학 등의 찬란한 업적을 이뤄낸 놀이의 형태라고 할 수 있다. 미적 감각이 이 모든 업적을 견인하였으며, 이것은 결국 세상의 아름다움을 강하게 인식하도록 만들었다.

자연선택은 경쟁이다. 그러나 사람의 경제 상황에서처럼 자연계에서도 생명체는 제3자와 더 잘 경쟁하기 위하여 협력한다. 경제학자인 아담 스미스(Adam Smith)가 처음으로 보여준 것처럼 말이다. 현재 인간 경제 상황에서 벌어지고 있는 것처럼 열대 우림은 치열한 경쟁의 장이자 상호의존과 협력이 최고조로 일어나는 곳이다. 아담 스미스가 주장했듯이 경쟁이 공익을 위해서 좋은 방향으로 작용하려면 공정성의 규칙이 작동해야 한다. 플라톤은 도둑들도 구성원들에게 정당하게 대해야만 무리가 효과적으로 유지된다고 하였다. 이러한 플라톤의 교훈은 왜 아주 지독히도 이기적인 동물의 유전자들이 그것을 운반하는 개인들에게 이익이 되는 경우에만 확산되도록 보장하는 규칙을 집단적으로 시행하는 이유를 알 수 있게 해준다. 협력 집단 속에 있는 동물들이 협력으로 생기는 모든 이익을 저해하는 부정행위를 막는 방법을 살펴보면 왜 동물의 몸속에서 암세포가 퍼지는 것을 막고 암세포가 있는 동물을 죽이는지를 이해하게 된다. 실제로 동물 세포 내에서 협력 관계를 유지하는 것과 꿀벌 집단 간에 협력을 유지하는 것이 유사하다는 것을 통해 동물 세포의 활동과 꿀벌이 어떻게 조정되는지를 보여주었다. 마찬가지로 "인간의 사리사욕은 우리를 이롭게 하는 사람만을 이롭게 한다."라고 말했던 네덜란드의 철학자 스피노자의 격언처럼 세렝게티 초원의 동물들이 나무를 제거하는 것은 풀을 적절하게 관리하여 초원을 보호함으로써 결국 그들에게 더 나은 환경을 만들어 주기 위함이다.

이 책은 파나마의 바로콜로라도(Barro Colorado) 섬의 열대 우림, 마다가스카르, 페루, 그리고 다른 열대 국가들뿐만 아니라 워싱턴에 있는 올림픽 반도의 북서 끝의 바위투성이 군도인 타투쉬(Tatoosh) 해안에 이르기까지 가장 아름다운 자연의 모습들을 담고 있다. 우리는 바흐, 몬테베르디와 많은 다른 음악가들의 음악을 들으면서 영감을 받아 바로콜로라도 섬의 사무실에서 이 책을 쓰고 또 다시 썼다. 지글러(Christian Ziegler)와 협력하여 집필했는데, 지글러는 바로콜로라도 섬과 인근 본토에 대해서 아주 잘 알고 있었을 뿐만 아니라 콩고 민주공화국, 북동부 오스트레일리아, 보르네오, 태국, 부탄과 많은 다른 이국적인 장소에서 활동한 경험을 가지고 있었다. 이 책은 몇 년 전에 지글러와 내가 공동으로 저술한 바로콜로라도 섬의 생태학 및 자연사에 대한 책인 『마법의 거미줄(Magic Web)』의 진화에 대한 후속편이라고 할 수 있다. 우리 둘은 다시 함께 저술 작업을 하면서 독자들이 이 책을 통해 진화적인 관점에서 자연을 바라보면 자연의 아름다움을 잘 드러낼 수 있다는 것을 느껴보기를 희망한다.

차례

01장

들어가며

약 40억년 전 해저 1km 어딘가에서 스스로 증식할 수 있는 물체가 출현하였다. 이들은 주변의 에너지를 이용해 스스로 번식하는 생명의 특성을 갖추고 있었으나, 이들은 분명 생명력이 없는 물질로부터 생겨났을 것이다. 그렇지 않다면 우리는 아마도 생명이 어떻게 시작되었는지를 과학적인 방법으로 밝힐 수는 없을 것이다. 생명체는 단순하지 않다. 심지어 가장 단순한 생명의 존재라도 화학 에너지를 사용하여 성장하고 번식하려면 수천 종류는 아니더라도 수백 종류의 화학 반응이 적절한 곳에서 적절한 시기에 이루어지도록 통제할 수 있어야 한다. 이를 위해, 생명체는 특정한 화학 반응을 촉매하는 효소를 만들었고, 이러한 효소들이 생명체 내에서 특정 장소 및 시기에 만들어질 수 있도록 하고, 또한 다른 효소들과 조화롭게 작용할 수 있도록 하기 위해 또 다른 화학 물질들을 생산하게 되었다. 이러한 화학 반응과 조절 과정은 생명체가 먹고, 자라고, 증식하고, 함께 협력하는 데 필요한 **자연의 기술**(natural technology)의 기반이 되었다. 물질이 이런 능력을 갖게 됨으로써 생명의 기원이 될 수 있었다.

효소의 합성 또는 조절에 관한 정보를 가진 유전체가 복제를 하는 과정에서 필연적으로 오류가 발생하여 자손들 사이에서 변이가 만들어지고 그중 일부는 생명체가 증식하는 데에 영향을 줄 수 있다. 우리가 자연선택이라고 부르는 이러한 차별적인 번식 능력으로 인해 가장 빠르게 증식하는 변이를 가진 개체가 다른 개체들보다 더욱 빠르게 확산된다. 한 개체가 갖고 있는 유전체는 자신이 처한 환경 속에서 살아가는 방법과 자손을 남기는 방법에 대한 일종의 가설을 DNA라는 물질에 암호화한 것이라고 볼 수 있다. 자연선택은 시행착오에 의해, 아니 엄밀히 말하면 복제 오류로 만들어진 변이 가설을 시험해보고 수정하고 보완하면서 생명체가 처한 환경의 특성에 부합된 기능이 선택되도록 한다. 마치 과학자가 가설을 수정하고 발전시켜나가면 이를 시험하고, 사실과 좀 더 일치하는 것을 찾아가는 것과 같은 이치라고 할 수 있다. 그러나 자연선택에는 방향성이 없으며, 환경 또한 계속해서 변화한다.

일단 번식 시스템이 등장한 후로는 번식 능력이 더 뛰어난 개체들이 그렇지 못한 개체들을 대체하였다. 이러한 자연선택은 자손들을 생명체로 전환시켜 주었으며, 생명체는 그들의 종족을 재생산하기 위해 훨씬 더 정교하게 조직되었다. 이러한 생명체들은 자신이 속한 지구를 급격한 변화의 길로 들어서게 하였다. 생명체들은 자신들에게 더 유리한 환경을 만들기 위하여 지구를 변화시켰다. 그리고 개념적인 사고를 할 수 있는 생명체들이 출현하였다.

이 책에서 우리는 독립적으로 번식하는 존재가 처음 어디에서 어떻게 나타났었는지, 이들이 어떻게 엄청나게 다양한 생명체와 풍경을 만들어냈는지, 그리고 이들 중 일부는 어떻게 주변 환경을 인식하고 반응할 수 있는 능력을 발달시켜 왔는지에 대한 궁금증을 풀고자 하였다. 키가 큰 나무와 활동적인 동물로의 진화는 어떠한 혁신적인 변화로부터 일어날 수 있었을까? 키 큰 나무는 어떻게 가장 높은 곳의 잎에 물과 무기염류를 공급하고, 가뭄에는 어떻게 물을 보존할 수 있었으며, 새 잎이 나오고, 꽃이 피고, 오래된 잎이 떨어지는 시기를 어떻게 알 수 있었을까? 동물들은 어떻게 먹이와 포식자를

[사진 1.1] 일부 동물들은 다른 동물을 먹는다. 사진은 낚시 박쥐(*Noctilio leporinus*)가 바로콜로라도 섬의 동굴에서 자신이 쏜 초음파의 메아리로 물고기를 감지하고 날아가서 잡는 과정을 보여준다.

보고, 듣고, 냄새를 맡거나, 느낄 수 있으며, 음식을 먹거나 포식자를 피하기 위해 상황에 따라 적절하게 움직이고, 섭취한 음식을 그들의 활동을 위한 연료로 사용할 수 있었을까(사진 1.1)? 예를 들어, 고양이와 원숭이의 눈과 뇌는 다양한 관점에서 물체를 추상화할 수 있는 무의식적인 계산 기술을 가지고 있어 눈앞의 대상이 피해야 할 포식자인지, 방해물인지, 혹은 잡아먹을 수 있는 먹이인지 추측할 수 있다. 다세포 동물의 세포들이 각기 다른 신호를 내어 그들의 활동을 조화롭게 하는 것처럼 사회적 동물도 서로 교신하면서 그룹의 활동을 조정한다.

오늘날 도시에 사는 사람이 가족을 부양하기 위해 많은 사람들과 공동체를 이루고, 서로 의존하는 것처럼 생물들도 넓게 퍼지고 다양해지면서 다양한 공동체와 연계되고, 생존과 번식을 위해 다른 많은 종류의 생물의 활동에 의존하게 되었다. 다양한 생물들이 어떻게 출현하였을까? 왜 자연선택은 산호초, 열대우림, 그리고 거대한 아프리카 대평원을 풍요와 다양성으로 이끌어낸 상호의존성과 협력 관계를 선호했을까? 사실 다른 능력을 가진 종들은 종종 상호 이익을 위해 서로 끌어들이는 경향이 있다. 예를 들면, 곤충은 한 식물에서 다른 식물로 옮겨 다니면서 꿀을 섭취하지만 동시에 꽃가루를 운반하여 수분을 매개한다. 사람의 경제 활동에서와 마찬가지로 자연 생태계도 상호 협력적인 노력을 통해 풍요롭고 다양한 세상을 만들어간다. 어떻게 협력자들이 서로 속이거나 속지 않고 도울 수 있었을까?

동물이 보유한 최고의 기술은 개념적 사고와 도덕적 판단을 할 수 있고, 언어 능력이 있는 의식적인 인간의 정신이다. 인간의 정신은 인간의 사회적 행동과 살아가는 방식의 변화에 대한 주된 동인으로서 자연선택을 대신할 수 있는 문화적 변화, 즉 다른 사람으로부터 배웠던 생각이나 경험이 전파될 수 있도록 해주었다. 인간의 정신은 이 기술을 발전시켜 지구를 비할 데 없는 빠른 속도로 변화시키고 종종 파괴하기도 하는 복잡한 사회적 협력을 가능하게 했다. 어떻게 의식, 개념적 사고, 언어가 진화할 수 있었을까?

이 책은 진화와 그것이 어떻게 일어났는지에 대해 포괄적으로 정리한 책이 아니다. 진화와 관련된 주제들은 매우 방대하고, 각 주제들을 동일한 비중으로 다루는 것은 매우 지루한 일이 될 수 있기 때문이다. 대학 시절부터 책을 통해 영감을 주었던 철학자이자 물리학자 바일(Hermann Weyl)처럼 우리는 가까이서 볼 때에는 매우 선명한 사실이지만, 이러한 사실들을 조금 먼 발치에서 바라보는 것을 선호한다. 맑은 하늘 아래에 넓게 펼쳐져 있는 풍경을 수평선 너머 점차 희미해져가는 그정도의 거리에서 말이다. 이 책은 자연선택이 어떻게 작동하는지에 대하여 50년간 고민한 나의 생각과 파나마부터 마다가스카르와 말레이시아에 이르는 열대림에서의 50년 동안의 경험, 그리고 숲, 산호초 및 바위 해안에 대해 학생들과의 많은 대화를 바탕으로 쓴 개인적인 견해를 담고 있다. 이 책은 개체의 서로 다른 부분과 작용들 사이에서 그리고 개체와 환경 사이에서의 놀라운 조화와, 이러한 조화가 어떻게 나타날 수 있었는지를, 또 자연선택이라는 경쟁의 과정이 어떻게 종 내에서의 사회적 협력과 종 사이의 상리공생이 일어나도록 할 수 있었는지에 초점을 두고 있다. 저자인 본인이나 사진작가 모두 우리가 개인적으로 알고 있는 예를 우선적으로 선택하여 활용하였다. 이런 이유로 우리가 오랫동안 연구하였던 스미스소니언 열대 연구소(Smithsonian Tropical Research Institute)가 위치해 있는 파나마에 초점을 맞추어 이야기를 풀어 가고자 했는데, 그곳에는 운 좋게도 우리가 진화 과정을 파악하는 데 도움을 준 많은 동료와 학생들이 연구를 하고 있었다. 그렇지만, 진화에 대한 책이라면 하나의 작은 섬이나 한 나라를 넘어서는 많은 사례를 찾아 설명해야 독자의 이해를 넓힐 수 있을 것으로 생각한다.

02장

문제 해결을 위한 접근

생명 활동이 정상적으로 수행되기 위해서는 여러 다른 수준에서 다양한 과정과 활동이 조화롭게 일어나야 한다. 이러한 조정 과정은 어떻게 만들어졌을까? 생명체는 여러 수준에서 수많은 활동을 조정할 수 있는 능력 덕분에 그들이 적응한 서식지에서 생존하고 번식할 수 있는 수단을 얻게 되었다(사진 2.1). 고양이의 형태나 생리적인 특성, 그리고 행동 양식은 먹이를 잡기에 매우 적합하게 되어 있고, 낙타가 사막의 식물을 먹고 살아가는 것을 보면 경탄할 수밖에 없다. 동물들이 생존과 번식을 위한 에너지를 얻고 효율적으로 사용하기 위해서는 의심할 여지없이 물질대사 과정과 신경 및 근육 활동이 서로 조화를 이루어야 한다. 심지어 박테리아도 수천의 화학 반응을 특화시키고 조정하여 생존과 번식하는 데 필요한 에너지를 얻는다. 마찬가지로 다세포 동물 또한 수많은 세포 활동을 조정해야 하고, 자신이 속한 사회의 구성원들 간의 활동을 조정해야 한다. 인간 공동체처럼 생태계 공동체도 개체들이 먹이를 얻기 위해 단지 경쟁만 하는 것이 아니라 그물망처럼 상호의존적으로 얽혀 있다.

[사진 2.1] 엄마 나무늘보(*Bradypus variegatus*)는 부양해야 할 자식을 데리고 살며, 식물의 잎만 먹고 사는 것으로 특화되어 있다. 어린 자식을 돌보는 것이 사회생활의 기원이라고 생각된다.

[사진 2.2] 오셀롯(*Leopardus pardalis*)은 오늘날 바로콜로라도 섬에서 최상의 포식자 위치에 있다.

우리가 설명하고자 하는 것에 좀 더 살을 붙여보기 위해, 오셀롯[1]을 생각해보자. 오셀롯은 시각, 후각, 촉각, 청각을 통해서 얻은 감각 정보들을 종합하여 자신의 주변에서 벌어지는 현상이나 사건에 대해 다양한 종류의 이미지를 만들어낼 수 있다(사진 2.2). 오셀롯은 이러한 영상 이미지를 바탕으로 먹이를 발견하고 잡아먹으며, 포식자를 피하고, 안전한 잠자리를 찾고, 적절한 짝을 선택하여 새끼를 낳아 키우는 등의 행동을 할 수 있다. 오셀롯이 먹은 음식은 소화되고 흡수되어 산소와 함께 많은 세포로 분배되어야 하며, 노폐물은 밖으로 배출되어야 한다. 한편, 남세균(시아노박테리아)은 오셀롯에 비해 주변 환경을 인식하는 수준이 매우 낮고 훨씬 제한적으로 반응하지만 태양 에너지를 이용하여 이산화탄소와 물을 탄수화물로 전환시키는 복잡한 화학 반응을 수행한다. 이렇게 합성된 탄수화물은 생존과 번식을 위해서 사용되는 필수적인 산물이다. 이 탄수화물을 이용하려면 많은 화학 반응이 적절한 장소에서 적절한 시간에 일어나야 한다. 오셀롯이 섭취한 먹이로부터 생장과 활동을 위한 에너지를 생산하여 효율적으로 사용하기 위해서는 세균보다 훨씬 더 많고 복잡한 반응들이 함께 일어나야 한다. 꿀벌 사회는 번식에 관여하는 한 마리의 여왕벌과 수만 마리의 일벌로 구성되어 있다. 일벌들은 자손을 낳는 대신에 일생 동안 여왕벌의 생식을 도와서 새끼를 키우고, 둥지를 유지하며, 적절한 꿀을 찾아서 나르고, 다른 동료에게 꿀이 어디에 있는지 알려준다. 일벌들은 시각, 후각, 청각을 이용해 주위 환경의 특징과 상황을 감지하고 이러한 정보들에 적절히 반응하여 임무를 수행한다. 오셀롯이 필요에 맞게 식사를 조절해야 하는 것처럼 꿀벌 사회도 조정 과정이 필요하다. 보통 일벌들의 모든 활동들은 여왕벌의 생식이 잘 이루어지는 데 목표를 두고 적절한 신호에 의해 타이밍을 맞춰 이루어진다.

---

1) 고양이과에 속하는 육식동물로 겉모습이 고양이와 비슷하다.

[그림 2.1] 각 병정개미는 매우 단순하지만, 50만 마리의 개미 군집은 적응된 형태로 행동한다. 파나마 중심부, 바로콜로라도 섬에 있는 병정개미(*Eciton burchelli*)들이 직접 자신들의 둥지를 만들고 있다. 이들은 둥지 내부 온도를 1°C 내로 일정하게 유지할 것이다.

실제로 자연 상태에서는 여러 수준의 **협응**(coordination)이 존재한다. 예를 들면, 한 세포 내의 화학 반응 과정에서, 다세포 동물의 다른 세포, 조직, 기관들 사이에서, 그리고 사회생활을 하는 그룹 내 개체들 간의 활동에서 다양한 협응이 벌어진다(그림 2.1). 각 수준에서의 협응은 결과적으로 생물들이 생존하고 번식하기 위하여 세균, 다세포 식물과 동물, 혹은 사회적 생활을 하는 동물들로의 조직화된 형태로 나타났다. 각 수준의 협응은 이전 단계를 기반으로 새로운 적응을 통해 만들어진 것이다. 즉 세포가 만들어진 후 조직이 만들어졌듯이 더 높은 수준의 협응은 기능적으로 좀 더 낮은 수준의 협응을 기반으로 만들어진 것이다. 인간 사회가 식품을 생산하고 유통하는 것은 물론 사회 내 여러 다른 활동을 위해 소통망을 구축하고 유지하기 위해 수많은 활동의 협응이 이루어지는 것처럼, 자연의 공동체도 식물과 동물 그리고 미생물의 다양한 종류의 협응에 의존한다.

이 책에서 적응 현상을 설명하기 위해 일부 동물의 색깔이나 행동, 그리고 동물의 사회를 예로 들어 보여줌으로써 생명체들의 기능을 조정하는 다양한 유형의 과정이 복잡하다는 것을 강조하려고 한다. 생명체들의 형태적인 구조와 활동은 생존과 번식, 서식지로부터 충분한 자원을 조달하기 위해 어떻게 조직되고 조정되었을까? 생명체는 특정한 서식지에 적응된 형태로 살아가고 있다. 즉, 적응 과정을 통해 동물의 구조, 물질대사, 행동 양식들이 서식지에 적합하게 조정된 결과라고 볼 수 있다. 또한, 단독으로 생활하기 어려운 동물들은 공동체 생활을 하며 삶을 영위해 가는데, 이처럼 사회생활을 하는 동물들은 어떻게 공동체 내에서 자신의 활동을 조정할까?

다음으로 우리는 개인적인 적응과 사회적인 적응이 왜 그리고 어떤 방식으로 진화해 왔는지에 대한 궁금증을 다음과 같이 설명하고자 한다. 그러기 위해 먼저 모든 생물들이 공통 조상으로부터 다양해졌다는 증거를 요약하였다. 그런 다음 생명이 언제 시작되었는지, 즉 주변 환경으로부터 얻은 에너지를 이용하여 스스로 번식하는 존재가 무생물로부터 어떻게 만들어졌는지 설명하였다. 생명의 탄생은 우리에게 가장 단순한 존재들이 생장하고 증식하기 위해 얼마나 많은 화학적 과정들을 통제하고 조정해야 하는가에 대한 고민을 던져주었다. 이 단계가 일어난 후에는 좀 더 번식을 잘 하였던 것들이 그렇지 못한 것들을 대체했을 것이다. 이러한 자연선택은 단순한 존재에게 스스로 번식할 수 있는 능력을 부여하였고, 이러한 생물의 특성은 생물이 아닌 것들과 너무 달랐다. 때문에 긴 시간 동안 사람들은 물질로부터 생명체가 만들어진다는 것은 불가능하다고 믿어 왔다.

그리고 우리는 왜 생명체들이 다양해지면서 공동체를 구성하여 상호의존적이 되었는지 그리고 종 내 몇몇 구성원들과는 매우 깊은 협력 관계를 갖게 되었는지에 대한 의문을 가지게 되었다. 인간 사회에서 신기술은 살아가는 데 점점 더 전문화된 방법을 제공하여 보다 광범위한 규모로 복잡한 형태의 협력 관계를 가능하게 하였고, 이를 통해 경제 생산성을 증대시킨다. 실제로 현대의 도시 거주자들은 가족을 부양하고 삶을 영위하기 위해 다른 직업을 가진 사람들과 의존하며 살아간다. 이와 같이 식물과 동물들도 생존과 번식을 위해 여러 종류의 다른 생명체에 의존한다.

공동체에서 살아가기 위해서는 많은 자연의 기술을 필요로 한다. 이러한 기술은 어떻게 발전하고 다양화되었을까? 초기의 미생물들은 에너지 그리고 생장과 번식에 필요한 재료들을 얻기 위해 서로 다른 화학물질들 사이의 반응을 촉매하였고, 이러한 과정 속에서 발생한 부산물들은 또 다른 미생물들이 생겨나는 데 이용되기도 하였다. 화학 물질을 이용하는 기술이 개선되고 다양해짐에 따라 빛 에너지를 이용하여 탄수화물을 합성하는 원시 광합성 생물들이 진화하였다. 그중 일부는 유황을, 다른 일부는 철광석을 대량으로 퇴적하였다. 그리고 마침내 약 27억 년 전, 남세균이 출현하였다. 남세균은 물과 이산화탄소를 포도당과 산소로 전환시키는 매우 복잡한 조정을 필요로 하는 매우 경이로운 '광합성'을 할 수 있었다. 이러한 남세균의 작용을 통해 지구 대기에 산소가 공급되면서 대양에는 산소가 녹아들기 시작하였다. 빠르게 번식하는 장점으로 인해 자연선택된 남세균과 여러 다른 세균 집단은 지구를 다양한 생명체를 위한 더 좋은 서식지로 변화시켰다. 광합성 산물로 나온 산소는 당시 산소가 없는 환경 속에서 살아가던 생명체들에게는 독이 되었으나 궁극적으로는 활동적인 동물과 큰 식물의 진화를 가능하게 해주었다. 그리고 그중 다수는 식물과 그 식물로부터 꿀을 얻으면서 수분도 시켜주는 꿀벌처럼 상호 유익한 방식으로 서로 간의 활동을 조정할 수 있었다.

약 20억 년 전, 어떤 미생물에 포획된 다른 종류의 미생물 중 일부는 숙주 세균 내에서 생존하여 번식할 수 있었다. 사실 숙주 세균 속에서 살아남은 세균은 숙주에게 치명적일 수 있는데 이 숙주 세균은 포획된 세균의 물질대사 과정을 활용함으로써 자신을 좀 더 전향적으로 발전시키는 데 성공하였다. 그러나 이 과정에서 숙주는 다음과 같은 진화를 겪었다. (1) 질서 정연하게 진행되는 유성생식으로의 진화, (2) 다양성을 촉진하는 진화, (3) 세균에서 새로운 변이를 일으키는 원인이 되는 종 간 유전자 전달을 최소화하는 진화, (4) 종 간 교배집단의 유전자를 좀 더 유사하게 상호조절하는 진화이다. 이들의 후손이 바로 진핵세포이며, 이들의 선조 세균들이 서로 공유했던 것은 없는 듯하다. 자연선택은 어떻게 이처럼 공통점이 없던 두 세포의 관계를 모든 생명의 역사에서 가장 성공적인 파트너십으로 바꾸었을까? 이 사건은 다양한 종류의 단세포, 다세포 동물, 진균류(곰팡이류)와 식물이 진화하도록 길을 열었다. 미생물 집단에서 세포들의 분업을 가능하게 해주었던 신호전달 시스템이 출현함으로써 최근 5억 년 동안 지구를 차지하였던 수많은 복잡한 동식물로 얽힌 세상이 만들어진 것이다. 이러한 세포 집단의 증식과 활동이 어떻게 조정되고 조절되어 결과적으로 기능적인 개체가 출현할 수 있었을까? 이러한 조정 과정은 어떻게 진화했을까? 이러한 기술을 통해 미생물, 식물, 동물이 새로운 장소로 확산되고, 새로운 방식으로 생활하며, 새로운 협력 방식을 발전시켜왔을 것이다.

진화의 역사에서 독특한 생명의 특징과 몇 가지 주요 사건들을 살펴본 후, 이 모든 것들이 어떻게 출현하였는지 다룰 예정이다. 먼저, 부모의 특성이 자손에게 전달되는 유전에 대하여 논의할 것이다. 생명체의 DNA는 생장, 발달 및 생식을 가능하게 하는 과정과 능력을 암호화하고 있다. 다시 말하면, 이러한 유전자들이 모여 한 개체의 유전체를 이루며, 이 유전체에는 생명체가 자신이 처한 환경 속에서 어떻게 살아가야 하는지에 대한 가설이 암호화되어 있다. 그렇다면 이 유전 시스템은 어떻게 자연선택을 통해 불리한 유전자들의 증식을 막아 개체가 잘 살 수 있도록 하였고, 적응적 진화가 가장 효과적으로 일어날 수 있도록 하였을까? 또 어떻게 또한 집단의 생활을 가장 빠르게 개선하기 위한 가설을 따를 수 있도록 하였을까? 이제, 다세포 생물의 유전자는 이 유전자에서 새롭게 발생한 돌연변이가 개체에 유익한 경우에만 확산된다는 엄격한 자연의 규칙에 의해서 다음 세대에 전달되고 확산된다. 또한 유성생식은 새로운 돌연변이가 그것이 처음 발생한 유전체의 질을 향상시키는 것보다 그 돌연변이 유전자 자체의 장점에 따라서 확산될 가능성을 높여준다. 식물이나 파리와 같이 의식이 없어 보이는 생명체에서 자연선택이 어떻게 공정한 경쟁 규칙, 즉 유전자 간의 경쟁이 유전체에 확실히 도움이 된다는 규칙을 만들어내고 강화시켰을까? 이는 복잡한 현대 사회에서 개인 간의 경쟁이 사회에 도움이 되는 조직을 만들어내는 것과 같은 이치라고 볼 수 있다. 유전자 간의 공정한 경쟁을 보장하는 규칙이 있더라도 자연선택에 의해서 어떻게 개체 적응 및 사회적 적응, 종의 다양성, 그리고 다른 종 간의 협력 관계가 출현하게 되었을까? 협력이라는 것에는 다른 생명체의 작업으로부터 혜택만 받고 보답은 전혀없는 **속임수**가 나타날 수 있다. 속임수는 종 내에서 또는 종 간의 협력을 쓸모없게 만들어 버린다. 자연선택은 이러한 속임수를 어떻게 막을 수 있을까? 마지막으로 적응, 다양화 및 협력이 어떻게 지구의 서식지를 생명체에 더욱 적합하고, 복잡한 자연의 생태계를 만들어낼 수 있었을까? 복잡하고 생산적인 생태계는 개인 및 사회적 적응을 보다 효과적으로 가능하게 해주면서도 생태계 기능을 향상시킬 수 있는 새로운 기술을 필요로 한다. 그러한 기술 중 하나는 개인의 활동과 개인 간의 협력을 조정하는 궁극적인 도구인 '개념적 사고(conceptual thought)'와 '언어'라고 할 수 있다.

03장

적응, 개체와 사회적 집단

생명체의 뚜렷한 특성으로는 형태, 색상, 기능 및 행동이 상호 조정되어 그들이 생활하고, 성장하고, 번식하는 데 필요한 자원을 얻게 해준다는 것이다. 50g 정도에 불과한 암컷 과일 박쥐는 음파탐지기를 이용해 어둠 속에서 날아다닐 수 있으며, 이 음파탐지기와 냄새를 이용해 잘 익은 과일을 찾고, 과일 나무의 위치를 기억하며, 짝을 선택하여 새끼를 낳고 기른다. 이 능력 덕분에 박쥐는 밤에 총 70g에 해당하는 무화과 10~12개 정도를 섭취하고 이로부터 약 0.8와트의 전력을 얻을 수 있다. 이 정도의 전력은 박쥐가 생활하고, 이동하고, 생식하기에 충분한 양이다(그림 3.1). 그러나 사람은 이 정도 전력으로는 거의 아무것도 하지 못한다. 0.8와트만으로 이 모든 것을 할 수 있는 것은 오직 로봇뿐이지 않을까 싶다.

다윈은 어떤 식물 혹은 동물의 구조나 색깔과 행동이 동료들보다 그 개체를 더 잘 생존하고 생식할 수 있도록 해준다면 더 많은 자손을 남길 것이라고 생각하였다. 집단의 구성원 간에 생식 능력이 다른 경우, 자연선택이 일어나서 가장 생식력이 좋은 것들이 가장 많은 자손을 남긴다는 것이다. 따라서 불리한 환경 변화를 극복하기 위해 각 세대는 서식지에서 최소한 부모만큼 또는

[그림 3.1] 50g 정도 되는 이 파나마 박쥐(*Artibeus jamaicensis*)는 사진 속의 무화과(*Ficus insipida*) 열매의 섭취로부터 얻은 1와트보다 적은 에너지로 생존하고 생식한다.

그보다 더 잘 적응해야 한다. 동물이 어떤 서식지에서 충분히 잘 생존하고 번식할 수 있는 생활 방식으로 살아가도록 해주는 조정을 **적응**(adaptation)이라고 한다. 그러므로 적응은 생명체의 형태와 행동, 생활 방식, 그리고 환경 사이의 관계라고 할 수 있다.

개체 적응

우리는 적응을 어떻게 인식하고 있을까? 1930년 자연선택을 바탕으로 진화에 관한 기초적인 책을 집필했던 통계학자 피셔(Ronald Fisher)는 적응을 생명체의 특성과 환경 간의 관계로 정의하였다. 즉 "대부분의 생물들은 평균적으로 적응도가 떨어지는 환경이면서 환경에 잘 적응하지 못하는 다른 여러 기관의 형태를 가지고 있으면서 특정한 상황이나 전체 상황에 적응할 수 있다."는 것이다. 이러한 정의는 어떤 면에서 돌연변이 개체들이 보통 정상 개체보다 생존과 번식력이 떨어지기 때문에 아마도 생명체는 생존하고 번식을 유지할 수 있도록 설계되었을 것이라는 아리스토텔레스의 주장을 발전시켰다고 볼 수 있다.

동물은 포식자를 피해야 생존할 수 있다. 피식자인 곤충은 먹을 수 없는 것을 닮아 포식자를 피한다. 이처럼 닮는 현상은 명백한 적응의 결과이다. 특히, 자신 이외의 것을 모방하는 열대 곤충들의 정교한 기술은 그들이 얼마나 잡아 먹힐 위험한 상황에 직면해 있는지를 말해준다. 부정확한 흉내는 오히려 치명적일 수 있다. 많은 곤충들은 포식자가 먹지 못하는 줄기나 잎을 닮아 포식자를 속인다(사진 3.1). 파나마에서의 실험에 따르면 작은 원숭이와 같은 시각 포식자는 곤충의 머리와 다리 쌍으로 곤충을 감지한다. 이 때문에 대벌레는 앞다리를 쭉 뻗은 후 머리와 눈, 더듬이를 감싸 막대기를 흉내냄으로써 잡아 먹힐 위험으로부터 피할 수 있다. 앞다리에는 머리가 딱 맞게 들어가는 특별한 홈이 있으며, 다른 다리는 몸통 아래에 숨겨져 막대기에서 짧고 뭉툭하게 튀어나온 순처럼 보인다.

개구리와 같은 다른 동물들은 현란한 색상으로 혐오스러움을 표시함으로써 포식자를 피한다. 독나비라고 불리는 헬리코니우스(*Heliconius*) 속에 속하는 나비 종들은 서로를 모방하기 때문에 주변 새들은 이들을 피하기 위해 단 하나의 색상 차이도 구별할 필요가 있다. 결국 이러한 모방은 다른 종들 사이의 협력 관계가 잠재적인 포식자에게 그들이 맛이 없다는 것을 가르치는 데 드는 비용을 줄일 수 있다는 것을 보여준다. 파나마에 살고 있는 멜포메네(*H. melpomene*)나비는 비슷한 정도의 역한 맛을 가진 에라토(*H. erato*)나비를 닮았다. 두 종은 모두 날개가 검은색이다. 그리고 두 종 모두 앞날개를 가로지르는 빨간색 무늬가 있으며, 뒷날개는 앞 가장자리가 노란색이다. 이들은 길가와 밝은 빛이 들어오는 빈터에서 자주 볼 수 있다. 이들은 날개 끝 근처에 빨간 줄을 가지고 있는 작고 검은 부메랑처럼 보이며, 또한 중앙을 따라 노란 줄무늬가 합쳐져 있다. 두 동물은 유사한 경고색을 가짐으로써 포식자의 위협을 피할 수 있는 이점을 가지고 있다. 또 다른 예로 시드노(*H. cydno*)는 사포(*H. sapho*)를 닮았다. 이 둘은 모두 앞날개를 가로지르는 흰색의 무늬가 있는 흑청색 날개를 가지며, 그늘진 숲 내부에서 산다. 시드노 나비는 최근에 멜포메네로부터 분기하였으며, 에라토는 다른 두 종류보다도 시드노와 더 가깝다. 그럼에도 불구하고 에라토의 비행 방식과 날개 색깔은 가까운 친척보다는 멜포메네와 훨씬 더 비슷한 반면에, 시드노의 비행 방식과 날개 색깔은 사포와 거의 비슷하다. 동일한 색상 패턴을 가진 나비는 동일한 비행 동작을 나타낸다. 이러한 유사점은 중요하다. 왜냐하면 혼합형 색상과 비행 패턴을 가진 나비는 포식자가 인식하는 기존의 날개 색상과 비행 방식을 가진 나비보다 2배 더 빠르게 죽기 때문이다.

많은 피식자 곤충은 역한 맛의 곤충을 닮는 속임수를 쓴다. 더 역겨운 맛을 내는 곤충일수록 더 비슷하게 닮는다. 역한 나비에 비해 모방한 나비가 매우 드물다면 (일반적으로 $\frac{1}{20}$ 정도나 그 이하) 포식자가 모방 나비를 알아채고 먹을 가능성은 더 낮아진다. 파나마에서 앞날개에 녹색 혹은 크림색의 반점이 있고 뒷날개에는 붉은 반점이 있는 검은 나비는 햇볕이 잘 드는 틈과 숲 가장자리를 따라 피는 꽃을 찾아다닌다. 이들 대부분은 파리데(*Parides*) 속에 속한 나비들이다. 이들의 애벌레는 대변과 비슷하며, 독성이 있는 쥐방울덩굴(*Aristolochia* spp.)의 잎과 꽃을 믹음으로써 자신의 몸 안에 독을 저장해 성체까지 가지고 간다. 밝은 반점이 있는 몇몇 검은 피식자 나비는 독성이 있는 파리데 나비를 모방해서 독이 있는 척한다(사진 3.2). 실제로 이들은 파리데 나비인 척하여 색상에 의한 경고의 신뢰도를 약화시킬 수 있지만, 너무 적은 수로 존재하기 때문에 경고 색상의 가치를 떨어뜨리지는 못한다. 먹을 수 없는

[사진 3.1] 대부분의 동물이 직면하는 가장 중요한 문제는 어떻게 하면 포식자에게 잡아먹히지 않고 잘 피할 수 있는가 하는 것이다. 이것은 곤충이 포식자들이 먹을 수 없는 다른 곤충을 정말 정확하게 닮았다는 것으로부터 알 수 있다. 말레이시아의 걸어 다니는 잎으로 알려진 여치과 곤충(*Phyllium giganteum*)은 찢어진 잎을 닮아서 포식자들이 좋아하지 않는다.

[사진 3.2] 일부 식용 곤충은 독성이 있는 곤충을 닮아 포식자를 속이는데 이로 인해 독성 곤충의 광고 효과를 감소시키는 경향이 있다. 파나마에서 왼쪽의 식용 곤충(Mimoides ilus)은 오른쪽의 독성이 있는 곤충(*Parides eurimedes*)을 닮았다.

[사진 3.3] 너무 자주 반복되는 변장술은 포식자가 감지하는 패턴이 될 수 있다. 낙엽 위의 작은 두꺼비(*Rhinella alata*)처럼 환경에 따라 변장하는 것이 더 좋다.

나비를 너무 자주 모방하면 오히려 포식자가 변장한 나비를 더 쉽게 인식할 수 있다. 따라서 바로콜로라도(Barro Colorado) 섬의 숲 바닥에서 흔히 볼 수 있는 잎두꺼비(*Rhinella alata*)는 죽은 잎에 따라 다양한 방법으로 변신함으로써 이 문제를 피한다(사진 3.3).

식물도 살기 위해서는 먹히지 않아야 한다. 하층 관목인 사이코트리아(*Pyschotria horizontalis*)는 잎의 독성 함량을 조절하여 초식동물에 의한 과도한 잎 손상과 이에 대한 방어 사이에서 최적의 균형을 이루도록 한다. 이 식물은 가죽 제품을 보존하는 데 사용하는 탄닌과 같은 성분을 이용하여 초식동물로부터 잎을 보호한다. 많은 양의 탄닌을 함유한 잎은 초식동물로부터 피해를 더 줄일 수 있지만 많은 비용을 지불해야 한다. 최대 순생산을 위해서는 생장이 억제되더라도 초식동물로부터 입는 피해를 감소시킬 수 있는 정도의 적절한 양의 탄닌을 만들어야 하기 때문이다. 바로콜로라도 섬에서 연구하던 대학원생 세이거(Cynthia Sagers)는 이 사이코트리아가 최적 함량의 탄닌을 가지고 있는지 궁금하였다. 따라서 세이거는 20개의 다른 사이코트리아로부터 각각 2개의 절단된 샘플을 준비하였다. 사이코트리아를 잘라 땅에 심으면 뿌리가 나오기 때문이다. 그녀는 숲의 하층에 한 세트를 심고 그물망을 씌워 곤충으로부터 보호하였으며, 가까이에 다른 한 세트를 심어 곤충에 노출시켰다. 그리고 1년 후에 이들을 수확하였다. 곤충에 노출된 것은 1년 동안의 식물의 무게 증가와 잎의 탄닌 함량 사이에 상관관계를 보이지 않았다. 잎에 더 많은 탄닌을 함유한 식물은 덜 먹혔지만 더 많은 탄닌으로 인해 생장이 늦어지는 결과를 가져왔다. 즉, 예상했던 것처럼 탄닌의 함량이 그들의 서식지 조건에 따라 가장 적절한 수준으로 존재하는 것으로 나타났다. 그물망에서 자란 식물 중 잎에 가장 많은 탄닌을 가지고 있었던 것은 무게가 가장 적었다. 이것은 보호망 속의 초식동물의 수에 비해 너무 많은 탄닌을 가지고 있었기 때문으로 생각된다.

활동성이 큰 거대 동물은 섭취한 영양소와 산소를 조직으로 전달하고, 영양소를 사용한 후 부산물로 나온 이산화탄소와 노폐물을 제거해야 한다. 온혈 동물인 포유류와 조류는 이에 대한 해결책 마련이 중요하다. 두 부류의 동물 세포들은 많은 산소를 필요로 한다. 휴식 중인 80kg의 사람이 80와트를 소비한다면 냉혈 동물인 80kg의 악어는 휴식 중에 20와트만 소비한다. 조류나 포유류의 심장은 대동맥과 모세 혈관으로 혈액을 펌프질하여 세포에 영양소를 공급한다. 혈액은 영양소와 산소를 세포에 전달하고, 영양소가 분해된 후 부산물로 나온 이산화탄소와 노폐물을 받아 정맥을 통해 심장으로 되돌아가며, 결국 노폐물을 버리고 영양소로 재충전된다. 심장으로 간 혈액은 폐로 이동하여 이산화탄소를 버리고 산소를 흡수한다. 그 후 심장으로 다시 흘러 들어가면 새로운 펌프질을 통해 조직에 산소와 영양소를 공급한다. 80kg의 남자는 8,000m^2 면적의 모세 혈관 벽과 지구를 두 바퀴 감을 정도의 10만 km의 혈관(대부분은 모세 혈관)을 가지고 있다. 혈액 순환에 필요한 힘이 적게 들어갈수록 다른 활동에 더 많은 힘을 사용할 수 있다. 우리의 순환계는 혈액을 심장으로부터 모세 혈관으로 그리고 다시 심장으로 순환시키는 데 필요한 힘을 최소화하도록 구성되어 있을까? 그렇다면 어떻게 그럴 수 있을까?

이 문제를 풀기는 쉽지 않아 보인다. 하지만 1926년 부린 모어(Bryn Mawr) 대학의 머레이(Cecil Murrary) 교수는 간단하지만 핵심적인 부분을 다루어 이를 해결하였다. 그는 혈관으로 초당 Q cm^3의 혈액을 이동시키는 데 필요한 힘(단위 시간당 에너지)과 혈관 및 혈액을 유지하는 데 필요한 힘을 최소화할 수 있는 혈관의 반경에 대하여 궁금증을 가졌다. 혈관의 직경을 줄이면 혈관을 통해서 많은 양의 혈액을 이동시키기 위해서 불균형적으로 강한 힘을 가해야 한다. 반면 혈관의 직경이 크면 혈액이 쉽게 이동할 수 있지만 혈관을 유지하는 데 많은 비용이 든다. 따라서 이들 양 극단 사이에서 혈관 반경을 약간 증가시켜 혈액 이동에 대한 줄어든 비용과 직경이 확대된 혈관에서 여분의 혈액을 유지하기 위해 증가된 비용이 균형을 이루는 최적의 혈관 반경이 있다는 것이다. 이 최적의 상태에서 혈관으로 이동하는 혈액의 평균 이동 속도는 혈관의 너비에 비례하고, 혈관을 통과하는 혈액의 초당 평균 부피는 혈관 너비의 세제곱에 비례한다. 이것을 머레이의 법칙(Murray's law)이라고 한다(그림 3.2). 우리와 같은 포유류에게서 이 법칙은 대부분의 동맥에서 성립하며, 모세 혈관에서는 혈관의 너비가 혈구 크기 정도로 작아 이 법칙을 따르지 않는다. 따라서 포유류의 순환계는 가능한 한 저렴한 비용으로 혈액을 순환시키기 위한 구조로 되어 있다. 더구나 혈관벽에 대한 혈액의 마찰은 모든 혈관 너비에서 동일하다. 아마도 혈관벽의 세포가 이러한 마찰을 감지하기 때문에 동맥이 발달할 때 혈관벽에 대한 혈액의 마찰을 일정하게 유지하

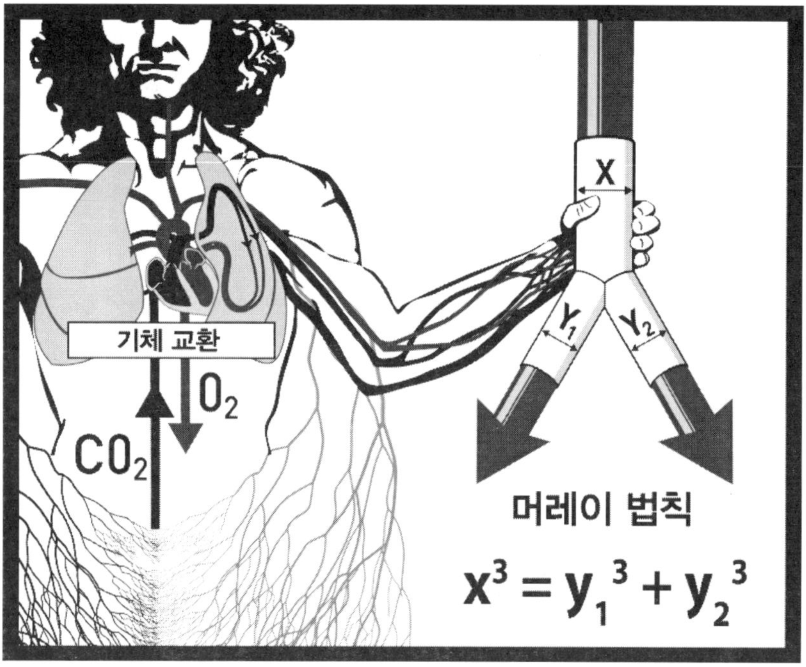

[그림 3.2] 사람은 수십조의 세포로 이루어져 있다. 이 모든 세포에 영양소와 산소가 공급되어야 하고, 노폐물을 제거해야 한다. 이를 위해 심장은 펌프질을 통해 분당 5L의 혈액을 폐로 보내 이산화탄소를 산소로 교환하고, 동맥을 통해서 신체의 나머지 부분으로 보내며, 그 이후에 정맥을 통해 심장으로 되돌아오도록 한다. 이러한 시스템을 통해 혈액을 이동시키고, 유지하며, 새롭게 바꾸는 데 필요한 비용의 최솟값은 모식도에 있는 사람의 왼손에서 두 갈래로 갈라진 혈관처럼, 갈라지기 전 혈관 직경의 세제곱 값(x^3)과 두 갈래로 갈라진 후 각 혈관 직경의 세제곱 값의 합($y_1^3+y_2^3$)이 같을 때이다. 따라서 혈관의 혈액의 이동 속도는 직경에 비례한다.

도록 조직되었을 것이다.

조직을 통해서 사람의 혈액을 순환시키는 데 얼마나 많은 힘이 필요할까? 머레이는 혈액 순환에 필요한 힘은 초당 순환하는 혈액의 부피에 심장이 혈액을 움직이는 압력 차를 곱한 것이라는 것을 깨달았다. 80kg의 남성은 5L의 혈액을 가지고 있으며, 그가 쉬고 있을 때 1분에 한 번 정도 순환한다. 혈압은 팔 윗부분의 대동맥에서 측정할 수 있다. 이 두 수치를 이용하여 계산하면,

휴식 중인 사람이 혈액을 순환시키는 데에는 $\frac{4}{3}$와트의 힘이 필요하다. 심장은 혈액을 이동시키는 데 소비되는 1와트마다 10와트를 소비함으로 휴식 중인 남자의 80와트 전력 수요의 $\frac{1}{6}[(\frac{4}{3}) \times 10 \div 80)]$을 사용한다.

머레이 법칙은 스펀지(해면동물)와 같은 초기 진화 동물의 수송 시스템에도 적용된다. 스펀지는 다세포 동물 중에서 가장 단순한 형태로 해수를 여과하여 음식을 섭취한다. 또한 고착 생활을 하며, 다양한 형태의 스펀지들이 산호초에 붙어 살아가거나 암벽과 부두의 줄밥 표면에 부착하여 살아간다. 단순한 형태의 스펀지는 입구가 좁은 꽃병처럼 생겼다. 이 동물은 세포 수준의 덩어리로 미세하게 분기된 단백질 섬유 골격과 아주 가느다란 침 또는 분기된 골편에 의해 모양을 유지한다. 스펀지의 체벽은 무수히 작은 수로와 편모세포 방으로 되어 있다. 물은 표면에 있는 작은 구멍을 통해서 안으로 들어가며, 좀 더 작은 관으로 분기되는 수로를 통과하여 편모를 가지고 있는 동정세포(혹은 금세포)가 줄지어 있는 $0.03mm^2$ 넓이의 편모세포 방으로 빨려 들어간다. 이 편모세포는 물을 움직여 미생물을 잡아먹는다. 전형적인 스펀지는 $1mm^3$의 벽에 1만 개의 방을 가지고 있다. 여과된 물은 작은 수로에서 좀 더 큰 수로로, 마지막으로 스펀지의 중앙의 큰 방으로 이동한 후 배수공을 통해 밖으로 배출된다(그림 3.3). 스펀지가 클수록 복잡하지만 이들도 수로를 이용해 물을 이동시키고 편모세포 방에서 물을 여과하여 그것을 하나 혹은 그 이상의 배수공을 통해서 밖으로 내보낸다. 스펀지의 수로 및 편모세포 방 시스템은 먹이 공급 장치, 호흡계, 물과 먹이를 모든 부분으로 이동시키는 심장 등 순환계, 배설계로 작용한다. 이와 달리 척추동물은 이러한 여러 기능을 수행하기 위해 다른 기관을 사용한다.

스펀지는 맹독을 만들어 포식자나 질병을 야기하는 세균 감염을 피하는데 역설적으로 제약 회사에서는 질병 치료 목적으로 이 맹독에 큰 관심을 가지고

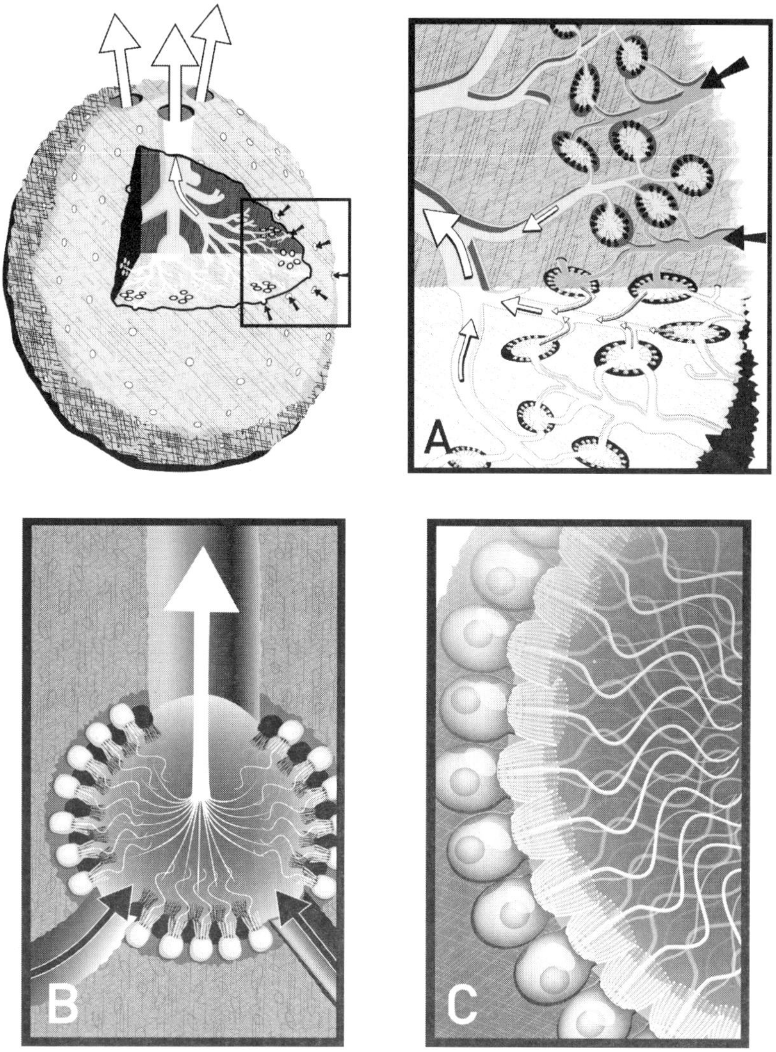

[그림 3.3] 스펀지의 한 부분을 절단한 표면 사진. (A) 물이 통과하는 수로 시스템과 이동하는 물로부터 먹이를 여과하는 편모세포 방에 대한 표면 상세도. (B) 편모세포 방. (C) 동정세포를 보여주는 편모세포 방벽 절단면. 채찍 같은 편모는 원래 운동 기능으로부터 진화해 왔으며, 물을 이동시켜 스펀지를 관통하도록 한다. 편모를 둥그렇게 하는 것은 물에서 먹이를 여과하는 미세융모 올가미를 만드는 것이다. 스펀지의 수로는 척추동물의 동맥과 정맥처럼 머레이의 법칙을 따르며, 물을 펌프질하는데 들어가는 비용과 펌프된 물이 통과하는 수로를 유지하는데 들어가는 비용의 합을 최소화한다.

있다. 이 맹독은 스펀지가 포식자나 질병의 영향을 받지 않는 한편, 물속의 미생물이 그 수를 유지할 수 있을 때까지만 스펀지가 증식하도록 해준다. 연구소의 대학원생인 레이스윅(Henry Reiswig)은 자메이카 디스커버리만의 암초에 붙어 있는 스펀지가 매 분마다 자신의 부피보다도 3배나 많은 물을 걸러낸다는 것과 이 정도의 양은 매일 이들이 있는 암초 위의 물 총량을 거르는 것과 같다는 것을 발견하였다. 이로 인해 암초 위의 물은 유리알처럼 깨끗해지며 암초 위 산호와 공생하는 단세포 황록공생조류(zooxanthellae)의 광합성을 증진시킨다. 스펀지가 그렇게 많은 양의 물을 걸러내기 위해서는 효율적인 물 수송 시스템이 필요하다. 물은 무료이지만 수로의 벽을 유지하는 비용은 수로가 포함하고 있는 물의 양에 비례한다. 따라서 스펀지의 수로는 사람의 혈관과 마찬가지로 머레이 법칙을 따른다. 수로에서 물의 평균 이동 속도는 너비에 비례하며, 초당 수로를 통해서 이동하는 물의 양은 너비의 세제곱에 비례한다.

적응은 때때로 유연성을 필요로 한다. 파나마의 붉은눈청개구리(*Agalychnis callidryas*)는 올챙이의 먹이가 되는 플랑크톤이 풍부하고, 올챙이의 포식자인 새우와 물고기가 많은 연못에서 올챙이로 부화하며, 성체가 되면 육지에서 살아간다(사진 3.4). 성숙한 암컷 개구리는 나무에서 내려와 연못 위에 매달려 있는 잎에 40여 개의 알을 낳고, 부화한 올챙이는 아래쪽의 물로 떨어진다. 개구리 알은 부화 시기에 대해 절충해야 할 상황에 직면한다. 나중에 부화하는 알은 연못의 포식자로부터 좀 더 쉽게 탈출할 수 있는 보다 큰 올챙이로 부화하지만, 부화하기 전에 뱀과 말벌에게 잡아먹힐 가능성이 더 높기 때문이다. 보통 알을 낳은 지 7~9일쯤 지나면 올챙이로 부화한다. 연구소의 대학원생인 와켄틴(Karen Warkentin)은 개구리가 알을 낳은 지 5~6일 후에 말벌이나 뱀이 알 무더기를 공격하면 먹히지 않고 살아남은 알에서 올챙이가 바로 부화하는 것을 발견하였다(사진 3.5). 이 경우 연못의 포식자에게 취약한 상태로 노출되는 것보다 포식자에게 바로 먹히는 위험이 더 크다는 것이다. 또한, 와켄틴은

[사진 3.4] 파나마의 붉은눈청개구리(*Agalychnis callidryas*)처럼 대부분의 개구리는 올챙이 시기에는 물에서 살며, 성체는 육지에서 산다.

[사진 3.5] 붉은눈청개구리는 물 위에 떠 있는 나뭇잎 위에 알을 낳는다. 만약 알이 정상적으로 부화하기 하루 혹은 이틀 전에 뱀이 알을 먹기 시작하면 올챙이는 예정보다 빨리 부화하여 물속으로 들어간다.

초기에 부화한 올챙이는 잎이 진동하는 방식에 따라 포식자가 공격하고 있다는 것을 알고 물로 떨어진다는 것을 알게 되었다. 그러나 폭우로 인해 생긴 진동은 조기 부화를 유발하지는 않는다. 요컨대, 동물의 적응은 형태, 색상, 생리적 특징과 행동 등 많은 것을 반영하고 있다는 것이다.

사회적 적응: 공동체의 구성원들이 협력하는 이유와 방식은 무엇일까?

많은 동물들이 사회적 집단을 형성하며 살고 있다(사진 3.6). 집단생활은 많은 장점을 제공한다. 어떤 구성원은 포식자나 경쟁자에게 더 잘 대처하기

[사진 3.6] 말레이시아 페낭에 있는 긴꼬리원숭이(*Macaca fascicularis*)와 같은 일부 동물은 그룹 생활을 통해 포식자와 경쟁자로부터 자신의 안전을 지킨다. 이들은 그룹으로 싸우면 상대방을 물리칠 수 있다는 것을 알고 있다.

위해 집단생활을 한다. 집단으로 생활하면 많은 눈으로 포식자를 살필 수 있으며, 혼자서는 당해낼 수 없는 강한 포식자에게 여러 구성원이 함께 맞서 싸울 수도 있다. 열대 숲에 사는 여러 종의 새들은 무리를 지어 많은 눈으로 포식자를 살피면서 음식을 찾는다. 그리고 원숭이, 멧돼지와 비슷한 페커리, 암컷 긴코너구리, 박쥐, 말벌과 꿀벌, 그리고 개미와 흰개미 같은 동물들은 평생 집단생활을 한다. 박쥐는 함께 휴식을 취하고 비행을 하며, 어디에서 먹이를 발견할 수 있는지 서로에게 보여준다. 흰 얼굴의 원숭이도 집단으로 살아가며, 각 집단은 1년 내내 구성원에게 충분한 음식을 보장할 수 있도록 다른 공동체를 영역 밖으로 쫓아낸다.

이러한 동물들은 집단생활이 자신의 생식률을 높여 주거나 엄마나 친척 등 다른 개체의 생식을 돕는 것이 자신의 자식을 키우는 것보다 더 이점이 있기 때문에 모두 공동체 생활을 하는 것이다. 이 행동은 엄마로부터 물려받은 '돕는 것을 선호하는 유전자'를 집단 내에 확산시킨다. 실제로, 일벌은 자손을 낳지 않고 엄마인 여왕벌의 생식을 도움으로써 자신들의 유전자를 퍼뜨린다. 이러한 상황은 적응이 유전자를 전달하는 개인의 이익보다는 공동의 이익에 기여한다는 것을 시사한다.

사회생활을 위해서는 풀어야 할 숙제가 있다. 집단 구성원들이 서로에게 기회와 위험에 대해 소통하고 활동을 조정할 수 있는 방법은 무엇일까? 그들은 어떻게 집단을 건강하게 유지할까? 또한 집단 내 동료들의 속임수를 어떻게 피할까?

꿀벌 집단은 사회생활 중의 문제를 어떻게 극복할까?

꿀벌은 구대륙의 열대 지역이나 신대륙인 아메리카의 주요한 수분매개자였다. 여름이 시작되면 뉴욕주 북부의 꿀벌 집에 약 3만 마리 정도, 무게

총 4kg에 달하는 벌들이 있다. 이들은 벌집을 청소하고, 여왕벌과 새끼를 돌보아야 하며, 벌집을 유지하고, 꿀과 꽃가루를 벌집으로 모아야 한다. 여왕벌은 자신의 존재와 건강함을 알리는 휘발성 화학 물질로 집단의 노동 분업에 영향을 미친다. 꿀벌은 '사회생활 기술'로 일벌들 사이에서의 작업 분배, 먹이 찾기, 벌집에 있는 동료에게 먹이 위치 알려 주기 등과 같은 것을 관리한다. 꿀벌은 중앙 조정자 없이 이러한 일들을 어떻게 할 수 있을까?

일벌 사이에서 업무를 분담하는 것은 커다란 도전이다. 일벌들이 벌집에서 부화한 후에는 가장 위험성이 적은 벌집 내부에서의 작업을 시작하고, 나이가 들어감에 따라 위험성이 큰 일련의 업무를 수행한다. 새롭게 부화한 일벌은 벌집을 청소한다. 이틀 후 그들은 보모가 되어 여왕벌과 새끼들을 돌본다. 부화한 지 12일 혹은 13일째 되면 음식을 저장하며, 새로 공급되는 먹이를 저장하는 데 필요한 새로운 벌집 방을 짓는다. 20일쯤 되면 모든 작업 중에서 가장 위험한 일인 꿀 수집자가 된다. 꿀벌이 어떤 일을 하느냐는 혈액 속에 있는 유약 호르몬(juvenile hormone)의 농도에 의해 결정된다. 이 호르몬 농도는 일벌이 나이가 들어감에 따라 증가하지만 벌집 내 현재 상황에 영향을 받는다. 깨어난 지 3일 이상 된 일벌들을 벌집에서 제거하면 일주일 안에 다른 일벌들이 꿀 수집자가 된다. 이들은 또래의 정상 일벌이나 둥지에서 일에 매진하고 있는 동료 일벌보다도 훨씬 높은 수준의 유약 호르몬을 가지고 있다. 마찬가지로, 꿀 수집자를 제외한 모든 일벌들을 없애버리면 가장 어린 꿀 수집자의 일부에서 유약 호르몬이 감소하여 벌집 내에서 일하는 것으로 되돌아간다. 일벌의 유전자도 호르몬 양과 작업 선택에 영향을 준다. 코넬 대학의 박사 후 연구원 마틸라(Heather mattila)는 오로지 한 마리의 수컷과 교미한 여왕벌로부터 나온 일벌 무리는 뉴욕의 겨울을 나지 못하지만, 여러 마리의 수컷과 교미한 여왕벌로부터 태어난 일벌들은 대부분 뉴욕의 추위에도 생존한다는 것을 발견하였다. 일벌들은 그들 사이에 적절한 유전적 변이가 있을 때에만 적합한 역할을 나누어 각자에게 분배한다.

꿀벌의 각 집단은 매년 약 120kg의 꿀과 20kg의 꽃가루를 먹는다. 먹이 수집자는 때때로 원하는 꽃을 찾아 벌집에서 10km나 떨어진 곳까지 이동한다. 많은 종류의 꽃은 피는 시기나 장소가 다르다. 따라서 꿀벌은 멀리 이동하고, 적절한 꽃을 찾고, 꽃에서 꿀을 추출하고, 둥지로 돌아가는 길을 찾고, 동료에게 꿀이 어디에 있는지 알려주어야 한다. 이를 위해서는 이동(벌은 15분에 6km를 날 수 있음), 보고 냄새 맡기, 길 찾기(꿀벌은 태양의 위치에 따라 비행하면서 시간을 알려주는 생체 시계를 필요로 함)에 대한 능력과 벌집 주변의 '인지 지도'에 대한 기억력이 필요하다. 심지어 꽃에서 꿀을 얻는 것조차도 기술을 요한다. 꿀벌은 한 종류의 꽃에서 꿀을 추출하는 방법을 배우는 데 시간이 오래 걸리므로 이후에 다른 종의 꽃을 다루는 방법을 배우기보다는 같은 종의 꽃을 더 많이 찾는다. 이 '충성도'는 같은 종의 다른 개체에 꽃가루를 전달함으로써 수분이 더 잘 되게 하여 생존 가능한 씨앗을 생산할 수 있게 한다.

프리쉬(Karl von Frisch)는 꿀벌이 꿀을 어디에서 찾을 수 있고, 그것이 얼마나 좋은 꿀인지를 서로 어떻게 소통하는지에 대한 연구로 노벨상을 수상하였다. 그는 꿀 수집자가 적절한 꽃을 발견한 후 다시 벌집으로 날아간다는 것을 알게 되었다(그림 3.4). 꿀벌은 벌집에서 꿀을 뱉은 후 입구 근처로 올라가 자신이 발견한 꿀이 있는 방향으로 전진하면서 엉덩이를 흔드는 춤을 추는 방식으로 자신이 발견한 꽃의 방향을 알려준다. 춤을 추는 꿀벌이 벌집 위의 수직선과 이루는 각도는 꿀의 방향과 벌집에서 태양 방향으로의 수평선과 이루는 각도와 같은 각도를 이룬다. 엉덩이를 흔드는 횟수가 많을수록 꿀은 더 멀리 떨어져 있다. 꿀벌은 반원을 그리며 돌아와 엉덩이를 흔드는 것을 반복한다. 획득한 꿀의 에너지 함량과 꿀을 가져오는 데 들어가는 에너지의 비에 비례하는 만큼 사이클을 반복하면서, 벌집으로 돌아와 꿀을 저장하는

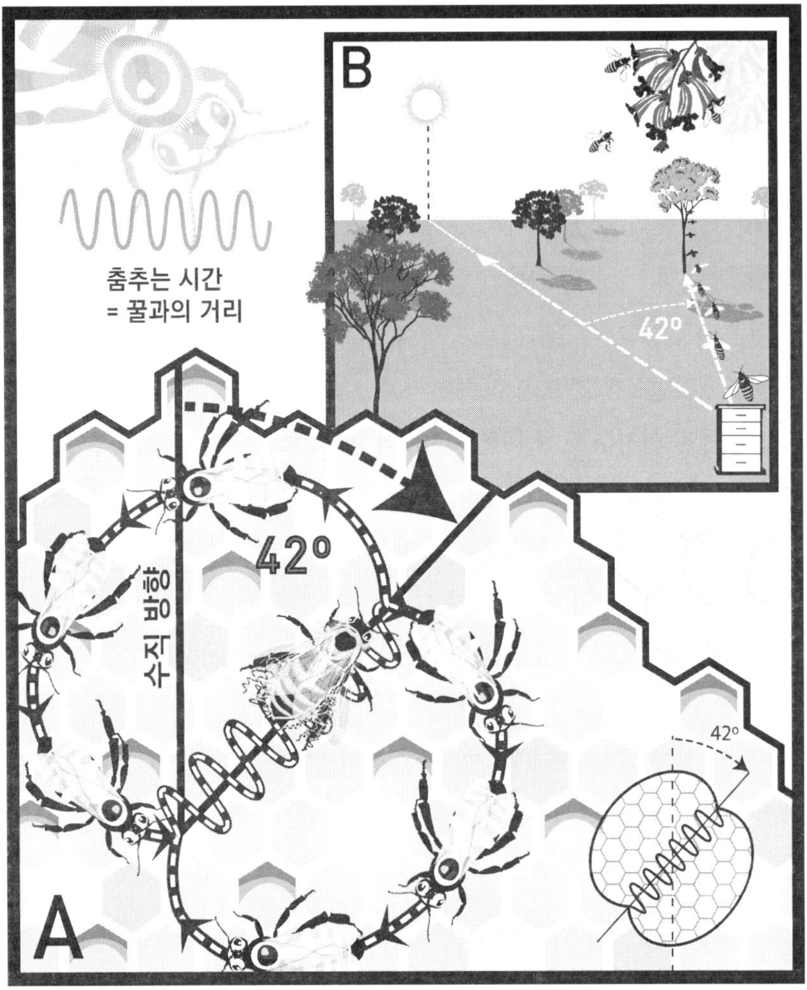

[그림 3.4] 꿀벌은 8자 춤으로 자신이 발견한 꿀의 방향, 벌집으로부터의 거리와 꿀의 질을 알려준다. 벌집 내부(A)에서 수직선에 대해 일벌이 전진하는 각도는 태양의 방위각(B) 방향에 상대적인 먹이(꿀)에 대한 방향의 수평각과 일치한다. 8자 춤의 지속 시간은 꿀과의 거리를 반영하며, 일벌이 얼마나 자주 사이클을 반복하는지는 꿀의 질을 나타낸다.

꿀벌이 그 임무를 받아들이도록 한다. 좀 더 지속된 8자 춤(waggle run dance)은 더 많은 꿀 수집자들을 꿀이 있는 장소로 이끌지만 단지 몇 번의 8자 춤만으로도 일부 꿀 수집자 꿀벌을 꿀이 있는 곳으로 유도할 수 있다. 춤추던 일벌이 꿀을 저장하는 일벌을 찾는 데 시간이 오래 걸렸다면 좀 더 적은 횟수의 춤을 추는데, 이것은 벌집의 꿀의 양이 필요량을 초과할 때 발생한다. 따라서 흔들 춤은 꿀 수집자 벌을 가장 훌륭한 꽃으로 유도하며, 필요에 따라 벌집의 총 꿀 보유량도 조절한다.

5월과 6월 사이에 꿀벌 집단은 나누어진다. 여왕벌이 배아에게 로얄젤리를 먹여 새로운 여왕벌이 깨어 나오면 기존 여왕벌은 1만 마리 혹은 그 이상의 벌 떼를 데리고 벌집을 떠난다. 기존 벌집에 여전히 충분한 일벌이 있다면, 새 여왕은 1만 마리의 벌 떼와 함께 떠날 수 있으며, 반면에 남아 있는 여왕들은 기존 벌집을 차지하기 위하여 죽을 때까지 싸운다. 이주한 벌 떼는 적절한 보금자리를 찾아야 한다. 뉴욕주 북부에서 좋은 벌집은 2만~6만 cm^3(20~60L)의 부피를 갖는 남향의 나무 구멍으로, 15~30cm^2 넓이의 작은 입구가 숲 바닥으로부터 수 미터 위쪽에 위치해 찬 공기가 구멍 내 바닥에 닿지 않아야 한다. 이 구멍에는 겨울 내내 둥지를 유지하는 데 필요로 하는 30kg의 꿀이 있어야 한다.

새로운 꿀벌 떼는 기존의 벌집에서 약 50m쯤 떨어진 나무로 날아와서 나뭇가지에 커다란 수염처럼 매달려 있다. 나이든 꿀 수집자로 이루어진 약 500마리의 정찰 벌들은 둥지를 찾기 위해 나무줄기에 있는 어두운 구멍을 탐색한다. 나무 구멍을 발견한 정찰 벌 한 마리가 그 주변을 걸어 다니며, 한 바퀴 도는 데 걸리는 시간으로 부피를 판단한다. 정찰 벌은 돌아온 후 꿀벌 떼 주변에서 마치 꽃다발을 발견한 것처럼 춤을 추며 둥지의 위치와 품질을 나타낸다. 그 후 정찰 벌은 새로 찾은 둥지로 돌아와 다시 그 자리를 검사하고 다시 돌아가서 평균 15회 미만으로 8자 춤을 춘다. 꿀벌은 이 사이클을 반복하는데 평범한 둥지인 경우에는 한 번 정도, 좋은 둥지를 발견하면 6회 이상 반복한다. 다른 둥지를 알리며 춤을 추는 정찰 벌들의 수와는 상관없이, 한 둥지에 대한 춤이 반복될수록 8자 춤의 횟수는 줄어든다. 다른 정찰 벌은 좀 더 많은 춤을 보여준 둥지에 더 끌린다. 한 둥지가 10~15마리의 벌들에게 관심을 받게 되면 특정 둥지에 정찰 벌이 몰리게 된다. 그러면 꿀벌 떼가 워밍업과 함께 떠날 준비를 하라고 말하는 '피핑'이라는 소리를 내기 시작하면서 그 둥지에 대한 춤이 활발해진다. 보통 꿀벌 떼가 날기 시작하면 거의 모든 춤은 선택된 장소를 위한 것이다. 벌집 대상으로 인공 상자만 있는 실험에서 꿀벌 떼가 보통 가장 좋은 둥지를 선택한다는 것을 보여주었다. 꿀벌들이 선택하는 방식은 다양한 둥지를 비교하고, 제시된 모든 정보를 고려하여 고민의 시간을 줄이고, 판단의 속도와 정확성 사이에서 합리적인 균형을 이룬다. 이러한 과정은 집단 구성원들의 활동을 조정하는 많은 신호 시스템 중의 하나다.

요약하면 꿀벌은 놀랍도록 복잡하고, 스스로 역할을 조절하는 사회 집단으로 진화해 왔다. 한 무리의 집단은 벌집 안에 적절한 양의 꿀을 보관하며, 떠나는 꿀벌 떼는 가장 적절한 나무 구멍을 선택해 새로운 벌집을 짓는다. 여왕이 건강하게 계속 알을 낳는 한 꿀벌 집단은 경이로울 정도로 잘 적응하여 기능을 지속한다.

개코원숭이의 사회생활: 그들이 아는 것과 그들이 말하는 것

개코원숭이는 놀라운 동물이다. 사람들은 그들을 염소지기나 소달구지 운전사 혹은 철도 역무원 보조원으로 활용하기도 하였다. 개코원숭이는 약 80마리의 개체가 무리지어 살되 보통 성체 수컷 7마리와 성체 암컷 23마리를 포함하고 있다. 집단 생활은 여러 장점이 있다. 한 무리의 구성원들은 포식자의 출현을 서로에게 알리며, 특정 포식자나 경쟁자를 집단으로 공격할 수 있다. 표범의 모습이나 소리, 그리고 표범의 경고음은 개코원숭이들에게 같은 것을 의미하므로 다양한 데이터로부터 최소한 몇 가지 개념을 추출할 수 있다.

대규모 무리로 사는 것은 어려움도 있다. 무리 중에서 어떤 개코원숭이가 가장 먼저 음식, 짝짓기, 혹은 잠자리를 선택할 수 있을까? 개코원숭이는 끊임없이 계속되는 싸움을 피하기 위해 누가 누구보다 우위에 있는지 자신들을 계급으로 분류한다. 원숭이가 지배 구조에서 자신의 위치를 알지 못하면 심하게 구타당하거나 짝짓기를 하지 못할 수도 있다. 무리의 모계 혈연 네트워크를 알고 있는 암컷, 즉 엄마나 이모는 어린 자식이 괴롭힘을 당하거나 수컷 침입자에 의해 살해되지 않도록 보호하는 데 도움을 줄 수 있다. 개코원숭이는 계층이나 모계 혈연 네트워크와 같은 사회적 지식을 가지고 있고, 이것으로부터 이익을 얻는 방법을 앎으로써 생식을 크게 향상시킬 수 있었다. 여러 해 동안 개코원숭이를 연구해온 체니(Dorothy Cheney)와 세이파스(Robert Seyfarth)는 아이들의 뇌가 언어를 배우며 조직화되는 것처럼 개코원숭이에서도 "자연선택이 개코원숭이에게 다른 개체로부터 나타나는 패턴과 규칙을 선천적으로 찾을 수 있게 하는 정신의 진화를 가져왔다."라고 생각하였다.

개코원숭이는 목소리나 시각으로 무리 내 80마리의 동료들을 알아볼 수 있다. 또한 누가 누구를 지배하는지 기억하고 있으며, 각 무리 내 동료의 엄마가 누구인지, 그리고 자식이 누구인지 알고 있다. 이처럼 개코원숭이는 자식과 엄마를 연결지을 수 있기 때문에 마치 부모 자식 간의 관계를 파악하고 있는 뛰어난 염소지기와 같다. 싸움을 하는 상황에서는 누가 위협을 하고, 누가 비명을 지르는가에 따라 개코원숭이 간의 우위를 짐작할 수 있다. 그러나 개체들 간의 모든 우열 관계를 기억하는 것은 매우 힘든 일이다. 관계를 효율적으로 기억하기 위하여 개코원숭이는 친족 간의 우열을 확인하여 무리의 위계와 모계 혈연 네트워크를 유추한다. 이러한 연구 성과는 개코원숭이가 무의식적으로 하는 행동이더라도 성공하는 데 필요로 하는 사회적 지식을 요약한 객관적이고 검증된 이론이 되었다.

체니와 세이파스는 한 개코원숭이가 자신이 속한 무리의 지배적 위계질서와 혈연관계를 얼마나 알고 있는지 확인하기 위해 A가 위협하고 B가 비명을 지르는 것과 그 반대로 녹음된 것을 틀어주면서 시연해 보여주었다. 만약 A가 B를 지배하는 상황에서 A가 위협적으로 괴롭히고 B가 비명을 지르는 녹음을 들려주면 개코원숭이는 움직이지 못한다. 반면에 B가 위협적으로 괴롭히고 A가 소리를 지르는 녹음을 들려주면 개코원숭이들이 충격에 빠지는데, 특히 A와 B가 다른 혈연관계에 있다면 더욱 그렇다. 이러한 연구 결과는 개코원숭이가 한 동사에 대한 주어와 목적어를 구별하는 것을 보여주기 때문에 개코원숭이가 글의 짜임, 즉 구문을 가지고 있다는 것을 암시한다. 개코원숭이는 다른 무리 동료들의 정체성, 지배 대 복종, 관련성의 유형과 같은 분리된 개념을 초보적인 언어 구조로 결합한다. 우리 어린이들이 주어(명사 또는 하나의 구), 동사, 목적어(다른 명사 혹은 명사구)를 이용한 문장으로 말을 만드는 것처럼 개코원숭이도 선천적으로 구문을 생각할 수 있을까? 이러한 사고방식이 개코원숭이가 무리 내 지배적 계층 구조를 추론하고 변화를 추적할 수 있게 했을까?

개코원숭이의 사고방식이 그들로 하여금 객관적인 이론을 추론할 수 있게 해주었을 수도 있고, 가장 초기 인간의 언어를 체계화한 틀을 공유할 수도 있지만, 개코원숭이는 다른 개코원숭이가 무엇을 알거나 믿는지에 대해서는 모른다. 예를 들어, 어른 개코원숭이는 무리 내 모든 개체들이 경고를 들었음에도 오랫동안 계속 경종을 울리거나, 새끼들이 넓은 강을 건너기 위해 도움이 필요한 것도 모르고 그대로 남겨둔 채 강을 건넌다. 개코원숭이는 다른 개코원숭이의 동기나 의도를 평가할 수 있지만, 다른 개코원숭이의 감정을 이해하거나 상대방의 입장에서 상상함으로써 자신의 행동을 예측할 수 있는 공감 능력이 없다. 더구나 개코원숭이는 단지 14개의 뚜렷한 발성만 가지고 있을 뿐 이들을 결코 결합시키지 못한다. 그들은 그들이 알고 있는 모든 것을 말로 표현할 수 없다. 생명체 중 사람만이 생각뿐만 아니라 말도 함으로써 사실상 지배자가 되었다.

사회적 삶에 대한 도전: 질병의 예방

1800년 이전에는 전 세계적으로 질병이 창궐하여 태어나는 사람보다 더 많은 사람들이 질병으로 고통스럽게 목숨을 잃었지만 시골에서 올라온 이민자들이 도시의 인구 집단을 유지시켜 주었다. 복잡하고 수도 많은 곤충 사회도 비슷한 문제에 직면해 있다. 많은 곤충들, 특히 가위개미(leaf-cutter ant)는 수많은 사람들이 질병에 시달리던 중세의 런던이나 파리의 사람들보다 개체수가 훨씬 더 많고 밀집해 있어 수백만 마리 혹은 그 이상이 바글거리는 둥지에 살고 있다. 가위개미는 좀 더 건강하고 덜 붐비는 환경에서 온 이민자들에게 의존하여 죽어가는 개미의 빈자리를 메꿀 수 없다. 가위개미들은 그들이 태어난 사회의 굴레를 벗어나지 못한다. 가위개미 사회는 어떻게 '공중위생', 즉 집단 전체의 건강을 유지할 수 있을까?

가위개미 군집은 생식 가능한 한 마리의 여왕과 이 여왕의 딸인 100만 마리의 일개미들로 구성되어 있다. 일개미들은 나뭇잎을 잘라 지하로 가져가 곰팡이에게 제공한다(그림 3.5). 성체 개미들이나 유충은 곰팡이를 먹는다. 이 집단은 놀라운 공동체 활동을 보여준다. 여왕개미는 수많은 일개미를 생산하는데 집단을 보호하는 병정개미는 가장 작은 일개미보다 10배 정도 더 크다. 각 종류의 개미들은 집단의 많은 업무를 수행한다. 즉, 곰팡이가 소화할 수 있는 잎 조각을 가져와 곰팡이를 키우고 그것이 오염되지 않도록 유지하며,

[그림 3.5] 가위개미 집단 거주지의 곰팡이 정원. 개미가 먹을 수 없는 잎 조각을 곰팡이가 균사체로 바꿔줌으로써 개미와 그들의 유충들이 그것을 먹고 살아간다. 개미와 곰팡이 간의 상리공생이 유지되는 것은 새로운 여왕이 자신의 곰팡이 정원을 만들기 위하여 엄마 곰팡이 정원에서 곰팡이를 한 입 물어왔을 때에만 곰팡이가 번식할 수 있기 때문이다. 개미가 곰팡이를 엄마로부터 딸에게만 전달하고, 장 공생체를 부모로부터 자식에게만 전달하기 때문에 공생체의 생식은 숙주인 개미의 생식 여부에 달려 있다.

사용하고 남은 잎 조각과 쓰레기를 쓰레기통에 버리고, 집단을 방어하고, 새끼들을 돌보며 둥지를 유지한다.

약 1억 년 전에 사회생활을 하지 않았던 단독성 말벌[1](종이 말벌 *Vespa*와 *Polistes*의 조상이기도 함)로부터 최초의 개미인 스페코미르마(*Sphecomyrma*)가 진화했을 때 이들은 이미 가슴 뒤쪽 가장자리에 항생제를 생산하는 분비샘을 가지고 있었다(그림 3.6). 여기서 나오는 항생제 분비물은 개미 집단의 미생물 감염을 막는 데 중요한 역할을 한다.

1) 종이 말벌은 식물을 씹어서 종이처럼 만든 재료로 집을 짓는 벌의 총칭이다.

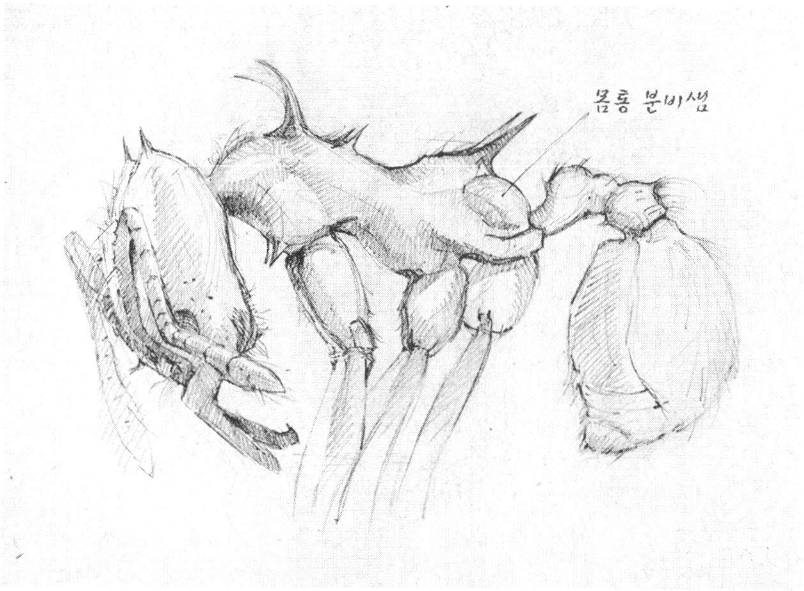

[그림 3.6] 집단생활은 건강 문제를 야기할 수 있는데 개미는 이를 최소화하도록 적응하였다. 가위개미(*Acromyrmex*)는 몸통 분비샘의 분비를 통해 자신과 주변 환경을 감염으로부터 막는다.

5천만 년 전에 곰팡이를 배양하며 살았던 개미들은 그들이 먹었던 곰팡이 일부를 변화시켰다. 다른 종류의 먹이, 즉 죽은 식물성 물질, 곤충의 몸, 곤충의 배설물 및 그와 유사한 것들을 활용하여 곰팡이를 유지하였다. 어떤 사람들은 개미의 이러한 행동을 개미의 농업 혁명이라고 부른다.

그러나 곰팡이를 키웠던 선조 여왕개미와는 달리 가위개미의 여왕은 한 번의 교미 비행 동안 많은 수컷과 교미하여 개미 집단이 질병으로부터 살아남을 수 있도록 유전적 변이를 만들어냈다. 항균 성분을 분비하는 가위개미의 분비샘은 더 원시적으로 곰팡이를 키우며 심지어 더 큰 규모의 집단에 살고 있는 개미의 분비샘보다도 몸의 크기에 비해 상대적으로 훨씬 크다. 개미는 그들 사회를 건강하게 유지하는 문제에 직면해 있다. 그들은 '공중위생'을 유지하기 위해 어떤 방법을 사용할까?

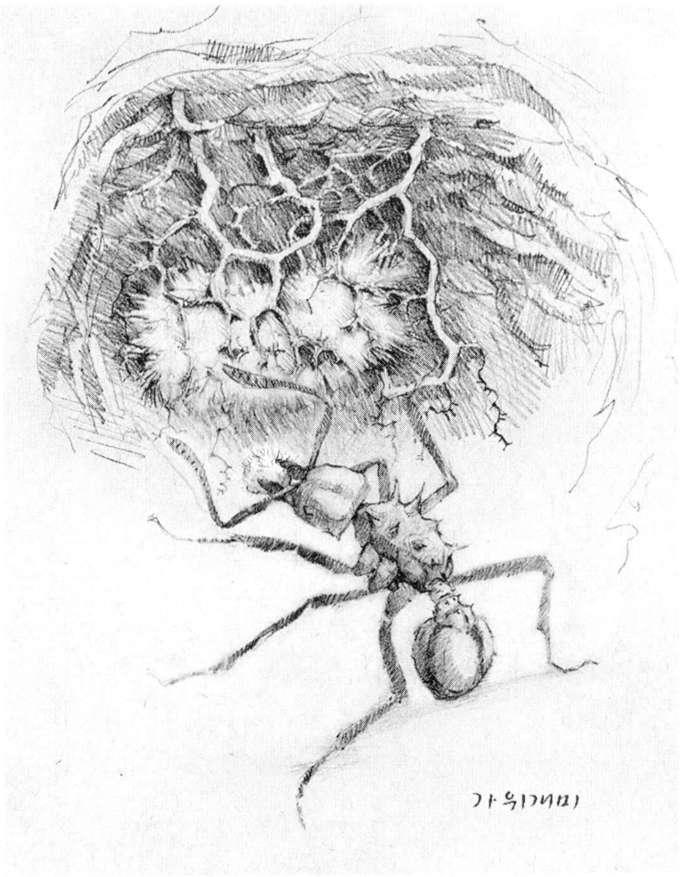

[그림 3.7] 건강한 방법으로 집단생활을 시작하기. 초창기 가위개미(*Acromyrmex octospinosus*)는 곰팡이 정원이 흙 속의 미생물에 의해 오염되는 것을 피하기 위해 동굴 천장에 있는 뿌리에 곰팡이 정원을 포함한 둥지를 매달아 놓았다.

가위개미는 곰팡이를 키웠던 조상처럼 질병으로부터 자신들을 보호해야 하고, 잎을 분해하는 곰팡이를 손상시키거나 자신을 죽일 수 있는 오염 물질로부터 보호해야 한다(그림 3.7). 개미들의 곰팡이 정원은 곰팡이 기생 생물인 에스코봅시스(*Escovopsis*)에 취약하다. 가장 큰 가위개미인 아타(*Atta*)속 집단은 분비샘에서 항균 물질을 분비하여 에스코봅시스를 제어한다. 가위개미는 곰

[사진 3.7] 군집의 건강은 폐기물을 효율적으로 처리하는 것에 달려 있다. 일개미들은 사용한 잎 조각을 군집의 쓰레기 더미에 버린다. 두꺼비(*Rhinella marina*)는 이러한 일꾼들을 먹기 위해서 숨어 있다.

팡이 정원에서 이물질을 제거하는 데에도 많은 신경을 쓴다. 이들은 나뭇잎 조각, 개미 시체, 그리고 이와 비슷한 것들을 사용하고 땅 밑으로 버린다. 파나마 중부에서 흔히 볼 수 있는 가위개미인 아타 콜롬비아카(*Atta colombica*)는 둥지(사진 3.7)에서 내리막에 있는 지상 더미에 쓰레기를 버리며, 일개미로 구성된 특별반이 이 쓰레기를 관리한다. 그리고 집단의 다른 구성원들은 감염을 피하기 위해 쓰레기와 이것을 관리하는 일개미를 피한다. 그래서 정원사들은 쓰레기로 식물을 둘러싸서 가위개미로부터 식물을 보호하기도 한다. 이런 쓰레기가 비에 의해 씻겨 내려갈 때까지 가위개미는 '감염의 영역'을 넘지 않을 것이다.

이 장에서는 생명체가 적응하는 방법에 대해 논의하였고, 개체 수준과 사회적 수준에서 적응의 정확성과 복잡성의 예를 소개하였다. 어떻게 그토록 정밀한 적응이 일어날 수 있었을까? 이에 대답하기 위해 우리는 현재의 생물이 어떻게 공통의 조상으로부터 나왔는지 보여주면서 다음과 같은 질문을 던질 수 있다. 자연선택을 통해 자신의 삶의 방식에 적응해 온 자기 복제 생물은 어떻게 생겨났을까? 생명체의 적응 현상이 어떻게 복잡하면서도 다양한 자연적인 공동체의 진화를 가능하게 했을까? 앞으로 나오는 내용들을 읽어보면서 이를 이해해보자.

04장

생명의 기원과 공통 조상

생명의 다양성은 자연선택으로 인해 생겨났을까? 그렇다면 현재의 생물 집단은 공통 조상으로부터 자연선택에 의해 나타난 다양한 변화가 확산되면서 형성된 것일까? 생명은 언제 시작되었을까? 이 장에서는 이러한 궁금증을 설명하기 위한 증거들을 찾아보고자 한다.

공통 조상으로부터 유래한 진화적 다양성의 증거: 공통 조상에 대한 다윈의 증거

다윈은 여러 증거들을 확보함으로써 진화에 대한 확신을 가졌다. 도마뱀과 거북이, 공룡, 새와 박쥐, 코끼리, 원숭이 그리고 우리 인간과 같은 대부분의 육상 척추동물의 기본 골격은 두꺼비처럼 턱, 이빨, 척추, 꼬리 그리고 무릎과 발목 관절이 있는 2쌍의 다리와 5개의 발가락이 있는 발(그림 4.1)을 가진 것으로부터 변형되었다는 것이다. 두더지의 앞발, 물개 지느러미, 새, 박쥐 또는 익룡의 날개는 사람이 땅을 파거나 헤엄치거나 날기 위해 만든

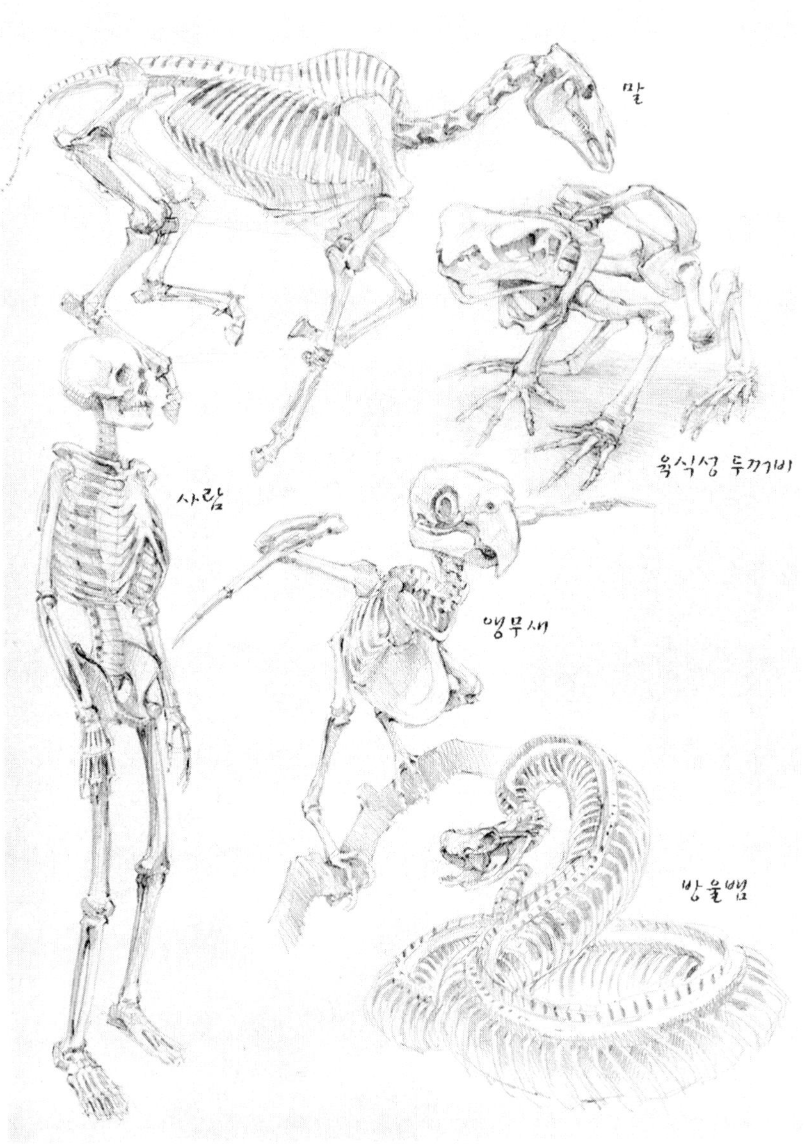

[그림 4.1] 공통 조상을 시사하는 골격 스케치: 말(*Equus*), 육식성 두꺼비(*Rhinella*), 사람(*Homo*), 앵무새(*Pyrrhura*), 다이아몬드 방울뱀(*Crotalus*)의 뼈대. 이들 골격은 모두 등뼈와 턱이 있는 머리를 가지고 있으며 대부분이 갈비뼈와 4개의 다리 혹은 팔다리를 가지고 있다.

도구보다 세세한 부분까지 훨씬 더 유사하다. 다윈은 수영하는 파충류 어룡과 포유류 고래, 날아다니는 새와 박쥐, 그리고 파충류 익룡, 달리는 개, 질주하는 말부터 미끄러지듯 움직이는 뱀, 땅을 파는 두더지, 그리고 사람을 포함하는 척추동물은 모두 4발 달린 조상이 자연선택을 통해 변형되고 정교화된 것이라고 추론하였다. 이것은 마치 땜장이가 땜질하여 물건을 우아하게 변형시키는 것과 유사하다는 것이었다.

다윈의 주장을 뒷받침 해 주듯이 진화론을 부정한 사람들에 의해 오랫동안 지적되었던 '잃어버린 고리' 부분들, 즉 현재 매우 다른 모습을 하고 있는 그룹들 사이의 다양성이 시작되었던 초기 단계를 나타내는 증거들이 과거에는 존재하지 않았지만 하나씩 새롭게 발견되고 있다. 팔과 다리가 없는 뱀이나 고래와 같은 척추동물은 화석 조상을 가지고 있다. 새와 파충류, 원숭이와 사람 사이를 연결해주는 중간 단계의 화석들이 있다. 화석은 양서류가 어떻게 물고기로부터 진화해 왔는지(그림 4.2), 그리고 고래가 어떻게 하마의 육지 조상으로부터 진화해 왔는지 보여준다. 우리가 알고 있는 화석 물고기 중에서 틱타알릭(*Tiktaalik*)은 바닥이 얕은 웅덩이에서 헤엄치기보다는 걷는 데 유리한 어류였을 것이다. 이 물고기는 3억 7천 5백만 년 전에 현재는 엘즈미어(Ellesmere)섬으로 바뀌어 버린 아열대숲을 굽이쳐 흐르는 강 연안을 따라 살았다. 근육질의 지느러미를 가진 실러캔스와 폐어는 물고기의 지느러미 자루[1] 뿐만 아니라 원시적인 손목과 발목, 팔, 다리, 손가락과 발가락뼈가 있는 앞·뒤발의 초창기 골격 형태를 모두 가지고 있었다는 것이다. 이렇게 발, 골반, 어깨뼈가 발달하기 시작하면서 틱타알릭의 후손들은 육지에서 완전히 살 수 있도록 운명이 바뀌었다.

또한, 화석은 고래가 육상의 포유류로부터 진화해 왔다는 것을 보여준다

1) 일반 지느러미와는 달리 지느러미에 마치 막대 자루처럼 된 부분이 있다.

[그림 4.2] 도롱뇽은 이들의 물속 조상이라고 생각되는 자루 형태의 지느러미를 갖는 물고기, 즉 총기어강으로부터 많은 특징을 물려받았다. 이러한 특징들은 지느러미 안에 초기 형태의 다리, 손, 손가락뼈를 가지고 있는 실러캔스와 틱타알릭의 앞다리 골격을 도롱뇽의 앞다리 골격과 비교하면 알 수 있다.

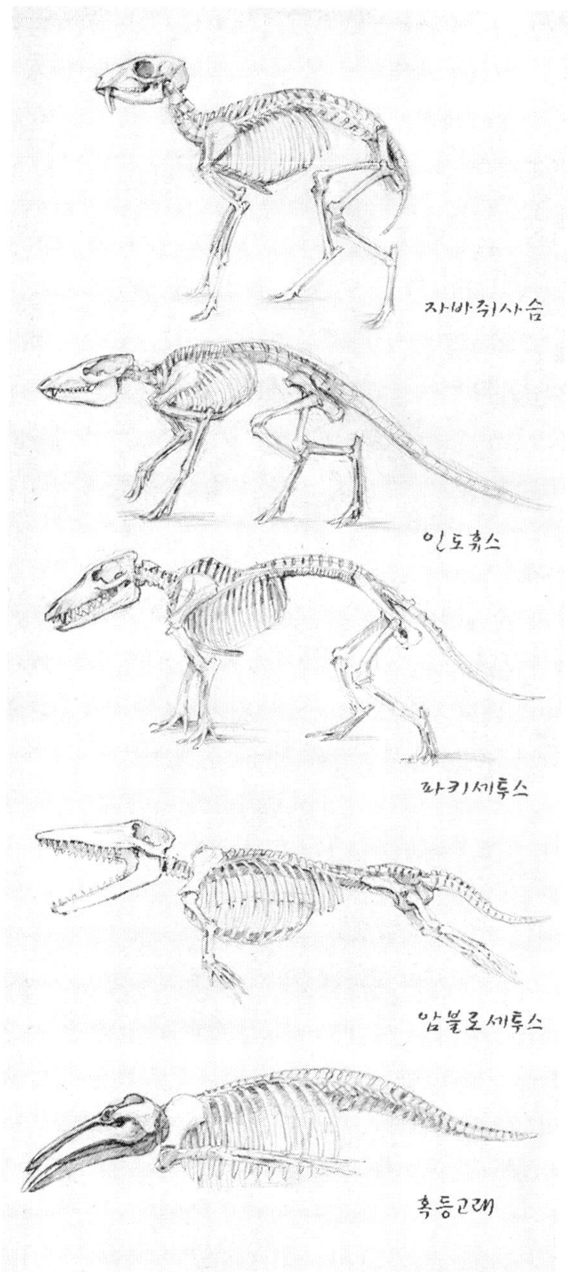

[그림 4.3] 고래는 어떻게 숲에서 살던 동물로부터 진화했을까? 위에서부터 고래의 육상 조상인 인도휴스(*Indohyus*)와 유사한 현대의 좀 더 작은 자바쥐사슴(*Tragulus javanica*), 걸을 수 있었던 초기의 고래인 파키세투스, 에오세에 발견되는 바다표범보다는 잘 걷지 못하지만 그래도 걸을 수 있었던 암불로세투스(*Ambulocetus*), 현대의 혹등고래의 골격.

(그림 4.3). 5천 2백만 년 전 인도에 살았던 것으로 알려진 히말라야세투스(*Himalayacetus, cetus*는 고래에 대한 라틴어)의 두개골과 이빨 화석의 형태는 이 동물이 담수와 해수의 얕은 곳에서 물고기를 먹었다는 것을 알려준다. 히말라야세투스는 물속에서 소리를 들을 수 있는 어떠한 형태로도 귀뼈가 특화되지 않았다. 반면 4천 9백만 년 전 파키스탄에서 다른 물고기를 먹으며 살았던 고래인 파키세투스의 화석에는 귀뼈가 있어 공기와 물속에서 들을 수 있는 능력이 있었던 것으로 보인다. 그러나 물속에 있을 때는 소리가 어디서 나는지 방향을 알 수 없었다. 파키세투스의 두개골은 육상 포유류 화석과 함께 발견되었기 때문에 틀림없이 육상에서 시간을 보냈을 것이다. 앞발과 뒷발을 가진 또 다른 파키스탄 고래는 4천 7백 50만 년 전에 살았던 암불로세투스(*Ambulocetus*)다. 이 고래는 300kg이나 되는 바다사자 수컷만큼 컸는데, 이것은 파키세투스의 2배 정도 큰 크기다. 이 고래는 뒷발과 꼬리의 상하운동에 의한 힘으로 육지에서 걷고, 바다에서는 수영을 할 수 있었다. 약 4천 6백만 년 전, 파키스탄의 후기 고래인 로드호세투스(*Rodhocetus*)는 바다 생활에 더 적합하게 되었다. 암불로세투스보다 앞발과 뒷발은 더 컸지만, 뒷다리는 $\frac{1}{3}$ 보다 짧아 좀 더 유선형의 몸을 가졌다. 로드호세투스는 아마도 깊은 물에서 사냥한 최초의 고래였을 것이다. 척추의 뒤쪽 절반에는 강력한 근육이 붙어 있었던 이 고래는 넓은 뒷발로 노를 젓고 강력한 꼬리를 흔들면서 헤엄쳤다. 얼마 지나지 않아, 훨씬 더 강력한 꼬리를 가진 프로토세투스(*Protocetus*)는 이집트의 깊은 물속에서 물고기를 잡아먹었다. 프로토세투스의 골반은 더 이상 등뼈에 붙어 있지 않아 육상에서 걸을 수 없었다. 3천 5백만 년 전, 커다란 수평 꼬리를 가지고 몸길이가 16m나 되는 바실로사우루스(*Basilosaurus*) 고래가 이집트 해안가로 헤엄쳐 나왔지만 흔적 뒷다리와 골반은 쓸모가 없어졌다. 귀뼈의 구조로 미루어 볼 때, 이들은 현재의 고래만큼이나 물속에서 소리를 거의 들을 수 있었을 것이다.

또한, 다윈은 다른 종의 척추동물은 성체보다는 초기 배아 때 서로 더 유사하다는 것을 알고 있었다(그림 4.4). 사람의 배아는 물고기처럼 꼬리와 아가미 구멍(새열)을 가지고 있다. 고래의 태아는 육지의 포유류처럼 발생 초기의 발 형태를 가지고 있는데, 성체 고래에서는 이 구조가 퇴화되어 발이 보이지 않는다. 이러한 유사점들은 동물이 공통 조상으로부터 다양한 변화를 거쳐 만들어졌다는 것을 반영한다. 자연선택은 부모의 보살핌이 끝나고 어린 개체들이 그들만의 삶을 살아야 할 때 가장 강하게 작용하기 때문에 다른 종들 간의 차이는 배아보다 성체에서 훨씬 크게 나타난다.

마침내 다윈이 깨달은 것처럼 모든 생명체가 공통 조상으로부터 변형되어 진화되어 왔다면 그들은 공통 조상이 머물렀던 곳으로부터 현재 살고 있는 곳으로 퍼져 나갔을 것이다. 에콰도르에서 600km 서쪽에 위치한 갈라파고스 군도, 서아프리카에서 서쪽으로 500km 떨어진 카보베르데(Cape Verde) 군도, 또는 하와이처럼 대륙과 연결되어 있지 않은 섬의 동식물들은 넓은 바다를 가로지른 본토에 조상이 있었을 것이다. 갈라파고스와 카보베르데 군도는 가장 가까이에 있는 본토 지역과는 아주 다르게 건조한 저지대가 있는 화산섬이다. 그러나 다윈은 갈라파고스와 카보베르데 군도에 살고 있는 대부분의 종들은 가장 가까운 대륙에도 살고 있거나 가까운 친척이 근처 대륙에 살고 있다는 것을 발견했다. 물을 건너는 데 가장 능숙한 생물들이 이 섬으로 이주하여 정착하였을 것이다. 그래서 걸어 다니는 포유류보다는 몇몇 새와 박쥐가 하와이 섬에 도달했다. 일부 곤충과 비단 실을 만들어내는 거미들이 날아갔고, 달팽이는 새들의 발에 붙어 이동하였다. 지렁이나 개구리는 짠 물에 의해 쉽게 죽고, 새를 통해서도 쉽게 운반되기 어려워 하와이나 갈라파고스 군도에 도달하지 못했다. 몇몇 잡초의 씨앗은 가벼워서 새 깃털에 붙을 수 있거나 혹은 내장에서 소화되지 않고 생존하여 바다 건너 하와이에 도달했지만, 큰 씨앗은 그렇지 못했다. 실제로 하와이에서 자생하는 나무와 큰 씨앗 식물과

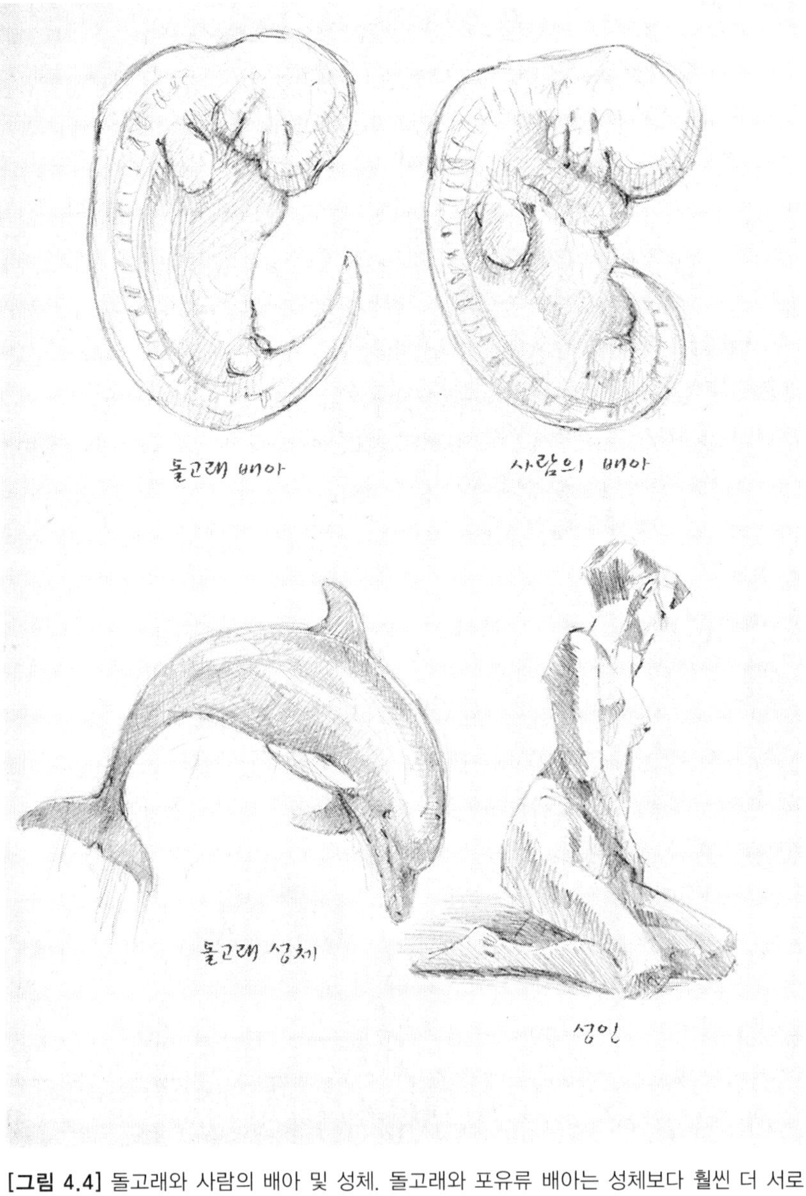

[그림 4.4] 돌고래와 사람의 배아 및 성체. 돌고래와 포유류 배아는 성체보다 훨씬 더 서로 닮았다.

가장 유사한 가까운 본토의 식물들은 보통 작은 씨앗을 가진 잡초나 풀 종류다. 다윈은 다음과 같은 궁금증을 가졌다. "창조론자들이 성경에서 추론하듯이 각 종들이 각자의 서식지에 따라 별도로 창조되었다면 왜 대부분의 섬에 있는 종들은 가까운 본토에 있는 것들과 매우 유사한 친척들이거나 물을 따라 퍼져나갈 수 있는 것들일까?"

생화학, 분자생물학 및 생명의 공통 조상

생명체의 화학적인 특성을 살펴보면 생명체가 공통 조상으로부터 변형되었다는 것을 알 수 있다. DNA 이중나선 구조를 발견한 왓슨은 "세포 생장과 분열이 일어나는 데 관여하는 기본적인 생화학 반응은 미생물, 식물이나 동물의 모든 세포에서 동일하거나 매우 유사하다."고 하였다. 더구나 모든 생물은 수정란으로부터 성체가 되는 과정에서 DNA에 암호화된 정보로 유전적인 특징을 자손에게 전달한다. DNA 상의 유전자는 일련의 단계적인 화학 반응을 프로그램화하고 있으며, 각 반응 단계는 특정 효소에 의해서 촉매된다. 예를 들면, 우리 침 속의 아밀레이스는 녹말을 엿당으로 분해하는 효소다. 이러한 화학 반응을 통해 생명체가 형성되고, 에너지를 얻으며, 유지된다. 각 효소의 구조는 DNA 분자 내에 4종류의 뉴클레오타이드(아데닌, 타이민, 구아닌, 사이토신)의 배열에 의한 암호로 프로그래밍되어 있다(그림 7.4). 3개의 뉴클레오타이드로 된 코돈(codon)은 하나의 아미노산을 암호화하고 있으며, 아미노산 서열의 시작 혹은 정지에 대한 코돈도 있다. 코돈 서열은 아미노산의 서열을 결정하며, 아미노산이 펩타이드 결합으로 순서대로 연결되면 보통 특정한 접힘 과정을 통해 기능적인 단백질이 만들어진다.

세균에서 사람에 이르기까지 생물체의 단백질은 보통 동일한 20종류의 아미노산으로 만들어진다. 모든 생명체는 같은 방식으로 유전자의 뉴클레오타이드 서열의 정보를 단백질로 전환시킨다. 먼저 유전자가 상보적인 전령 RNA(mRNA)로 전사된다. mRNA는 DNA처럼 뉴클레오타이드 서열로 되어 있지만 아데닌(A)과 짝을 이루는 타이민(T)이 유라실(U)로 대체되며, 안정성이 떨어지고 쉽게 분해된다. mRNA에 저장된 암호는 리보솜에서 단백질을 합성하는 데 이용된다. mRNA와 결합한 리보솜은 아미노산이 붙어 있는 운반 RNA(tRNA)를 끌어들여 성장하는 폴리펩타이드에 아미노산을 붙여 단백질을 합성하며, 적절한 접힘 과정을 통해 기능적인 효소가 된다. 이러한 효소는 필요할 때만 만들어진다. 예를 들면, 세균의 젖당오페론에서 젖당이 없는 상태에서 젖당을 분해하는 효소의 합성을 억제한다. 그러나 젖당이 나타나면 억제 단백질이 젖당과 결합하여 억제 단백질이 기능을 하지 못하면 젖당 분해효소가 만들어진다. 또한, 효소는 다른 분자와 결합하여 자신의 반응을 조절하기도 한다. 예를 들면, 효소는 일련의 화학 반응의 출발점이 되는 분자와 결합할 때만 기능하여 반응을 조절한다. 어떤 효소 중에는 합성 회로의 마지막 산물에 의해 억제됨으로써 그 산물의 과잉 생산을 막는다. 모든 생물체에서 유전 암호가 번역되는 방식과 유전자에 의해 프로그램화되어 있는 화학 반응이 조절되는 방식이 동일하다는 것은 생명체가 공통 조상으로부터 유래하였다는 강력한 증거라고 할 수 있다.

생명은 어떻게 시작됐을까?

주변 자원을 이용해서 스스로를 복제하는 생명체가 처음 등장한 이래 자연선택은 지구를 변화시켜 왔다. 그 자체로는 특별한 목적이 없는 물질과 과정이 어떻게 생존과 번식을 위해 에너지를 이용할 수 있도록 조직된 존재를 만들어낼 수 있었을까? 이런 일이 일어나는 것을 분명 보지 못했지만, 몇 가지 가이드라인 덕분에 우리는 생명이 어디에서 어떻게 시작되었는지에 대한 단서를 찾고, 이해할 수 있게 되었다.

첫째, 생명체의 생장과 번식에 필요한 에너지를 지속해서 제공하는 화학 반응은 그 반응들을 조절하고 이용하기 위한 유전자가 진화하기 이전에 반드시 등장했을 것이다.

둘째, 생명체의 생존과 번식 과정뿐만 아니라 모든 생리적인 활동에 필요한 에너지를 제공하는 반응은 지속적인 화학적 불평형으로부터 발생한다. 물레방아는 옥수수를 빻는 데 필요한 힘을 절벽의 위쪽과 아래쪽에 있는 물의 에너지 불균형으로부터 얻는다. 위쪽의 물이 절벽 아래로 떨어지면서 물레방아 바퀴를 돌리기 때문에 옥수수를 가루로 빻을 수 있다. 햇볕이 내리쬐면 지표면의 물이 증발하고, 그중 일부는 고지대에서 응결되어 비로 다시 내리기 때문에 방앗간의 폭포는 계속 유지될 수 있다. 따라서 방앗간은 옥수수를 빻기 위해 하나의 작업 주기를 이용한다. 이와 마찬가지로 생명체는 생존과 생장, 번식을 위해 하나 또는 그 이상의 작업 주기를 이용해야 한다. 생명은 용존 암모니아, 인산염, 이산화탄소와 같이 생명체를 이루는 화학적 구성 요소로 가득 찬 따뜻한 연못에서 시작될 수 없었다. 그 연못에는 이런 화합물들이 생존과 번식을 할 수 있는 유기체로 '우연히' 조립되기 위한 안정적인 에너지 공급이 부족했기 때문이다.

셋째, 에너지를 포집하여 개체를 형성하고, 자신과 같은 것을 복제하는 생명의 기원과 같은 다면적인 사건은 한 번에 하나씩, 한 가지 측면을 발달시킬 수 있는 상황에서만 일어난다. 생명이 시작된 약 40억 년 전에는 몇 개의 화산섬을 제외한 지구 전체가 물로 덮여 있었다. 바다와 대기 중에는 산소가 부족해서 자외선으로부터 지구를 보호해 줄 오존층이 없었기 때문에 지표에서 생명이 만들어지는 것은 불가능했으며, 대기의 주성분은 이산화탄소였다. 이러한 악조건 속에서 생명은 어디에서 시작된 걸까?

심해열수분출구: 생명 탄생을 가능하게 한 조력자일까?

심해열수분출구는 해저 마그마가 화산 활동으로 솟아올라 양쪽으로 퍼져나간 중앙해령 꼭대기에서 발견되었다. 열수분출구에서 배출된 유체는 350℃ 정도로 너무 뜨거워서 생명 탄생에는 적합하지 않았지만, 일부 생물학자들은 이 열수가 해저의 바닷물과 만나 냉각되는 곳에서 최초의 생명이 발생한 것은 아닌지 의문을 가졌다. 블랙스모커라 불리는 **열수분출구**는 마그마로 인해 뜨겁게 데워지고, 철과 황화수소가 풍부하게 용해되어 있는 산성의 검은 열수를 꼭대기에서 분출한다. 이 열수분출구 주변의 세균들은 분출된 유체와 산소가 풍부한 해수 사이의 불평형을 이용하여 물속의 황화수소가 물속의 용존 산소와 반응하여 물과 황을 만들어내는 에너지 방출 반응을 촉진한다. 이 반응 또는 관련된 다른 반응을 통해 살아가는 세균들은 다양한 동물들을 돕는다.

평형에 관한 이야기는 마치 물체가 특정 상태를 '선호'한다고 주장했던 아리스토텔레스의 물리학적 설명과 얼핏 비슷해 보인다. 물은 가능한 한 낮은 곳으로 떨어진다. 이와 유사하게 수소 원자는 황 원자와 결합하기보다는 산소와 결합하는 것을 '선호'한다. 황화수소는 용존 산소와 반응하여 황과 물을 생성하지만, 황과 물로부터 황화수소와 산소가 만들어지지는 않는다. 다른 '자발적인' 화학 반응과 마찬가지로 황화수소와 산소 간의 반응은 에너지를 방출하는 반응이다.

생화학자 러셀(Michael Russell)은 생명이 중앙해령으로부터 좀 떨어진 상대적으로 낮은 온도의 열수분출구에서 시작되었을 것으로 추측했다. 1981년에는 아일랜드에 위치한 은 광산에서 3억 5천만 년 된 심해분출구 꼭대기로 추정되는 부분이 발견되었는데 이들은 수도 없이 많은 다공성 구획을 가지고 있었다. 이러한 다공성 구획은 생명의 화학 반응이 일어나기에 적합한 장소인 것처럼 보였다. 러셀은 아들이 가지고 놀던 화학 실험 세트로부터 다공성 구획이 생길 수 있는 과정에 대한 힌트를 얻을 수 있었다. 염화코발트 용액을 알칼리성의 규산나트륨 용액에 부으면 **화학 정원**이라고 부르는 다양한 색깔의 뾰족한 기둥들이 만들어진다(사진 4.1). 러셀의 아들은 그의 '정원'에 있는 뾰족한 기둥 내부가 비어 있으면서 많은 구멍, 즉 다공성 구획으로 되어 있다

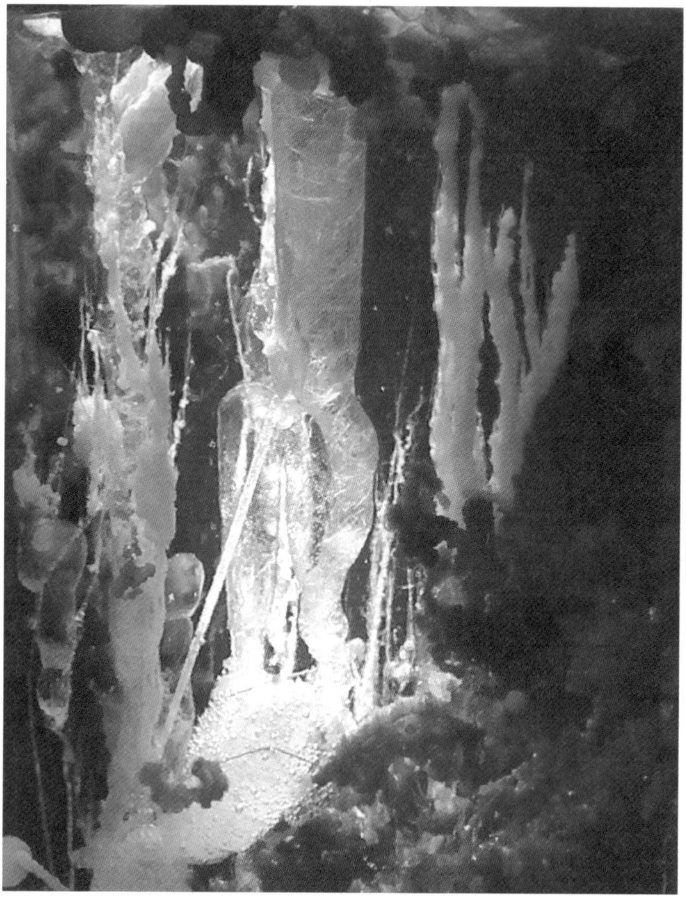

[사진 4.1] 화학 정원.
© (https://commons.wikimedia.org/wiki/File:Chemical_garden_9167_Nevit_cr.jpg)

는 것을 발견하였다. 러셀은 이 발견으로부터 아이디어를 얻어 원시 지구의 바다와 같이 산소가 없고 염화철이 녹아 있는 무산소 해수를 만들고, 여기에 알칼리성의 황화나트륨 용액을 부어 넣었다. 그 결과 예상했던 대로 속이 비고, 미세한 내부 구조를 가진 뾰족한 기둥으로 된 화학 정원을 관찰할 수 있었다. 이 구조들은 황화철(FeS) 성분의 다공성 벽을 가지고 있었는데, 작은 분자들은 이 벽을 큰 분자들보다 더 쉽게 통과할 수 있었다.

대서양 중앙해령에서 16km 떨어진 위치의 수심 1km 지점에서 최근 발견된 열수분출구는 2000년에 발견된 러셀의 화석과 비슷하였다(그림 4.5). 그곳에서는 중앙해령으로부터 퍼져 나온 마그마가 지구 지각에 균열을 만들기 때문에 해수가 맨틀과 반응하여 수소가 만들어질 수 있다. 이렇게 화학 물질이 풍부하고, 알칼리성의 뜨거운 물(90℃)이 알칼리성 열수분출구를 통해 분출될 때, 열수의 화학 물질들은 바다에서 다른 화학 물질과 반응하여 수많은 미세구조를 가진 최대 60m 높이의 하얀 탑을 만들어낸다. 이 탑들은 석회질과 점토, 황철광(FeS$_2$, fool's gold) 성분의 벽으로 이루어져 있었고, 내부는 미세한 구멍과 물이 지나는 통로가 숭숭 뚫려 있었다. 일부 공간은 탄산칼슘 성분의 얇은 벽으로 둘러싸인 세균 크기의 연결된 구조들로 이루어져 있었다. 이러한 알칼리성 열수분출구는 플라톤이 주장했던 '아틀라스의 잃어버린 도시(Lost City of Atlantis)'에서 영감을 얻어 '잃어버린 도시 열수장(Lost City Hydrothermal Field)'이라고 불렀다. 열수분출구의 수소와 바닷물의 이산화탄소 간 불평형 덕분에 알칼리성 열수분출구는 수많은 세균의 생존을 돕는 역할을 한다. 초기에 나누어진 두 그룹의 미생물인 진정세균과 고세균은 둘 다 수소와 이산화탄소를 결합하여 유기화합물과 에너지를 생성하였다. 하지만 이 과정에서 진정세균은 아세트산을 만들고, 고세균은 메탄을 만들어낸다. 열수분출구에서 일어나는 화학 반응 중에서 이산화탄소와 수소가 관련된 비생물적 반응도 메탄을 일부 생성하며, 암모니아와 관련된 또 다른 반응은 단백질을 구성하는

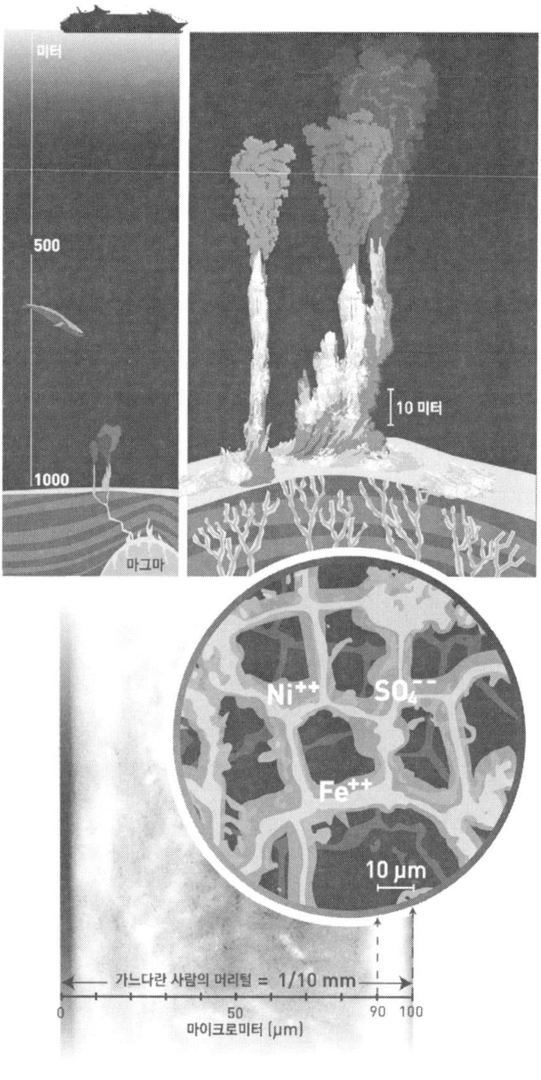

[그림 4.5] 알칼리성 열수분출구. 50년 동안 지속된 블랙스모커의 굴뚝과는 달리 알칼리성 열수분출구의 굴뚝은 10만 년 넘게 계속되어 왔으며, 이것은 생명의 과정이 시작되기에 충분한 시간이었다. 알칼리성 열수분출구(위 그림)는 세포 수준의 원시 생명체의 물질대사가 진행될 수 있는 틀을 제공해주었는데, 이 틀은 화학적 불균형을 이용하여 생명의 진화를 위한 물질대사와 자기 복제가 가능하도록 지원하였다. 알칼리성 열수분출구에는 황화철 성분의 벽이 있는 미세하게 구획지어진 방이 있었다(아래 그림). 이 미세한 방은 원시유기체의 거처가 되었을까?

아미노산을 만들어낸다. 이러한 열수분출구가 생명의 탄생 과정에 핵심적인 역할을 하였을까?

최초의 생명체는 에너지를 어떻게 획득하고 효율적으로 사용했을까?

생명체는 에너지를 확보하고, 적절하게 사용해야 한다. 이를 위해서는 에너지의 꾸준한 공급, 적절한 화학 반응을 촉진하기 위한 촉매, 반응의 생성물을 모아 두었다가 화학 결합을 통해 새로운 산물을 만들어낼 수 있는 세포 크기의 구획이 필요하다. 알칼리성 열수분출구는 이 세 가지 조건을 모두 제공한다.

첫째, 열수분출구에서 내뿜는 유체는 수소를 안정적으로 공급할 수 있고, 수소는 주변 바닷물에서 공급된 이산화탄소와 만나 에너지를 방출할 수 있다. 물 분자에서 나온 수소와 대기 중의 이산화탄소가 결합하는 것은 바로 광합성의 마지막 단계이기도 하다.

둘째, 산소가 없던 시기에는 열수분출구의 유체에 포함된 황화물과 바다에 녹아 있는 철이 결합하여 황화철을 생성하고, 황화철은 매우 작은 분자들만 통과할 수 있는 세포 정도 크기의 다공성의 벽 구조를 지속적으로 새롭게 만들어 이런 열수분출구를 만들어 나갔을 것이다.

셋째, 수소와 이산화탄소의 결합은 자발적으로 일어나지 않는다. 분화구에 형성된 높은 호수에서 에너지를 얻기 위해서는 화산에 터널을 뚫어서 물이 떨어지게 해야 하는 것처럼 수소와 이산화탄소가 유기화합물을 생성하거나 에너지를 방출하기 위해서는 촉매에 의해 일련의 화학 반응이 유도되어야 한다.

바다에는 니켈 성분이 녹아 있기 때문에 미세구조의 다공성 벽에는 철, 니켈, 황 등의 화합물들이 박혀 있을 수 있다. 이들은 열수분출구의 유체에 들어 있는 수소, 황화물, 암모니아, 그리고 해수에 포함된 이산화탄소와 질산염으로부터 당, 아미노산, 뉴클레오타이드와 같은 생명체를 구성하는 여러 요소들과 에너지를 생성하는 화학 반응을 촉매하였는데, 이러한 반응들은 느리고 투박하게 진행되었다. 이는 촉매작용이 반드시 필요한 반응은 또한 조절될 수 있다는 것을 의미한다. 따라서 아마도 촉매된 화학 물질은 더 나은 촉매에 의한 화학 반응으로 이어졌을 것이다. 요약하자면, 알칼리성 열수분출구는 안정적인 에너지원과 그 에너지 방출을 제어하고 사용하는 수단을 제공하였으며, 또한 유기화합물들이 확산되지 않고 서로 반응할 수 있게 분리되고 미세한 세포 크기의 다공성 구조를 제공해주었다. 다공성 벽 구조에 있는 촉매가 이산화탄소와 수소로부터 에너지와 유기화합물을 생성해내는 경로는 현재의 알칼리성 열수분출구에 사는 진정세균과 고세균들이 에너지를 만들기 위해 이용하는 아세틸 CoA 경로의 비생물적인 전구체 형태와 같다. 오늘날의 생명체는 이산화탄소에서 유기화합물을 얻기 위해 다섯 가지 경로를 이용한다. 그중의 하나인 아세틸 CoA 경로는 자신의 화학 반응 이외에 사용할 수 있는 에너지를 생성할 수 있는 유일한 경로이자, 가장 간단한 효소(단백질 촉매)를 사용해서 반응을 조절한다. 마지막으로, 반응 분자들이 가까이 모이는 이들 효소의 활성 부위는 철, 니켈, 황의 화합물로 되어 있는데 이것은 마치 원시 열수분출구의 다공성 벽에 박혀 있는 화합물과 유사하다. 이러한 흔적들은 아세틸 CoA 경로가 알칼리성 열수분출구에 기원을 두고 있다는 것을 의미하는 것일까?

또한 황화철 미세 구획은 생존에 필요한 에너지를 생산하는 호흡 과정이 진화했을 장소이기도 하다. 진정세균과 고세균에서 호흡은 외막에서만 일어날 수 있다. 오늘날 산소 호흡은 당에서 얻은 수소와 산소를 결합하여 물과 이산화탄소를 생성한다. 이것은 불에 의한 연소와 비슷한 에너지 방출 반응이지만, 세균은 연소보다는 훨씬 더 정확하고 효율적으로 그 반응을 조절할 수 있다. 세균은 방출된 에너지를 이용하여 세포막 바깥으로 수소 이온을 퍼내어 산성을 띤 외부와 알칼리성인 세포 내부 사이에 '수소 이온 농도 구배'로 인한 화학적 불균형을 만들어낸다. 진정세균과 고세균의 생존과 번식을 위해 필요한 모든 화학 반응에 쓰이는 에너지는 호흡 과정에서 만들어지는 수소 이온 농도 구배를 활용하여 생산된다.

마치 오늘날의 무산소 환경처럼, 과거 대기 중에 산소가 존재하기 전에 미생물들은 이러한 수소 이온 농도 구배를 유지하기 위해 다른 에너지 방출 반응을 이용했다. 이런 농도 구배를 만들기 위해 대부분의 생물체들이 사용하는 기술은 놀라울 정도로 복잡하다. 이렇게 복잡한 기술이 어떻게 진화해 올 수 있었을까? 알칼리성 열수분출구에서는 분출구의 유체가 상대적으로 더 강한 산성인 바닷물과 만나게 된다. 따라서 황화철 미세 구획 내부의 유체는 바깥의 해수보다 약한 산성인데, 그 차이는 마치 오늘날의 수소 이온 농도 구배만큼이나 컸다. 황화철 미세 구조의 막을 가로지르는 수소 이온 농도 구배는 열수분출구에서 유기화합물의 합성이 일어나도록 돕는 역할을 했다. 그렇다면 열수분출구는 또한 호흡의 초기 단계가 진화한 장소였던 것일까? 다공성 벽 내부에 늘어선 투박한 유기체 막이 수소 이온이 내부로 이동하는 것을 제한했던 것일까? 만약 그랬다면 유전자가 등장했을 때, 모든 생명체가 수소 이온 농도 구배를 유지하는 것이 유리했을 것이고, 생명체가 필요한 유기화합물을 합성하기 위해 이러한 농도 구배에서 에너지를 얻고 이용하기 위한 분자 장치가 진화했을 것이다.

복제의 기원: 자연선택이 역할을 이어받다

이러한 반응이 어떻게 번식 과정의 출현으로 이어졌을까? DNA는 스스로 복제할 수 없고 복제 과정은 효소에 의해 촉매되어야 하기 때문에 결국 이 효소가 DNA에 암호화되어 있어야 한다. 따라서 이 질문에 대한 답은 리보핵

산(RNA)이라고 생각된다. 생명체가 의존하는 거대분자 중 하나인 RNA는 리보뉴클레오타이드가 결합한 단일 가닥으로 이루어져 있다. RNA 서열은 몇 가지 반응을 촉매한다. 아마도 RNA는 원시 생명의 역사에서 아미노산을 만들고, 이들을 결합하여 펩타이드와 단백질을 만드는 것을 촉진하는 훌륭한 촉매로써 등장했을 것이다. 심지어 현재도 일부 RNA가 필수 생화학 반응을 촉매하는 것에서 그 가능성을 유추할 수 있다. 원시 지구의 화학 반응에 쓰였으면서 현대에도 사용되고 있는 촉매들의 활성 부위에 철, 황, 니켈 화합물이 있는 것처럼, 다른 촉매들의 활성 부위에는 RNA가 있어 생명이 진화했던 흔적을 찾아 볼 수 있다. 이러한 촉매 RNA 중 일부는 정확성은 좀 떨어지지만 다른 도움 없이 스스로를 복제할 수도 있다. 가장 초창기의 RNA는 복제하기 위해서 세포 내에서 화학 반응을 촉매하고 변형시키는 오늘날의 바이러스와 유사했을지도 모른다. 이러한 RNA가 열수분출구의 아세틸 CoA 경로의 화학 반응을 변화시켜 스스로 복제하게 되면서 자연선택이 생명의 진화에서 중요한 역할을 하기 시작했다.

바이러스와 유사한 초기의 RNA 복제는 DNA보다 정확도가 훨씬 떨어졌을 것이다. RNA가 복제를 지속하기 위해서는 서열이 짧아야 했기 때문에 대부분의 복제된 RNA는 치명적인 오류가 생기지 않았다. 그 어떤 RNA도 자가 복제에 필요한 모든 화학 반응을 촉매할 수 있을 만큼 충분히 길어질 수는 없었지만, 만약 일련의 RNA 그룹 내 각 RNA가 다른 것들이 필요로 하는 화학 반응을 촉매한다면 스스로 복제할 수도 있었을 것이다. 그러나 이러한 협력적인 관계는 복제 기능을 향상시키기 위한 행동은 아무것도 하지 않으면서 다른 서열의 활성으로부터 이득을 얻는 사기꾼 RNA들에게 취약했다. 사기꾼 RNA는 그룹 내에 있는 다른 RNA의 복제에 필요한 반응은 촉매하지 않으면서 그 자신은 좀 더 빠르게 복제할 수 있었을 것이다. 사기꾼 RNA로부터 원시생명(protolife)을 구해주었을 것으로 생각되는 가장 그럴듯한 시나리오는 RNA 그룹들을 열수분출구의 다른 다공성 구획에 가두는 것이었다. 만약 한 다공성 구획에 갇힌 RNA 그룹이 서로 도와 복제를 한다면 이 RNA 그룹은 새로운 다공성 구획에 정착하게 되는 반면에, 자신이 속한 그룹의 복제를 방해하는 사기꾼 RNA는 감염성 바이러스처럼 다른 RNA 그룹을 감염시키기 전에 분해될 것이다. 따라서 다공성 구획 내 RNA들은 보통 집단 차원에서 살거나 죽었을 것이다. 만약 RNA 그룹들이 새롭게 형성된 인접한 다공성 구획을 차지하면서도 서로 RNA를 교환하지 않았다면 그중에서 좀 더 기능적이고 빠르게 복제하는 협력적인 그룹이 선택되었을 것이다. 그럼으로써 생명이라는 이름에 걸맞은 무언가가 생겨나기 시작하여 다공성 구획 내부는 RNA의 협력에 기반한 선택으로 변화를 거듭하였다.

RNA보다는 훨씬 더 안정적인 DNA로부터 한 그룹 내 RNA가 만들어질 때 자연선택도 훨씬 더 효과적으로 일어날 수 있었다. DNA로부터 RNA가 만들어지고, RNA 서열을 단백질로 번역하는 현대적 방법과 유전 암호는 고세균과 진정세균이 분기되기 전에 등장했다. 가장 최근의 공통 조상이 가진 유전자는 현재의 유전자들과 같은 방식으로 발현되었다.

먼저 유전자의 DNA 서열에서 상보적인 전령 RNA(mRNA)가 만들어지고, mRNA는 단백질 합성 기구인 리보솜으로 확산되었다. 리보솜은 mRNA의 염기서열에서 3개의 뉴클레오타이드로 된 트리플렛[2] 암호 단위로 이동한다. 각 트리플렛에는 상보적인 운반 RNA(tRNA)가 결합하고, 이 tRNA의 한쪽 끝에는 트리플렛 암호에 해당하는 아미노산이 결합되어 있어 리보솜이 트리플렛을 이동할 때마다 새로운 tRNA가 들어와 성장하는 폴리펩타이드에 새로 들어온 아미노산이 결합한다. 단백질 합성이 끝나면 방출되어 적절한 구조로 접혀진 후 생명체가 생존하고 번식하는 데 필요한 생화학 반응을 촉매한다.

---

2) 전령 RNA(mRNA)의 트리플렛(triplet) 암호는 3개의 뉴클레오타이드로 되어 있으며, 여기에 운반 RNA(tRNA)가 상보적으로 붙는다.

하지만 현재의 DNA 복제 방식은 고세균과 진정세균이 분기된 후에 출현했을 것이다. 왜냐하면, DNA 복제에 사용하는 효소가 서로 완전히 다르기 때문이다. 이러한 RNA들은 오늘날의 레트로바이러스[3]처럼 RNA에 암호화된 데이터를 좀 더 안정적으로 유지하기 위해 상보적인 DNA 합성을 촉매했을 것이다. 여기서 RNA는 DNA 복제의 중심이었다. 오늘날에는 DNA로부터 RNA가 전사되지만, 사실 이 DNA는 거슬러 올라가면 RNA로부터 만들어진 것이다. 게다가 고세균은 진정세균과는 완전히 다른 화학 물질과 효소를 이용하여 세포벽과 세포막을 만들었다. 이러한 점들을 고려하면, 진정세균의 조상은 미생물이 황화철 다공성 구획에 의해 외부와 분리되어 있었을 때 고세균에서 갈라져 나왔고, 그 후 세포막과 세포벽, DNA 복제가 독립적으로 진화한 것으로 볼 수 있다. 세포벽, 세포막, DNA를 완벽하게 가지고, 스스로 복제할 수 있는 세포가 등장했을 때, DNA는 그가 처한 환경에서 생존하고 번식하는 방법에 대한 가설[4] 혹은 그 생명체가 살아가기 위한 방안을 담고 있었다.

요약하면, 알칼리성 열수분출구는 생명의 기원에 관한 매우 복잡해보이는 문제를 순차적으로 해결할 수 있는 구획으로 나누어진 공간을 제공했을 것이다. 또한 이러한 장소에서 각 부분들은 단계적으로 만들어질 수 있었다. 따라서 물질대사가 처음 출현하고 정교화된 과정은 아마도 물질대사를 조절하고 통제하는 유전자가 진화하기 전에 시작되었을 것이다. 유전체의 조직적 복제가 이루어지기 전에 바이러스 유전체 정도의 크기를 가진 많은 다른 RNA가 만들어졌다. 화학 반응과 이를 촉매하는 촉매제를 세포 크기의 다공성 구획에 가두어 둠으로써 자연선택을 통해 협력적인 RNA 그룹이 선택될 수

3) 레트로바이러스는 RNA 바이러스로 세포 내로 침투하면 DNA로 합성되어 숙주세포의 유전체 내로 끼어 들어가거나 이 DNA로부터 수많은 자손 RNA를 만들어낸다.

4) 가설은 진화 과정을 거처 유전체 내에 축적된 유전 정보를 말한다.

있었다. 수소 이온 농도 구배를 형성하는 세포막 호흡의 진화는 세포가 스스로 세포막과 세포벽을 만들기 전에 일어났다. 이런 문제들이 어떻게 해결되었는지에 대해 우리는 여전히 대략적으로만 추측하거나 알고 있을 뿐이다. 하지만 알칼리성 열수분출구는 생명이 기계적인 기원을 가진다는 설득력 있는 증거를 제공해주며, 어떻게 유기체가 자원을 이용하여 복제를 시작했는지 제시해준다. 또한, 물이 아래로 흐르는 것이나 철이 녹스는 것처럼 목적이 전혀 없는 자연선택을 통해 자가 복제를 할 수 있는 생명체가 출현할 수 있다는 것을 제시해주었다.

05장

다양화

경쟁, 혁신, 다양화

인류가 살 수 있는 장소를 찾아 아프리카에서 다른 대륙과 말레이 군도로, 열대 사바나에서 숲이나 초원, 툰드라, 극지방으로 살 수 있는 장소를 찾아 점점 퍼져 나간 것처럼 생명체들은 지구상에 있는 거의 모든 서식지로 서서히 퍼져 나갔다. 수렵과 채집 생활을 하던 인류의 후손이 의술과 도구제작, 무역, 농경, 목축 등을 시작하면서 삶의 다양한 방식을 고안해냈듯이 지구 최초 생명체의 후손들도 다른 개체들의 시작을 여는 새로운 삶의 방식을 만들어냈다. 프랑스의 소설가이자 수필가 베르나노스(Georges Bernanos)는 "각 문명은 인간이 그들의 쓰임에 맞게 세대를 거쳐 만들어온 서식지"라고 언급했다. 이와 마찬가지로 생명의 역사는 생명체들이 이 지구를 살기에 더 적합한 보금자리로 서서히 바꿔온 것이라고 할 수 있다. 인간이 자연을 길들여 그들의 문명을 만들어낸 것처럼 다른 생명체들도 자신의 환경을 변화시키고, 다양성과 식량을 증가시키는 방향으로 지구의 서식지와 화학 작용을 개선하였다. 더 적응을 잘한 새로운 유전적 변이들이 이전의 개체들을 자연스럽게 대체했기 때문에 생명체들은 미래를 예견할 필요가 없었다.

초기 미생물의 생활: 화학적인 성공

세포벽과 세포막을 스스로 만들어 독립생활을 하는 진정세균과 고세균이 알칼리성 열수분출구에서 나타난 직후, 그들은 생존을 위한 새로운 수단을 가지게 되었다. 약 35억 년 전쯤에 어떤 세균이 열수분출구에서 나오는 에너지 대신 빛에너지를 이용하여 황화수소와 이산화탄소로부터 당을 만들어낸 것이었다.

질소가 부족한 곳에 사는 세균은 당에서 얻은 에너지를 이용하여 대기 중의 질소로부터 단백질 합성에 필요한 암모니아를 합성하였다. 반면에 다른 세균들은 질산염과 당을 결합시켜 에너지를 방출했으며, 바다가 질산염 투성이가 되는 것을 막았다. 세균들 간의 이러한 균형적인 활동으로 바다는 생명체들이 서식하기에 더 적절한 곳이 되었다.

지구상의 거의 모든 생명체는 남세균과 녹색 식물이 생산한 것을 먹는 일종의 손님에 해당한다(사진 5.1). 이러한 '생산자'는 세포 안의 엽록소가 빛의 기본 입자인 광자를 포획하고, 그 에너지를 이용하여 이산화탄소와 물로부터 당과 산소를 만드는 **산소 광합성**으로 살아간다. 산소 광합성은 약 30억 년 전 남세균을 통해 단 한 번 진화했다. 이 대단한 성과는 자연의 큰 선물로, 마치 농경이 인류에게 준 큰 선물과 같다.

산소 광합성은 대기 중의 산소 농도를 증가시키는 또 다른 중요한 역할을 담당했다. 생명이 없는 세상의 대기에는 산소가 없었다. 그러나 산소 농도의 증가로 생긴 두 가지 변화로 인해 더 많은 생명체와 생물 종들이 출현할 수 있었다. 첫째, 자외선이 상층 대기의 산소 중 일부를 오존층으로 바꾸면서 치사량의 자외선으로부터 지구 표면을 보호할 수 있었고, 이것은 생명체가

[사진 5.1] 파나마 운하를 따라 펼쳐진 다양한 열대 숲의 지붕. 적색 꽃 층을 가지고 있는 나무는 쿠이포(*Cavanilesia platanifolia*)로 파나마 건기가 끝날 쯤에 새로운 잎이 나타나며, 나무줄기에 저장된 물을 이용한다. 광합성은 복잡한 공동체로의 진화에 필요한 에너지원을 제공한다.

육지에서 살기 쉽게 만들었다. 둘째, 산소는 광합성의 역 과정으로 에너지를 방출하는 산소 호흡을 가능하게 해주었다. 산소 호흡은 연소보다 느리고 단계적으로 진행되는 과정으로, 생물은 이 호흡을 통해서 에너지를 생산한다. 산소 호흡(호기성 호흡)은 무산소 호흡보다 더 많은 에너지를 방출한다.

하지만 대기에 산소를 공급하는 데는 시간이 걸렸다. 산소가 방출되는 광합성 과정은 약 30억 년 전에 진화했지만, 대기 중에 산소가 나타난 것은 24억 년 전쯤이었다. 또한 충분한 산소 공급을 통해 대부분의 자외선을 차단하는 오존층이 형성되기까지는 약 1억 년이 걸렸다. 과거 염분 퇴적층에 갇혀 있는 기포를 분석해보면, 8억 1천 5백만 년 전(또는 아마도 훨씬 이전)의 대기 중 산소의 양은 오늘날의 절반 수준이었다는 것을 알 수 있다. 7억 년 전만 해도 바다에는 초기 생산을 담당하는 남세균이 차지하고 있었다. 그리고 이들의 사체가 바닷속으로 천천히 가라앉으며 분해되는 데에도 산소가 소모되었기 때문에 수면 아래의 바닷물은 산소가 부족했다. 그러나 해면동물이 퍼지기 시작하면서 남세균을 걸러 내어 덩어리지게 하고, 이 덩어리가 종종 분해되지 않은 상태로 묻혀버리면서 비로소 바다에 산소가 공급되기 시작하였다.

다양화와 진화적 발전

진화는 발전을 수반한다. 선캄브리아기 이래로 많은 동물 종들은 새로운 먹이를 구하거나 포식자를 잘 피하기 위해, 또는 계절에 따라 먹이가 풍부한 곳으로 이동해 다니기 위한 여러 이유로 감각, 운동, 소화, 탐색, 인지, 사회적 기술 등이 조정되고 진화되었다. 동물은 식물과 협력하거나 생태계 생산성에 매우 중요한 다른 개체와 서로 공생하면서 진화했다. 1927년 홀데인(J. B. S. Haldane)과 헉슬리(Julian Huxley)는 진화에 대해 다음과 같이 언급했다. "생명체가 생존하기 위해 하위 수준의 조직 체계를 사용하면서도 그 위에 상위 수준을 새롭게 도입하는 것이다. 생명체에서 점진적으로 조정과 독립 능력을 향상시키는 것을 진화적 혹은 생물학적 발전이라고 할 수 있을 것이다."

복잡하고 고등한 수준의 생명체의 등장: 세균이 살아 있는 발전소로 전환되다

미생물을 식물과 동물, 균류로 진화시키는 첫 단계는 약 20억 년 전에 일어났다. 최근 발견된 고세균으로, 확실히 다른 세균을 삼킬 수 있었던 로키아케오타(Lokiarchaeota)는 산소 호흡을 하면서 숙주 안에서 번식할 수 있었던 진정세균을 먹었거나 혹은 진정세균에 의해 침입당했다. 이러한 고세균들은 진핵생물과 매우 밀접한 관련이 있다. 숙주 역할을 했던 고세균은 진핵생물만이 가능한 먹이를 에워싸서 섭취하는 방식을 취함으로써 고세균 숙주가 먹이를 잘 구할 수 있도록 해주었고, 고세균 내에 산소 호흡을 하는 살아 있는 진정세균이 먹이로부터 에너지를 잘 얻을 수 있도록 해주었다. 이러한 상호보완적인 능력으로 인해 고세균과 그 내부의 살아 있는 진정세균 간에 밀접한 공생 관계가 만들어졌다. 진핵세포의 산소 호흡 발전소인 미토콘드리아는 이러한 진정세균으로부터 진화했다. 미토콘드리아가 맡은 역할을 매우 완벽하게 수행해왔기 때문에 최근까지도 생물학자들은 미토콘드리아가 독립적인 생명체로부터 유래했다는 것을 믿지 않았다. 그러나 미토콘드리아는 세포처럼 분열하고, 진정세균 조상으로부터 유래한 DNA로 구성된 독립적인 유전체를 가지고 있다. 진핵생물은 공생의 삶을 시작하면서 기존의 생명체와 결합하고 변형하며 진화했다.

진핵생물의 등장은 아주 특별하고 중요한 사건이었다. 미토콘드리아를 가진 모든 생명체는 처음으로 진정세균을 세포소기관으로 길들인 고세균의 후손이었다. 이 사건은 커다란 가능성을 열어주었다. 생존에 필요한 에너지를 공급해주는 호흡 과정에 필수적인 수소 이온 농도 구배는 진정세균의 외막 표면에서만 일어나기 때문에 진정세균은 크기가 작아야만 한다. 세포가 생장하면서 표면적보다 부피가 더 빠르게 증가하기 때문에 세포 직경이 2배가 되면, 표면적은 4배가 되고, 부피는 8배가 된다. 이런 이유로 세포의 직경이 커지면 세포 표면에서의 호흡을 통해 얻는 에너지로는 세포의 활동을 감당할 수 없다. 진핵세포는 미토콘드리아의 숫자를 늘려 표면적을 증가시킴으로써 이러한 크기의 한계를 벗어날 수 있었다(그림 5.1). 진핵세포가 더 복잡한 유전체를 갖게 되면서 세포의 일부분에서 일어나는 사건이나 변화에 대해 더 적절하고 정교하게 반응할 수 있었으며, 에너지를 더 유연하게 이용할

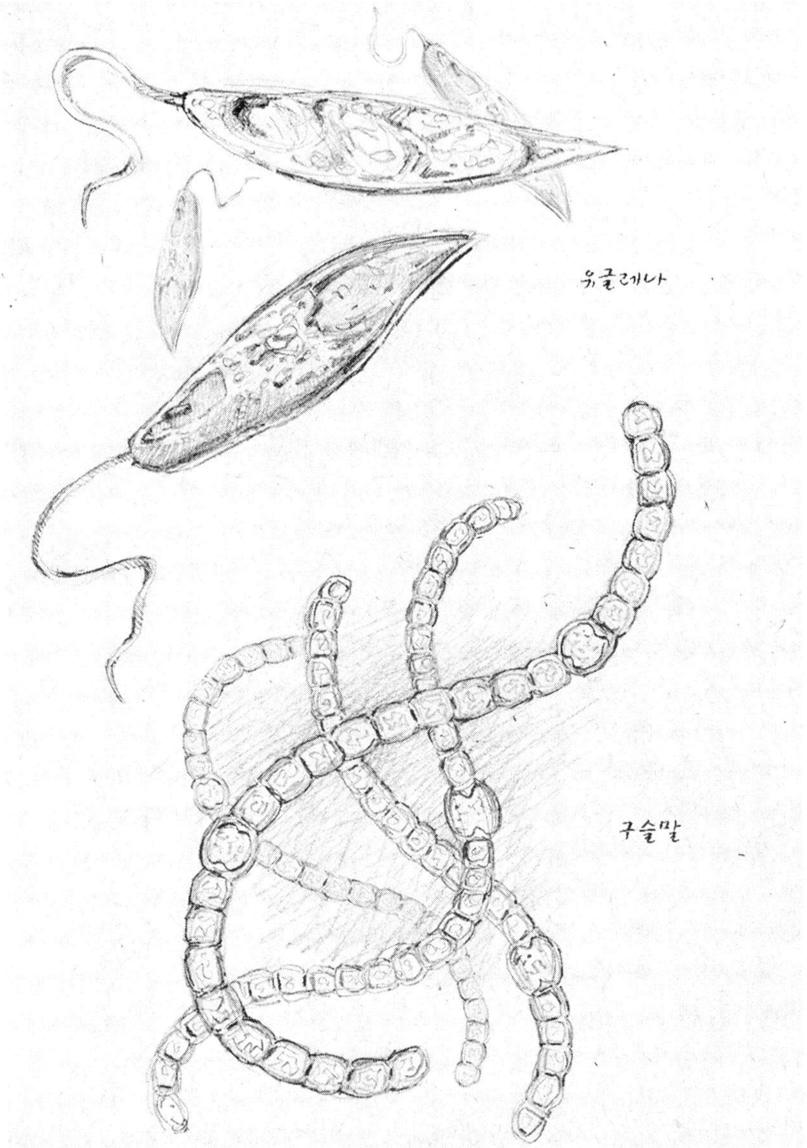

[그림 5.1] 세균이 에너지를 내는 발전소로 전환되면서 진핵생물이 등장했고, 이후 더 크고 복잡한 단세포 생물들이 나타났다. 모식도는 진핵생물로 광합성을 하는 원생생물인 유글레나(길이 0.1mm, 위쪽)와 시아노박테리아의 일종인 구슬말(*Nostoc*)(세포 지름 0.004mm, 아래쪽)을 나타낸다.

수 있었다. 따라서 진핵생물에서는 유기체를 구성하는 세포들 간의 복잡한 분업이 일어나게 되었다.

이러한 전환은 세포에 많은 변화를 가져와 유전체는 세포 내 나머지 부분과 분리된 핵막 안에서 염색체로 재구성되었다. 진핵생물이라는 이름은 원핵생물과는 달리 진짜 핵, 즉 핵막으로 구분된 핵을 가졌다는 데서 유래한 것이다. 다음으로 두 세포가 융합하여 상동염색체 간에 쌍을 이루고 융합되었던 세포가 다시 완전한 유전체를 가진 딸세포로 나누어지는 질서정연한 유성생식 과정이 출현하였다. 염색체의 짝짓기가 정확하게 이루어지면서 염색체의 크기나 수 혹은 유전자 배열에서 유연관계가 먼 생명체 간에 유전자의 수평적인 이동이 일어나기 어렵게 되었고, 동계교배가 일어나는 각 집단에는 진화 과정에서 얻어진 이 집단만의 유전자풀이 만들어졌다. 감수분열이 일어나기 위해서는 동일하게 배열된 유전체를 선택해야 하는 상황이 발생했고, 이 때문에 변이를 통해 이 생명체가 다른 종으로 다양화될 수 있는 좋은 계기를 만들어주었다. 크고 활동적인 동물들이 등장한 이후 진화가 가속화되었다.

약 16억 년 전 산소가 풍부한 바닷가 근처 서식지에서는 단세포 진핵생물인 **원생생물**로부터 식물과 동물, 균류의 조상이 나타났다. 12억 년 전에는 진핵생물이 식물, 녹조류 및 홍조류 속에 있는 엽록체의 조상인 광합성 남세균을 공생체로 안착시킴으로써 이들이 광합성을 할 수 있게 되었다. 해초류(kelps), 규조류(diatoms), 기타 조류의 조상들은 이미 엽록체를 가지고 있었던 다른 진핵세포를 삼켜 엽록체를 갖게 되었다.

복잡하고 고등한 생명체로의 진화: 복잡한 다세포 생물의 기원

약 7억 년 전 바다에 산소가 녹아들어가기 시작하면서 또 다른 큰 변화가 여러 차례 일어났다. 유성생식을 통해 만들어진 유전적으로 고유한 특성을 갖는 수정란 또는 접합자의 후손들이 무리를 이루어 다세포성 개체가 나타난 것이다. 이러한 일이 일어나기 위해서는 세포가 외부의 다른 생물과 복제된 세포를 구별하여 다른 생물은 배제하고, 동일계 세포들끼리 서로 붙어서 영양을 공급하며 서로 간의 화학적 신호를 통해 세포의 활동을 조절해야 했다. 이러한 변화는 무리를 이루는 세포 간의 협력적 분업을 유도했으며, 결국 세포의 구조뿐만 아니라 행동에서도 차이를 가져왔다. 첫번째로는 생식세포와 다른 기능을 가진 세포 간에 일어났다. 이러한 전환의 결과로 식물이, 다른 전환의 결과로 동물이, 또 다른 전환의 결과로 해조류가 출현하였으며, 그리고 두 가지 다른 전환을 통해 균류가 출현하였다. 다세포 생물은 파래, 나무에서 해파리, 굴, 사람에 이르기까지 다양하며, 온전한 개체로 살아가는 다세포 생물은 모두 진핵세포로 되어 있다.

운동성과 지각을 가진 다세포 동물의 기원과 다양화

후생동물[1] 중 단세포에 가장 가까운 것은 해면동물의 동정세포로, 이 세포에 붙어 있는 편모는 수관을 통해 물의 흐름을 만들어낸다. 해면동물은 후생동물의 가장 원시적인 단계에 해당하지만, 단세포가 할 수 없는 것들을 한다(사진 5.2). 복잡한 수관계와 편모방(해면 벽 1mm^{3}당 약 1만 개), 그리고 대공을 통해 대부분의 물을 빨아들이며, 이 물로부터 산소를 흡수하고 이산화탄소와 노폐물을 물로 내보낸다. 편모방에서는 동정세포가 지나가는 물에서 미생물을 잡는다. 하지만 해면동물은 근육과 신경, 소화계, 혈관이 없으며, 성체는 고착생활을 하고 운동성이 없다. 해면동물이 바닷속 남세균을 덩어리

1) 후생동물이란 다세포로 된 모든 동물을 말한다.

[사진 5.2] 중남미 카리브해 벨리즈에 있는 산호초에 붙은 해면동물. 해면동물은 통로를 통해서 펌프질한 물로부터 미생물을 걸러 먹으며, 산호초 주변의 물을 맑고 깨끗하게 유지하는 데 도움을 준다. 오랜지색 해면동물은 미케일 래비스(*Mycale laevis*)이며, 핑크색 해면동물은 데스모삼마 안코라타(*Desmopsamma anchorata*)이다.

로 만들어 산화되지 않은 상태로 매장하면서 바다에 산소가 공급되기 시작하여 물이 맑아졌고, 그에 따라 더 많은 빛을 필요로 하는 커다란 진핵성의 플랑크톤(단세포 조류)이 남세균을 대신하게 되었다. 이 플랑크톤은 다른 동물들의 먹이가 되어 동물이 진화할 수 있게 되었다.

빗해파리(*Pleurobrachia pileus*)는 종종 타원형 형태로 입, 소화관, 근육, 신경 및 2개의 촉수를 가지고 있으며, 촉수의 일부 세포에서는 먹이를 건드릴 때 점착성 물질을 분비한다(그림 5.2). 입에서부터 몸의 뒤쪽으로 뻗은 여덟 줄의 섬모를 이용하여 이동하는 빗해파리류는 의도한 방향대로 이동하고, 먹이를 잡을 수 있으며, 낮과 밤 시간에 서식지를 변경해가며 살 수 있다. 비록 현생 빗해파리는 조류를 먹는 동물을 잡아먹는 육식 포식자이지만, 초창기 빗해파

[사진 5.3] 카리브해 연안의 맹그루브 뿌리에 붙어 있는 말미잘 무리(*Stichodactyla heliathus*). 말미잘은 자포동물에 속하며, 근육과 신경망이 있지만 뇌와 항문이 없다.

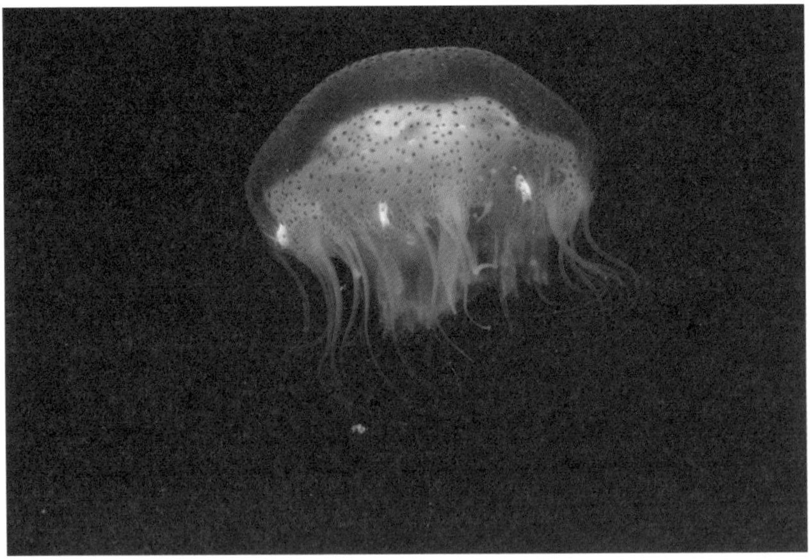

[사진 5.4] 자포동물인 해파리(Viatrix).

리는 진핵 플랑크톤을 먹었을 것이며, 이로 인해 진핵 플랑크톤은 충분히 큰 덩어리가 되어 바다 밑바닥에 분해되지 않은 채로 도달할 수 있었을 것이다. 이런 방식으로 빗해파리류는 바닷물 속 산소의 양을 늘려가는 데 기여하였다.

근육과 신경망이 있는 또 다른 단순한 동물로는 히드라, 말미잘(사진 5.3), 산호, 해파리(사진 5.4)와 같은 자포동물이 있다. 히드라는 자포동물의 기본 단위인 '폴립' 형태로 되어 있는데, 폴립은 하나의 소화강이 있고, 바닥에 부착할 수 있으며 먹이를 찔러 마비시키는 자세포라는 촉수로 둘러싸여 있다. 자세포는 뭔가에 닿으면 독성물질이 들어 있는 가시 달린 침을 방출하여 먹이를 마비시킨다. 그런 다음 촉수가 먹이를 소화강으로 끌어오면 소화 효소가

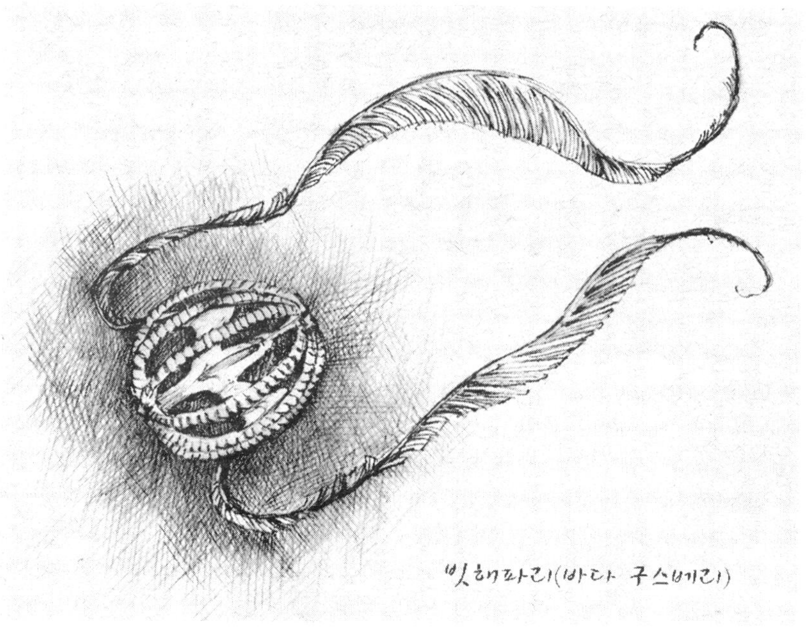

[그림 5.2] 바다 구스베리라고 불리는 빗해파리. 몸길이는 2.5cm, 촉수의 길이는 40cm에 달한다. 물속을 활발하게 돌아다니는 동물성 플랑크톤을 섭취한다. 해면동물과는 달리 빗해파리는 신경과 근육을 가지고 있으며, 원하는 방향으로 움직일 수 있다. 일부 전문가들은 이들이 가장 초기에 분화하여 살아남은 후생동물이라고 생각한다.

이를 분해한다. 해파리는 폴립이 뒤집힌 형태 혹은 마치 머리에 뱀이 달려 있는 형태로, 가장자리에는 자세포로 가득찬 긴 촉수가 매달려 있다. 종 모양이며 수축 운동(맥동)을 하는데, 신경망과 기능도 가진 근육세포가 종 모양의 몸을 주기적으로 수축함으로써 해파리가 가라앉지 않게 한다. 말미잘은 더 크고 튼튼한 폴립이다. 산호는 말미잘의 군집으로, 석회 물질을 분비하여 만든 컵 내부에 가라앉아 보호되어 있고 실 형태의 조직으로 영양분을 교환한다. 산호 군집은 거대한 산호초를 형성할 수 있어 호주에 위치한 그레이트 배리어 산호초(Great Barrier Reef)는 우주에서도 관찰된다.

또한 자포동물은 미생물을 찌꺼기 덩어리로 바꾸어 썩지 않고 바다 밑바닥에 가라앉도록 하여 바다에 산소가 풍부해지는 것을 도왔다. 바다 상층부에 산소가 증가하는 것은 더 큰 동물의 진화를 가능하게 했다. 바다에 더 많은 산소가 공급되면서 더 빨리 이동하고, 상대적으로 찾기 어려웠던 먹이를 찾을 수 있게 되었으며, 포식자를 피하고, 적당한 짝을 찾고, 서식지를 확장할 수 있었다. 해면동물, 유즐동물(빗해파리), 자포동물이 분화된 이후, 좌우대칭 형태의 후생동물이 등장했다. 이들의 몸은 앞과 뒤가 뚜렷하게 구분되면서 좌우가 거울상 대칭이었으며, 5억 6천만 년 전 화석에서 굴을 파고 생활하는 좌우대칭 벌레의 흔적이 발견되었다. 배아 상태에서 뇌와 신경삭의 발생 과정과 이에 관련된 유전자 간의 상동관계를 분석해보면, 오늘날의 오징어, 벌, 사람의 공통 조상은 외부 자극을 받아들이는 감각신경, 근육이 수축하도록 자극하는 운동신경, 받아들인 감각정보에 적절하게 반응하도록 조절하는 원시적인 뇌, 빛에 민감한 세포를 프로그래밍하는 유전자 등의 작용으로 형성된 신경계를 가지고 있었다. 많은 그룹에서 빛에 민감한 세포들은 독립적인 눈으로 진화했고, 다른 유전자들은 동물의 전-후 축에 따른 분화를 촉진시켰다. 모든 좌우대칭 동물들은 거의 비슷하게 조절유전자들이 함께 작용하여 유전자의 발현을 조절하였다. 이들 좌우대칭 동물의 조상들은 이동하면서 다양한

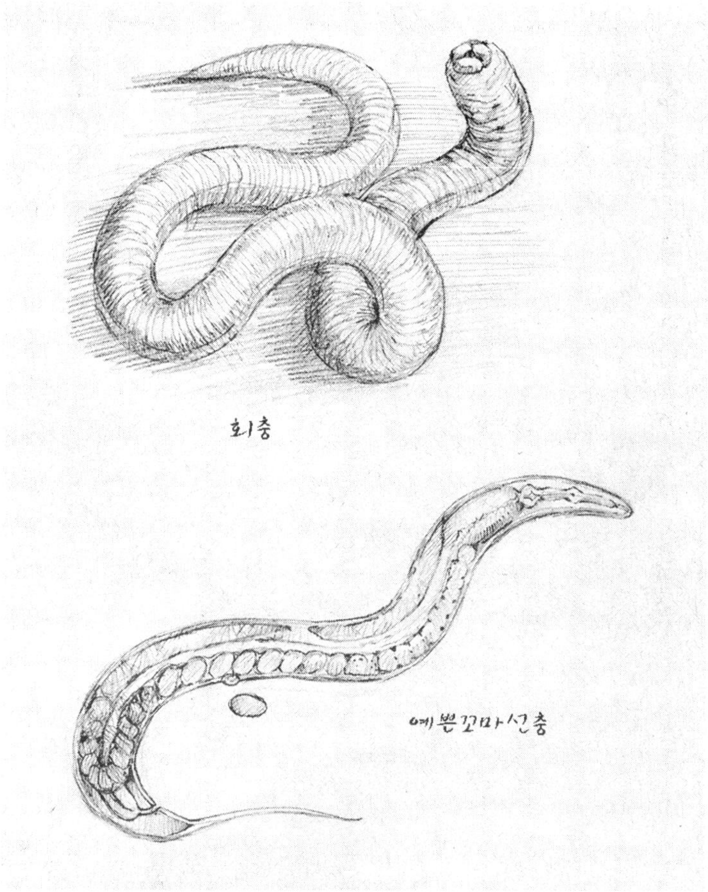

[그림 5.3] 회충. 선충류라고도 불리는 회충(위쪽)은 사람의 장에 기생하는 기생충으로, 암컷은 거의 1m까지 자랄 수 있다. 예쁜꼬마선충(아래쪽)은 발생생물학자들에게 사랑받는 토양 선충이다. 몸을 구성하는 세포의 수가 천 개 미만이며, 불과 3일 만에 성숙하지만, 신경계와 복잡하게 분화된 세포들을 가지고 있기 때문이다.

환경의 자극에 대하여 적절하게 반응하였다. 다시 말해 이들은 인식과 반응이라는 능력을 획득하는 시작 단계에 있었다. 5억 4천 2백만 년 전 선캄브리아기에는 좌우대칭 동물이 3종류의 큰 그룹으로 나뉘었다. 각 그룹은 작고 단순한 동물들이었지만, 그들은 모두 민첩하고 효과적인 반응을 나타내는 커다란 후손으로 진화했다.

탈피동물은 더 큰 개체로 생장하기 위해 피부나 껍질 등을 벗어 탈피하는 바닷가재와 같은 동물들이다. 탈피동물은 장에 기생하는 회충이나 토양에서 생활하는 1mm 길이의 예쁜꼬마선충과 같은 선충류(그림 5.3)부터 민첩한 파리를 포함하는 체절화된 절지동물에 이르기까지 다양하다. 절지동물, 지렁이와 거머리 같은 환형동물(그림 5.4), 그리고 척추동물 조상의 몸이 체절화

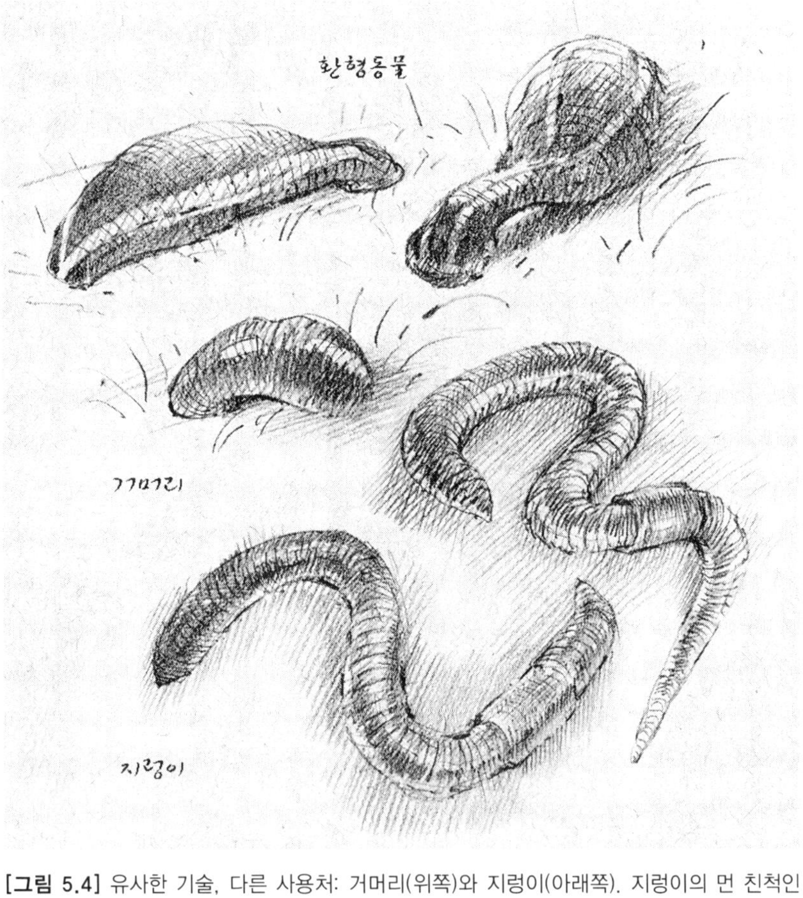

[그림 5.4] 유사한 기술, 다른 사용처: 거머리(위쪽)와 지렁이(아래쪽). 지렁이의 먼 친척인 거머리는 물속을 헤엄치고 더 큰 동물의 피를 빨아먹는다. 둘 다 환형동물로 분류된다.

되면서 다세포성 동물의 세포들의 역할 분담과 분화가 가능해진 것처럼, 체절화로 인해 체절들 간 기능이 분화되고, 각 체절의 변형이 비교적 독립적으로 일어날 수 있었다. 그리하여 많은 절지동물의 각 체절과 부속지는 저마다 다른 기능을 갖게 되었다(사진 5.5~5.6). 부속지의 첫 번째 쌍은 환경을 감지하는 더듬이가 되었고, 다음의 몇 쌍은 턱과 입 부분이 되었으며, 뒤쪽의 부속지는 걷기 위한 다리가 되었다. 현재의 절지동물은 새우와 사마귀부터 먹이 포획을 위해 탄력 있고 강하면서도 비교할 수 없이 가벼운 구조의 거미줄을 만드는 거미 그리고 큰 겹눈으로 날아다니는 곤충들의 비행경로를 추정하여 잡아먹는 잠자리에 이르기까지 다양하다(사진 5.7~5.9). 꿀벌사회는 일벌들 간의 분업이 자율적이고 유연하며, 복잡하게 조정되는 것으로 유명하다.

플랑크톤 유충과 많은 공통점이 있는 촉수담륜동물은 혈액과 산소를 순환시키는 것이 발달하지 않아 작고 편평한 형태를 유지하고 있는 플라나리아와 같은 편형동물부터 지렁이 같은 환형동물, 생장함에 따라 한쪽 가장자리에서 점점 자라나는 패각을 가진 연체동물에 이를 정도로 다양하다(사진 5.10~5.13). 연체동물은 군부, 달팽이, 움직이지 못하면서 여과 섭식하는 홍합, 그리고 오징어와 문어에 이르기까지 다양하다. 그중 오징어와 문어는 패각을 갖고 있지는 않지만 잠자리와 같은 겹눈이 아닌 우리의 눈과 비슷한 홑눈을 가지며, 동맥과 정맥이 모세혈관으로 연결된 폐쇄순환계와 크고 복잡한 신경계를 가지고 있다는 점에서 척추동물과 유사하다. 오징어와 문어는 각각 10개와 8개의 잡을 수 있는 촉수를 가지고 있으며, 자신의 머리 주변으로 섬세하게 움직일 수 있다. 문어는 매우 영리한 것으로 유명하다. 오징어와 문어는 몸의 색상 패턴을 조절할 줄 알아서 자신의 주변 환경과 색상을 일치시킬 수 있다. 오징어는 굉장히 다양한 색상 패턴을 효율적으로 사용한다. 따라서 한쪽으로는 근처의 암컷에게 구애하는 신호를 보내면서 다른 한쪽으로는 포식자로부터 자신을 위장할 수 있다.

[사진 5.5] 지네강의 동물, 게, 전갈, 메뚜기, 거미의 체절. 푸른색의 복부 체절, 청록색의 가슴 체절, 녹색의 머리 체절을 볼 수 있다. 체절화는 체절들 간의 분업을 가능하게 해 준다.

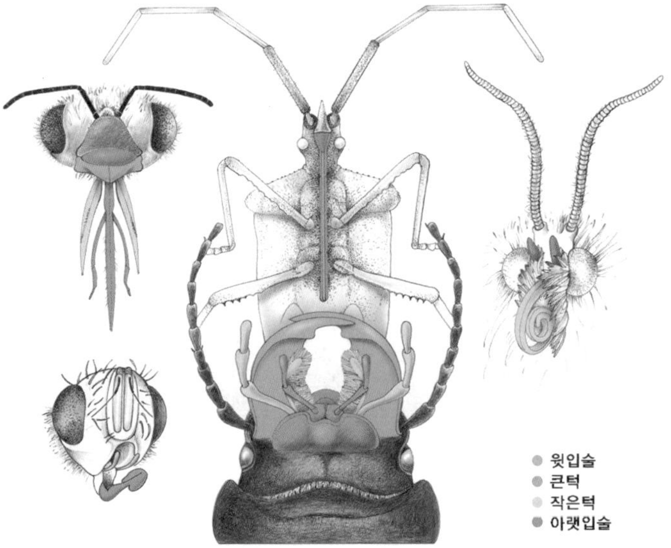

[사진 5.6] 곤충의 입 부분은 어떻게 다양화되었을까? 파리의 입 부분은 스펀지 같으며(왼쪽 아래), 벌은 씹거나 핥아 먹기에 적합하고(왼쪽 위), 딱정벌레는 씹기에 적합한 큰 턱을 가지고 있다(중앙 아래). 또한 나방의 입 부분은 빨기에 적합한 관 모양으로 되어 있고(오른쪽), 노린재는 찌르고 빨기에 적합한 형태(중앙 위)로 되어 있다. 색깔은 공통 조상에서 기원한 것으로 동일한 구조를 나타낸다.

[사진 5.7] 체절 사이의 분업화가 일어남으로써 다양한 절지동물이 출현할 수 있었다. 이러한 예로는 카리브해 연안의 새우(*Periclimenes yucataneus*)를 들 수 있다.

[사진 5.8] 체절의 다른 특성화로는 태국의 사마귀(*Creobater*)를 예로 들 수 있다.

[사진 5.9] 보르네오의 둥글게 마는 등각류를 체절의 또 다른 특성화 형태를 보여준다.

[사진 5.10] 연체동물에 속하는 군부(*Mopalia* sp.).

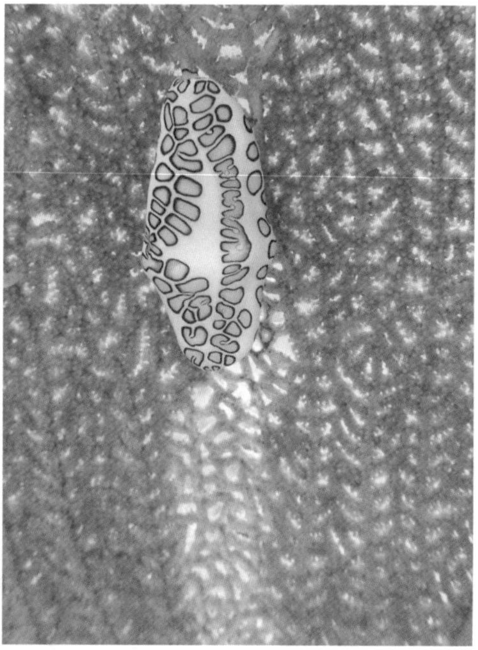

[사진 5.11] 산호를 먹는 달팽이(*Cyphoma gibbosa*). 산호 위를 기어가며 먹으면서 지나간 흔적을 보여준다.

[사진 5.12] 조개류(*Mytilus californianus*). 물에서 플랑크톤을 걸러 먹는다.

[사진 5.13] 발리의 세라야 툴람벤에서 바다나리와 함께 있는 독성의 홑눈을 갖는 문어 (*Amphioctopus mototi*).

마지막으로 후구동물은 불가사리, 성게, 피낭류[2](멍게류), 물고기와 개구리부터 새와 인간을 포함하는 척추동물에 이르는 동물들을 포함한다.

5억 8천만 년 전에 나타난 에디아카라 생물군[3](Ediacaran biota)에는 껍질이 없는 많은 생물들이 있었고, 일부는 산호초를 형성하기도 했다. 그들이 어떻게 살았는지, 심지어 모두 바다에 살았는지조차 아직 확실하지 않다. 그들 중 움직일 수 있는 것은 거의 없었으며, 눈도 없었다. 전문가들에 따르면 에디아카라 생물군 화석에서 현재까지 알아낸 생물은 해면동물, 섬모 링으로 물의

2) 피낭류는 주머니 형태로 멍게와 미더덕을 포함한다. 올챙이와 비슷한 유충 시기가 지나 성체가 되며, 조개류 같은 입수관과 출수관을 가지고 여과 섭식을 한다.

3) 호주의 선캄브리아기 최후기의 생물군이다.

흐름을 일으켜 먹이를 모으는 촉수관(총담)이 있고, 군체를 형성하는 이끼벌레류(촉수담륜동물)의 조상, 패각이 없는 연체동물로 이빨(치설)을 가지고 해저를 덮고 있었던 녹조를 먹었던 킴브렐라(*Kimberella*), 현재의 털납작벌레(*Trichoplax*)처럼 소화기 표면으로 기어다녔던 디킨소니아(*Dickinsonia*)가 있다. 털납작벌레는 6종류의 세포로 구성되어 있다. 일부 해면동물의 유충이 12종류, 사람은 100종류가 넘는 세포를 가진다는 것을 감안하면 매우 단순하다. 하지만 털납작벌레는 이러한 적은 종류의 세포들을 잘 조정하여 충분히 효율적으로 살아간다. 털납작벌레는 몸의 아래쪽에 있는 섬모의 움직임으로 미끄러지듯 이동할 수 있으며, 조류 밭에 도달하면 섬모가 운동성을 멈추고, 조류와 접촉한 세포는 화학 물질을 방출한다. 그리고 이 화학 물질이 조류의 세포벽을 파괴하여 소화시키면 내용물이 방출된다. 거의 모든 에디아카라 동물군은 포식자가 등장한 캄브리아기 전에 사라졌다. 먹이를 찾고 잡기 위해서 더 뛰어난 이동 능력과 주변을 살피는 능력, 더 효과적인 반응 능력을 가진 포식자들이 출현하였다. 게다가 비슷한 능력을 가진 먹잇감은 이러한 포식자들을 피하는 데에 최고였다. 약 5천만 년 동안의 캄브리아기에는 현대의 생태계처럼 다양하게 진화가 일어났다. 포식자의 등장으로 생태계의 먹이의 양과 분포가 한정되었고, 자원이 빠르게 재활용됨으로써 생태계의 생물 생산량이 증가하였다. 이 생태계에서는 약 8억 년 전까지 지속되었던 남세균이 지배하였던 빙하기의 생태계와는 달리 하향식 통제와 진화가 빠르게 진행되었다. 5억 4천만 년 전 캄브리아기가 시작되었을 때 포식자에 대항할 수 있는 그럴듯한 갑옷 역할을 하는 껍질을 가진 무리가 갑자기 많이 증가하였고, 이후 캄브리아기 말쯤에는 모든 주요 동물 그룹이 나타났다. 즉, 기어다니면서 침전물을 섭식하는 삼엽충과 포식성 수생동물과 같은 초기 절지동물, 달팽이, 게, 껍질을 가진 오징어의 조상, 극피동물인 바다나리, 등뼈와 뇌, 홑눈을 가진 크기가 3cm 정도인 수생 척추동물이 출현한 것이다. 굴을 파는 동물들이

[그림 5.5] 캄브리아기의 모습. 아노말로카리스가 바다 밑에서 헤엄치며 먹이를 찾고 있다. 아노말로카리스의 눈은 주변을 살피기에 좋았고, 이동하는 먹잇감을 보고, 인지하고, 잡아먹기에 좋았다.

많아지면서 묻혀 있던 탄소가 재활용되었고, 생물체의 생산량을 증가시키는 결과를 가져왔다. 이러한 동물 대부분은 단단한 암초를 형성했던 해면동물(*archaeocyathids*), 원시 산호, 원시 바다나리와 같이 움직일 수 없는 것들이었다. 바다나리의 줄기는 물속의 작은 생물체를 낚아채는 여러 팔들을 지탱할 수 있었고, 먹이를 줄기의 꼭대기에 있는 입으로 운반하였다. 다른 동물들은 기거나 헤엄치는 방식으로 움직일 수 있었다. 또한 많은 동물들은 눈을 가지고 있었는데, 특히 수 미터 크기의 몸길이를 가진 포식자 아노말로카리스(*Anomalocaris*, 그림 5.5)는 1만 6천 개의 렌즈로 이루어진 3cm 너비의 겹눈을 가지고 있었다. 현생 잠자리의 눈은 2만 8천 개의 렌즈를 가진다. 이러한 겹눈은 홑눈보다 물체 상의 정확도는 떨어지지만, 파노라마 시야로 볼 수 있고, 움직이는 먹잇감이나 포식자 등을 더 쉽게 감지할 수 있다. 세대를 거치면서 시각과 뇌, 시신경, 앞쪽 부속지 신경들이 함께 진화하면서 주변 환경을 더 잘 감지하고 판단하며, 적절한 반응을 조정할 수 있게 되었다.

실제로 감각기, 운동기관, 감각정보에 적절하게 반응하도록 조절하는 통제 시스템을 가진 지능형 로봇을 설계할 때, 어수선한 환경에서도 잘 날아다닐 수 있도록 해주는 곤충의 감각-운동 조절 시스템과 도롱뇽이 조상의 수영 패턴에서 걷는 패턴으로 변화시켜 온 것을 이해하는 것이 도움이 된다. 요약하자면 포식 활동은 동물들이 주변을 점점 더 잘 감지하고, 대처할 수 있도록 진화하는 것을 촉진했다. 해양생물의 다양성은 캄브리아기를 넘어 4천만 년 동안 계속 폭발적으로 증가했다.

절충(Trade-Offs)과 다양화

이러한 혁신은 생물체의 전 지구적 다양화를 촉발하기에 충분했다. "열두 가지 재주 있는 사람이 밥 굶는다(모든 걸 다 할 수 있어도 뛰어난 한 가지가 없다)."는 속담과 같이 어떤 생물도 모든 것을 다 잘할 수는 없기 때문에 생명체는 다양해졌다. 구체적으로 말하면, 생물은 한 가지 능력을 향상시키면 반드시 다른 능력은 약화되는 절충(trade-offs)에 직면한다.

크기 차이가 많이 나는 먹이를 잡을 수 있는 능력 간에도 절충이 있다. 사슴이나 페커리를 먹고 사는 재규어는 쥐를 먹고 살기는 어려운 반면, 집고양이 크기의 얼룩살쾡이는 사슴을 잡을 수는 없지만, 쥐를 먹고 살 수 있다. 그러므로 대부분의 집단은 다양한 크기의 포식자가 유형별로 존재한다.

이와 마찬가지로 풍부한 자원을 지키는 능력은 부족한 자원으로 살 수 있는 능력과 맞바꾸어진다. 경쟁자에게서 풍부한 먹이자원을 지켜야 하는 동물들은 이 능력을 유지하기 위해 충분히 먹어야 한다. 이들은 먹이가 부족하면 살아남을 수 없기 때문이다. 반면에 부족한 자원으로 먹고 사는 동물들은 풍부한 자원을 지키기 위한 힘과 빠르기를 유지하지 않아도 된다.

생물학자 로버트슨(Ross Robertson)은 카리브해의 산호초에서 흔히 볼 수 있는 자리돔 3종의 세력권을 통해 이러한 절충을 설명했다. 그가 산호초에서 우세한 한 종을 제거하자, 나머지 두 종의 수가 다음 4년에 걸쳐 두 배로 증가하였다. 이는 기존의 우세한 종이 차지했던 먹이를 먹을 수 있게 되었기 때문이었다. 하지만 작은 종을 제거해서 그들이 차지했던 자원을 이용할 수 있게 되어도 우세한 종은 그 빈약한 자원으로 살 수 없기 때문에 나머지 작은 종들을 제거했을 때는 우세한 종의 수가 늘어나지 않았다.

동물과 식물은 모두 빠른 생장과 효과적인 방어 사이에 대립되는 측면이 있어 생존을 위해서는 서로 절충을 해야 한다. 해면동물은 산호초와 열대 해안가에 있는 붉은 맹그로브(*Rhizophora*)의 아치형 뿌리에 많이 서식한다. 맹그로브의 뿌리는 밀물 때 물에 잠긴다. 산호초에 주로 서식하는 해면동물 종은 맹그로브의 뿌리에는 거의 살지 않고, 그 반대의 경우도 마찬가지이다. 산호초는 해면동물을 먹는 물고기들에게 숨을 곳을 제공하기 때문에 독성이 있는 해면동물만이 산호초에서 살아남을 수 있다. 반면 맹그로브는 해면동물 포식자들에게 은신처를 거의 제공하지 않으므로 맹그로브에 사는 해면동물들은 방어를 위한 독성물질에 투자할 필요가 없어서 더 빨리 자랄 수 있다. 해면을 먹는 물고기를 맹그로브에 이주시키면 크고, 독이 없어 더 맛있는 맹그로브 해면을 먹을 수 있지만, 산호초 해면을 맹그로브에 이식하면 빠르게 성장하는 맹그로브 해면은 과성장하여 산호초 해면의 생장을 억제한다.

절충과 군집의 구성

이러한 절충은 생물다양성을 촉진한다. 생물다양성은 유효에너지를 이전보다 더 효율적으로 이용할 수 있도록 해주며, 더 많은 종류의 미생물, 식물, 그리고 동물들을 유지해준다. 또한 절충은 생태계 간의 분화가 이루어지게 한다. 화석을 통해 우리가 알게 된 가장 오래된 다양한 생태계는 해양이다. 과거 생태계에서 다양성을 이끌어낸 절충이 무엇이었는지 화석을 통해 어떻게 밝혀낼 수 있을까?

연안 해양 군집: 절충의 조직화

어떤 요소가 화석공동체를 조직하는지 알아내기 위해서는 그들의 현생 상대들이 어떻게 절충을 조직화하는지 알아야 한다. 연안 해양공동체에서 이루어지는 절충의 한 가지 형태는 다음과 같다. 자원이 풍부한 곳에서는 빠르게 성장하는 대신 자원이 부족한 곳에서는 포식자나 초식동물에 대하여 효과적인 방어 기작을 갖추는 것이다. 산호초에서 포식자에 대한 방어를 잘하면서 느리게 생장하는 해면과 빠르게 성장하지만 더 잡아먹히기 쉬운 맹그로브의 해면 사이에 차이가 나타나게 하는 이러한 절충을 북동태평양의 파도가 꽤 있는 바위 연안에서도 확인할 수 있다. 워싱턴대학교 동물학 분야의 파인(Robert Paine) 교수는 워싱턴 주 올림픽반도의 북서쪽 끝 플래터리(Flattery) 곶에서 등대가 위치한 섬인 타투시(Tatoosh) 바위 연안 생태계를 평생 연구해 왔다. 그에 따르면, 이 해안가의 생물들은 별개의 구역을 형성하고 있었다. 일차적인 공간 점유자가 식물인 육지와는 달리 이곳에서는 종종 이동성이 없는 여과 섭식 동물들의 서식 구역 가장자리에 식물 구역이 나타난다(사진 5.14-5.15). 가장 높은 위치를 차지하는 것은 밀려오는 파도에 이따금씩 섞여 있는 미세조류의 녹색 침전물이다. 그 아래는 여과 섭식을 하고, 큰 파도가 칠 때 가끔 물에 잠기는 따개비의 구역이다. 1인치 정도의 수직 조류 구간에는 은행초(*Mazzaella*) 조류가 금빛을 띠는 녹색의 습한 카펫을 이루고 있어서 따개비 구역을 홍합이 빽빽하게 자리잡은 구역과 분리하는 역할을 한다. 넓은 엽상체를 가진 해조류는 밀물과 썰물에 따라 물 위 또는 물속에 있는 조간대의 가장 낮은 부분을 차지한다. 이 구간은 밀물이나 홍수 때에는 물속에 잠긴다. 해조류는 홍합을 먹는 불가사리에 의해 보호받는다. 만약 불가사리로부터 보호받지 못하면 홍합이 아래로 퍼져나가 해조류 자리를 차지할 것이다(사진 5.16).

[사진 5.14] 타투시 조간대 바위에서 나타나는 동식물의 영역화. 따개비(*Balanus glandula*)는 크림색의 상부 지역에 살며, 그 아래에 조류(*Mazzaella cornucopiae*) 지대가 나타난다. 이 조류 지역 아래에 홍합 지대가 나타나며, 그 아래에 다시마(*Hedophyllum sessile*) 지대가 나타난다.

[사진 5.15] 다양한 동식물들이 타투시 연안의 조간대 바위에서 서식하는 공동체의 주변 지대를 차지하고 있다. 가장 높은 지대에 따개비(*Balanus glandula*)가 있고, 아래쪽으로 순서대로 조류(*Mazzaella*) 지대, 홍합 지대, 마지막으로 물 가장자리까지 뻗어가는 다시마(*Hedophyllum*)가 나타난다. 이러한 영역화는 물을 가로질러 반복된다.

[사진 5.16] 불가사리(*Pisaster ochraceus*). 불가사리가 홍합이 아래로 퍼지는 것을 억제하여 홍합 아래 지대에서 다시마와 화석조류가 자랄 수 있다.

[사진 5.17] 빠른 생장과 효율적인 방어 사이의 절충. 파도로부터 보호되는 곳에서 성게(*Strongylocentrotus droebachiensis*)와 같은 초식동물은 서식지를 변형시켜서 결국 산호껍질만 남은 성게 불모지를 만든다.

[사진 5.18] 빠른 생장과 효율적인 방어 사이의 절충. 이 바다야자(*Postelsia palmaeformis*)는 초식동물로부터 자신들을 보호해 줄 만큼 강한 파도가 일어나는 곳에서 빠르게 자라기 때문에 자신을 방어하는 데 비용을 들일 필요가 없다. 사진에서는 바다야자가 파도에 찢긴 홍합 무리 사이의 좁은 틈에서 자라고 있다.

초식을 하는 성게는 파도에 의해 쓸려나가지 않는 물웅덩이에 모인다(사진 5.17). 광합성 세포를 가지고 느리게 성장하며 석회질 껍질에 박혀 있는 산호말목 조류만이 성게로부터 살아남을 수 있다. 성게는 빠르게 자라는 해조류를 먹어치운다. 반면에 파도가 세게 치는 곳에서는 성게나 다른 포식자들이 이동하거나 먹을 시간이 없기 때문에 빠르게 자란다. 홍합 밀집지역에서는 노출된 귀퉁이 부분에 파도가 오랫동안 지속적으로 큰 틈을 만들면, 탄력 있고 속이 빈 줄기 꼭대기에 좁은 잎을 가진 바다야자(*Postelsia palmaeformis*)가 봄이면 60cm 길이로 밀집해서 자란다(사진 5.18). 파도 때문에 초식동물이 바다 야자에 접근하지 못하고, 물속에는 영양분이 풍부하기 때문에 바다야자는 매우 빠르게 생장한다. 따라서 바다야자는 방어를 위한 화학 물질을 만들 필요가 없다. 또한 파도는 바다야자가 이웃 생물들을 가릴 수 있을 만큼 충분한 길이로 자랄 수 있도록 한다. 파도는 가벼운 엽상체를 휘저어, 숲의 긴 잎들이 빛을 받는 것보다 더 고르게 엽상체마다 빛을 받을 수 있도록 해준다. 따라서 바다야자 줄기는 바위 $1m^2$당 $15m^2$ 이상의 엽상체를 지탱할 수 있으며, 열대우림의 땅 $1m^2$는 6~$8m^2$ 잎을 지탱한다. 생장기 동안 이 여분의 엽상체 구역에서는 바다야자들이 열대우림보다 3배나 빠르게 식물성 물질을 만들어 낸다. 그러나 11월이 되면, 폭풍우 때문에 해조류가 떨어져 나간다.

파나마에 위치한 두 해안가의 절충과 해양 생태계

빠른 생장과 효과적인 방어 간의 절충은 파나마 연안에서도 찾아볼 수 있다. 맑은 물과 풍부한 산호초가 있는 파나마의 카리브해 연안과 훨씬 더 많은 영양분을 가진 파나마의 태평양 쪽 만 연안에서 절충 현상이 대조적으로 일어난다.

카리브해 쪽 연안은 영양분이 적고, 물이 깨끗하며, 산호가 번성하고,

[그림 5.6] 파나마 서쪽 보카스델토로(Bocas del Toro)에 있는 거대한 카리브해 산호초. 이러한 산호초는 맑고 깨끗하며 양분이 적은 물에서 잘 자란다.

진흙이 아닌 모래로 되어 있다. 하지만 영양이 풍부한 진흙투성이의 물이 강에서 바다로 흘러넘치는 곳에서는 상황이 다르다. 강어귀에서 멀리 떨어져 있는 곳조차 카리브해 연안은 이질적으로 이루어져 있다. 탁 트인 바닷가 앞의 해안 암초들은 파도의 힘을 약화시킨다(그림 5.6). 이로 인해 암초 뒤쪽의 잔잔해진 물에는 해초지와 모래 바닥 여기 저기에 산호초가 발달하며, 맹그로브가 자라는 연안은 육지에서 유출되는 진흙을 가두어 진흙이 산호와 해초지를 덮어버리는 것을 막는다. 맹그로브는 밀물에 잠겨도 소금기 있는 바닷물을 견뎌낼 수 있고, 성체가 되면 조류로부터 산호초를 지키는 역할을 하게 될 어린 물고기들이 숨을 수 있는 은신처를 제공한다. 이러한 상호의존적인 생태계에서 영양분은 산호초 근처에서 가장 부족하고, 맹그로브 근처에서 가장 풍부하다. 다른 곳에서는 거초면[4] 산호초가 연안에서부터 바다 쪽 산호초 언덕까지 확장된다. 여기에서는 극단적으로 효과적인 방어를 하는 산호초에 초점을 두어 생각해보자.

바람과 파도의 영향을 최대로 받는 카리브해 연안에서는 거대한 산호초가 종종 바다를 향해 있다. 광합성 세포를 가지고 있는 산호말목(*Crustose coralline*) 조류는 물결 형태의 산호초 둔덕을 형성한다. 다른 곳에서는 산호초가 파도에 저항하면서 응집력 있게 구조적으로 결합하는 것을 돕는다. 햇볕이 내리쬐는 물의 표면에는 질소와 인 같은 영양분이 부족하므로 미세조류와 같은 플랑크톤이 잘 자라지 않아 물의 투명도를 떨어뜨리지 않는다. 새로 정착한 산호는 해수에 침전물이 없고, 산호보다 빨리 자라는 조류도 없기 때문에 방해받지 않고 번성한다. 이 산호들은 물속에서 폴립으로 잡을 수 있는 동물만으로는 살 수 없다. 따라서 폴립 안에 조류 은신처를 제공하여 조류가 소화하여 방출한 영양분을 얻는 대신 조류에게 탄수화물을 공급하고, 조류를 먹는 물고기로부터 보호가 되는 밝고 안전한 서식지를 제공한다(그림 5.7). 이 산호들은 뱀장어와 같은 물고기, 벌레, 식물이나 해면을 먹고 때때로 산호를 부수는 포식자들로부터 숨을 수 있는 틈새와 은신처가 많은 산호초를 형성한다. 느리게 자라 거의 먹을 수 없는 해면은 미생물을 걸러내서 파도가 모래를 휘저을 때를 제외하고는 물을 맑게 유지해준다. 해안에서 멀어질수록 공급받는 영양분이 적어지고, 물속의 미생물은 점점 더 줄어든다. 이 중 일부 해면은 공생 세균을 가지고 있어 물에 용해되어 있는 유기물을 추출할 수 있다. 호주의 그레이트 배리어 산호초의 영양분은 카리브해보다 개방수역에서 훨씬 부족하고, 연안에서 먼 바다의 해면은 탄수화물을 공생 남세균으로부터 얻는다. 산호초에 서식하는 동물은 수명이 길고, 느리게 생장하며 적은 수의 새끼를 낳는다. 따라서 산호초는 지속 가능한 상업적 어장을 제공하지 못한다.

---

4) 산호초는 환초, 보초, 거초로 구분할 수 있다. 거초란 섬이나 육지 주위의 해안가를 따라 발달되는 산호초다.

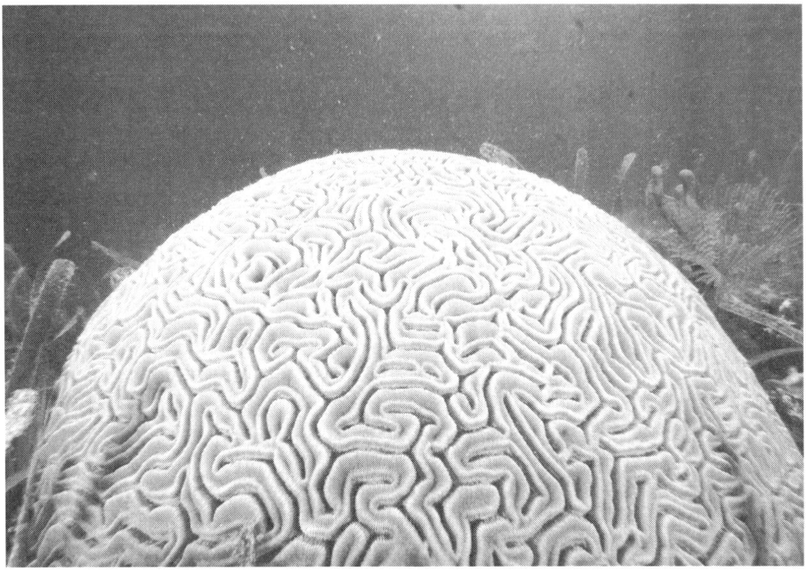

[그림 5.7] 빠른 생장과 효과적인 방어 간의 절충. 파나마의 산 블라스 섬(Panama's San Blas Islands)의 산호초에서 산호 폴립 안에 사는 조류 세포는 사진에서 보이는 *Diploria labyrinthiformis* 과 같은 산호 군락의 표면에 있는 석회질의 컵 안에 가라앉아 있다. 영양분이 부족한 맑은 카리브해역에서는 효과적으로 방어를 할 수 있어야 한다.

파나마의 태평양 연안은 영양이 훨씬 풍부하다. 건기마다 파나마만에는 카리브해에서 저지대 지협을 가로질러 무역풍이 불어오는데, 이 바람이 태평양 연안의 표층수를 불어서 날려버리면, 수온이 낮고 영양이 풍부한 아래쪽의 물이 솟아올라 그 자리를 대체한다. 이러한 과정은 해수면에서 미세조류와 같은 플랑크톤의 생장을 촉진한다. 요각류와 같은 동물성 플랑크톤은 조류를 먹고, 멸치같은 어류는 동물성 플랑크톤을 먹는다. 펠리컨이나 부비새 같은 거대한 무리는 많은 새끼를 기르기 위해 멸치를 충분히 먹어야 한다. 플랑크톤의 공급은 무역풍에 달려 있기 때문에 계절에 따라 달라진다. 따라서 작은 물고기는 수명이 짧아지고, 좀 더 큰 물고기는 소수의 특화된 먹이만을 고집할 수는 없다. 해수면은 죽은 플랑크톤, 새나 물고기의 배설물과 같은 유기물을 지속적으로 공급받아 영양이 풍부해진다.

파나마만 대부분의 지역은 충분한 빛을 받을 수 있는 얕은 물에서 빠르게 성장하는 섬유성 조류나 이들에 의해 생긴 침전물 때문에 산호가 정착할 수 있는 맨 바위를 찾기 어려워 산호가 살기 어렵다. 이곳의 산호초는 작고 여기저기 흩어져 있다. 그들을 보호할 수 있는 장벽 산호초가 없어 해초 서식지가 없고, 맹그로브는 바다의 파도가 닿지 않는 큰 강의 넓은 어귀에 한정되어 자란다.

조개 수집가들의 천국인 해안가 갯벌은 암초 대신 조개류, 벌레, 고둥류가 풍부하다. 또한 플랑크톤을 걸러 먹거나 바닷물 속의 이들 잔류물 혹은 진흙 속을 파고 들어가 유기 퇴적물이나 작은 동물을 먹고 사는 다른 동물들로 가득 차 생물상이 풍부해졌다. 큰 달팽이는 작은 달팽이와 조개, 벌레를 먹고, 노랑가오리는 먹이를 찾기 위해 바닥을 탐색한다. 산호초와는 달리 계절에 따라 그 수가 다른 동물들은 수명이 짧고 빠르게 생장하며, 번식이 빠르고 자손을 많이 낳는다. 바닷물의 용승 현상은 해양 표면의 0.01% 미만에서 일어나며, 이곳은 세계 해양 어류 포획량의 절반을 차지한다.

화석 기록에서 절충의 조직화를 찾아내는 방법

파나마의 화석은 영양분의 이용 가능성에 따라 어떻게 군집이 조직되는지 보여준다. 300만 년 전 파나마 지협이 아메리카 대륙과 연결되면서 파나마의 카리브해 쪽이 솟아오르는 것을 막았고, 산호초와 석회질 조류가 조개와 달팽이 무리를 대체했다. 그런데 이것을 어떻게 알아낼 수 있었을까?

답은 이끼벌레라고 불리는 각각의 미세한 여과 섭식자들이 잘 융합하여 군체를 이루고 있는 태형동물(*Cupuladriid bryozoans*)에서 찾을 수 있다. 태형동물은 해저에서 살며, 군체는 폭이 약 13mm 정도로 얕은 원통 모양의 삿갓 형태를 이루고 있다. 군체를 이루는 각 개충[5]들은 표면적이 약 0.1m^2 정도인 석회질 공간 안에 들어 있으면서 약 1mm 길이의 이동용 털이나 강모를 가진 여과 섭식을 하지 않는 개충과 짝을 이룬다. 이들은 땅에 묻히면 강모를 이용해 스스로 빠져나올 수 있다.

여과 섭식 개충은 수온이 낮을수록 더 크게 자란다. 계절에 따른 큰 온도 변화를 경험하는 군체는 크고 작은 개충을 모두 가질 것이다. 따라서 여과 섭식 개충의 크기 변화를 태형동물 군체가 겪은 계절적 온도 범위 측정에 이용할 수 있다. 파나마는 계절에 따라 차가운 물의 용승이 더 활발하기 때문에 해수 온도의 계절적 범위가 크다. 따라서 군체를 이루는 개충은 용승이 더 강하고 영양이 풍부한 곳에서 크기가 더 다양하다(그림 5.8). 오데(Aaron O'Dea)는 파나마에 있는 스미스소니언 열대 연구소의 박사 과정으로 있을 때, 용승의 강도를 측정하기 위해 태형동물 군체 화석에 있는 개충의 크기 변이를 이용했다. 그는 먼저 파나마 양쪽의 해저에서 가져온 시료에서 태형동물 군체 내부 여과 섭식 개충의 크기 변이를 분석했다. 분석 결과 용승이 일어나지 않고, 수온 변화가 거의 없는 카리브해 쪽의 군체는 거의 균일한 크기의 여과 섭식 개충을 가지고 있었다. 이러한 태형동물을 포함하는 시료는 산호 조각과 석회질 조류로 가득 차 있었고, 조개나 달팽이는 거의 없었다. 반면에 차갑고 영양이 풍부한 물이 계절적으로 솟아오르는 파나마만 쪽의 군체는 여과 섭식 개충의 크기에 변화가 나타났다. 태평양 시료는 조개와 달팽이로 가득했고, 산호 조각이나 석회질 조류는 거의 없었다.

오데는 파나마의 카리브해 해안을 따라 최대 1천만 년 된 화석층에서 시료를 추출했다. 450만 년 이상 된 태형동물 군체에서의 개충 크기 변이는 당시 활발한 계절적 용승이 우세했음을 나타낸다. 채집된 시료에서는 조개와

---

5) 개충: 군체를 이루는 최소 유기체 또는 동물의 단위.

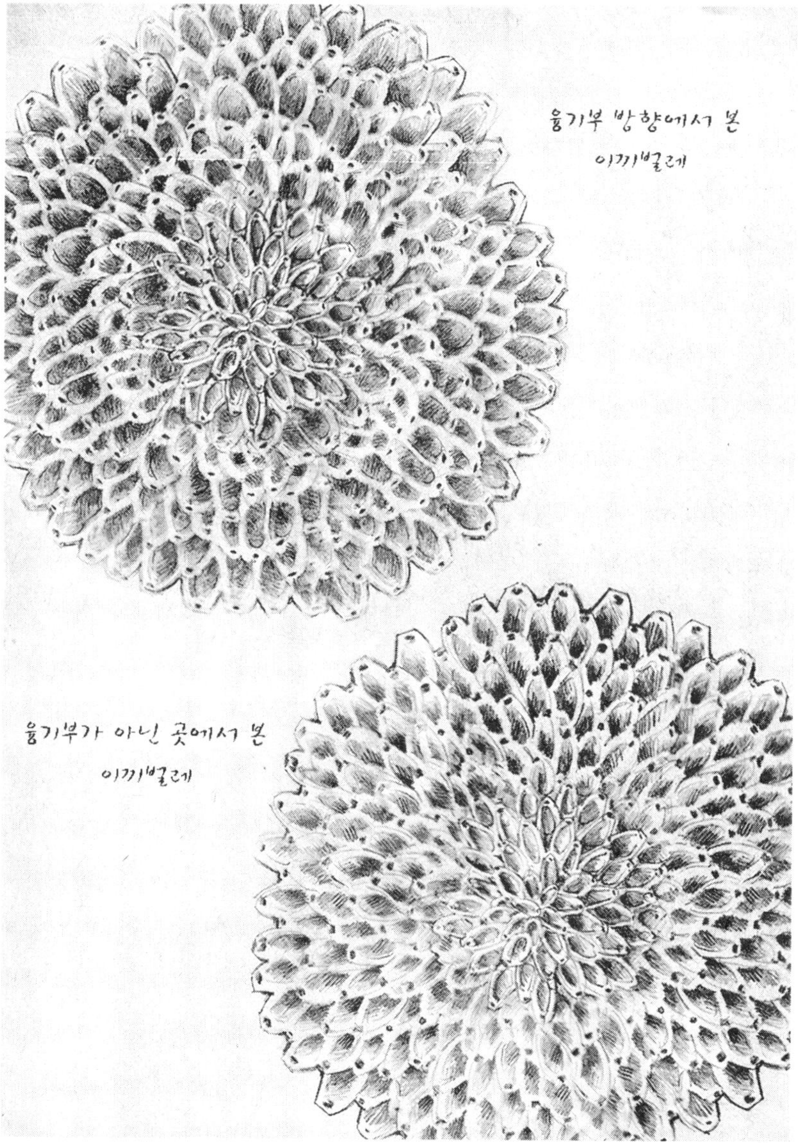

[그림 5.8] 현재는 과거로 가는 열쇠: 태형동물에 속하는 이끼벌레는 많은 세포들이 모여 지름 약 0.5인치(약 1.3cm)인 넓은 원뿔모자 형태의 군집을 형성하며, 주변 물이 차가워질수록 더 큰 세포덩어리를 만든다. 군체의 솟아오른 곳과 솟아오르지 않은 곳을 확대해보면, 계절에 따라 시원하고 영양분이 풍부한 물을 다르게 경험한 개체는 더 다양한 크기의 군체를 형성한다.

달팽이가 가득 나왔고, 산호 조각과 석회질 조류는 거의 없었다. 태형동물 군체 내 여과 섭식 개충의 다양성 감소는 300만 년 전 지협이 마침내 두 대륙을 연결하여 카리브해에서 용승이 중단되었다는 것을 의미한다. 이후의 시료들에서는 산호와 석회질 조류가 조개와 달팽이를 대부분 대체한 것으로 나타났다. 따라서 카리브해의 용승이 억제된 것은 빠른 생장을 위한 군집 조직화 대신 포식자를 저지하고, 영양 부족에 대응하기 위한 군집 조직화의 원인이 되었다.

육상식물의 진화

해양 생활과 육지 생활 간의 절충

이제 식물이 육지에 진출하게 된 계기를 살펴보자. 진정세균(박테리아)이 광합성을 할 수 있는 생물로 진화한 이후 약 20억 년 동안 육지의 생명체는 토양미생물뿐이었고, 그중 일부는 광합성 세균이었다. 23억 년 전에는 대기 상층부에 오존층이 형성되어 자외선을 차단하기에 충분한 산소가 있었다. 이로 인해 육지는 몸집이 큰 생물들에게 우호적인 환경이 되었지만 커다란 식물은 해양과 육지 생활 사이에서 중요한 절충에 직면했기 때문에 진화는 천천히 일어났다.

- 물속에서 광자를 붙잡기에 가장 적합한 종류의 엽록소는 대기 중에서는 효율적이지 못했다.
- 물에 떠서 생활하는 수생조류와 달리 육상식물은 스스로를 지탱해야 한다. 따라서 해초는 몸이 부서지지 않고 구부러질 수 있는 유연한

세포벽을 가지지만, 육상식물은 똑바로 서기 위해 단단한 세포벽이 필요하다.

- 수생조류의 표면은 이산화탄소와 영양분의 자유로운 유입과 노폐물의 자유로운 배출을 허용하지만, 육상식물은 세포가 말라버리지 않고, 수분 함량을 유지하기 위해 방수 큐티클(투명한 왁스로 된 표피)로 공기와 분리되어야만 한다. 육상식물은 노폐물을 버리고, 이산화탄소를 얻고, 토양이나 다른 곳에서 세포로 물과 영양을 가져오기 위한 구조를 필요로 한다.
- 육상식물의 유성생식은 훨씬 더 어렵다. 유성생식에서 반수체 배우자(종종 다세포 반수체 배우체에 의해 생성됨)는 각각 반수체 유전자 세트, 즉 하나의 유전자 세트를 가지고 있으며, 난자와 정자처럼 결합하여 두 세트의 유전자를 가진 2배체 접합자를 형성한다. 이들은 반복적으로 분열해서 다세포 포자체가 되며, 이끼에서는 포자체가 광합성 배우체에 기생한다. 결국 일부 생식세포는 분열해서 각각 한 세트의 유전자를 가지는 반수체 세포를 만든다. 일부 식물에서는 생식세포가 다세포 반수체 배우체로 자라기 때문에 배우체와 포자체 세대가 번갈아 나타난다. 배우체는 암과 수 배우자를 형성하고, 암수 배우자가 결합하면 다음 세대의 포자체가 되는 2배체 접합자를 만든다. 수생조류에서 정자는 난자로 헤엄쳐 갈 수 있다. 육상식물에서는 수영을 하지 않고도 정자와 난자가 만날 수 있는 방법이 진화의 주요한 과제가 되었다.
- 마지막으로 수생조류의 포자는 젖은 상태이지만, 초기 육상식물의 포자는 오늘날의 이끼류나 양치식물처럼 내용물이 마르지 않기 위해 공기 중의 먼지와 같이 표류할 수 있도록 작고 물이 새지 않아야만 했다.

식물은 어떻게 육상 생활에 적응하였을까?

위 주제를 논하면서 우리는 2가지 문제에 직면한다. 첫째, 육상식물의 조상은 어떤 것이었을까? 파래의 한 종류인 갈파래와 담수에서 발견되었던 해캄 같은 녹조류가 이들의 조상 그룹이었을 것이고, 은행초와 같은 홍조류나 타투시 연안의 다시마와 같은 갈조류는 아니었을 것이다(사진 5.19~5.21). 육상식물처럼 녹조류는 엽록체에서 녹말을 합성하여 저장하며, 자연광에 가장 적합한 엽록소b를 가지고 있다. 다세포 배우체를 가지는 민물 녹조류인 차축조의 여러 특징들은 차축조가 모든 육상식물의 조상임을 보여준다.

차축조는 단단한 세포벽을 가지고 있고, 일부 줄기는 똑바로 서 있다. 차축조 콜레오카이테(*Coleochaete*)의 접합자는 공기에 노출되었을 때 마르지 않도록 방수물질인 스포로폴레닌(sporopollenin)으로 코팅되어 있는데 육상식물 또한 포자나 꽃가루를 보호하기 위해 이 물질을 이용한다. 차축조는 난세포를 배우체 표면에 있는 장란기라고 하는 작은 주머니에 보관하고 있으며, 여기로 정자가 헤엄쳐 난자와 수정한다.

> 코너(E. J. H. Corner)는 "두 사람이 서로 만나고 싶다면 한 사람은 찾고 다른 한 사람은 한 곳에서 기다리는 것이 더 낫다. 만나기 위해 이동해야 한다면 몸집이 가벼운 개체가 빠르게 움직이고, 그동안 만나야 할 상대는 기다리고 있는 것이 낫다는 것이다. 이러한 역할 배정 원리는 배우자들에 의해 이미 오래전에 이루어졌다. 이것은 육상의 모든 고등한 녹색 식물과 담수 녹조류가 보여주는 방식이기도 하다."라고 하였다.

게다가 일부 차축조는 이끼처럼 수정란을 장란기 주머니에 보관하면서 영양을 공급하기 때문에 이러한 도움이 없는 포자에 비해 유리하다. 지금까지의 여러 특징들을 볼 때 첫 육상식물은 차축조의 유사 계통에서 진화했음이 분명하다.

[사진 5.19] 육상식물의 조상은 무엇인가? 타투시의 파도가 약한 장소에서는 매우 빠르게 자라는 필름처럼 얇은 녹조류 파래(*Ulva lactuca*)와 할로삭시온(*Halosaccion*), 그리고 그 밖의 다양한 조류가 자란다.

[사진 5.20] 타투시에 살고 있는 금색 홍조류(*Mazzaella cornucopiae*)는 바위 $1cm^2$당 높이 2~3cm이며 $7cm^2$의 엽상체 떼를 형성한다. 사진의 조류는 오후 태양 빛에 완전히 노출되지 않은 지대에서 종종 따개비(*Balanus glandula*)를 홍합으로부터 분리시키는 지대를 만들어낸다.

[사진 5.21] 줄기 있는 해초류(*Laminaria setchelli*)를 포함한 갈조류는 물 가장자리에서 자라며, 엽상체가 바위에 누워 있는 조류(*Hedophyllum sessile*)는 바로 물 위에서 자란다.

[사진 5.22] 우산이끼(*Marchantia*). 우산이끼는 육지에 퍼진 최초의 식물이었다.

[사진 5.23] 이끼에서 잎이 무성한 반수체 배우체와 줄기에 포자 캡슐을 가지고 있는 비광합성 포자체인 2배체 사이의 세대교번.

둘째, 식물은 육상에서 어떻게 적응하였을까? 식물이 처음 육상에 정착하였을 때 이미 출현했던 균류(fungi)가 이들 식물과 공생 관계를 형성하였다. 균사체를 이용하여 흙 속의 영양소를 숙주 식물에게 제공하고, 자신은 식물로부터 탄수화물을 얻는 것이다. 우산이끼류(사진 5.22)는 다른 육상식물의 조상으로부터 처음으로 분기되었다. 다시 말해, 우산이끼는 모든 다른 육상식물의 자매 집단이다. 초기의 우산이끼는 오늘날의 균근[6](mycorrhizae)처럼 식물에게 흙 속의 영양소를 제공하고 보상으로 탄수화물을 받는 균류를 유인하여 오늘날 확실히 육상에 정착하였다. 원시 우산이끼인 스패로카포스(*Sphaerocarpos*)의 포자처럼 각각 4개의 포자로 된 그룹이 오늘날 많은 것으로 보아 우산이끼는 포자로 분산되었다. 이들은 4억 6천 5백만 년 전의 오르도비스기 중기쯤

6) 균류와 고등식물 뿌리와의 공생체를 뜻한다.

육지로 이동하였으며, 심각한 빙하기를 일으킬 정도로 매우 많은 이산화탄소를 사용했다. 다음으로는 이끼가 분기되었다(사진 5.23). 현대의 이끼류는 곰팡이를 이용하여 흙 속의 영양소를 흡수하지 않는데, 이는 아마도 초창기 이끼가 현대의 물이끼(*Sphagnum*)처럼 영양소가 빈약한 곳에 살면서 빗물로부터 영양소를 흡수하였기 때문으로 생각된다. 이끼류는 수생식물인 붕어마름(hornworts)과 모든 관속 식물(석송, 양치류, 속새, 종자식물)의 자매 그룹이다. 우산이끼처럼 붕어마름과 같은 대부분의 관속 식물은 균근 같은 균류를 통해 흙으로부터 영양소를 흡수하였다.

앞으로 살펴보겠지만, 3억 년 동안에 걸친 식물의 진화는 사실상 육상 생활에 대처하는 과정이었다. 마치 도마뱀의 체온이 환경을 반영하는 것처럼 많은 현대의 우산이끼와 이끼류의 수분 함량은 가장 초기의 육상식물과 마찬가지로 그들이 처한 환경의 습기를 반영한다. 이 식물들은 완전히 말라 버렸더라도 다시 수분을 얻으면 정상 기능을 회복한다. 이와 대조적으로 대부분의 육상식물과 모든 동물 세포는 그들의 조상이 오래전에 살았던 바닷물과 같이 약간 습한 환경에서 살고 있다. 이들의 체내 수분량은 주변 환경이 얼마나 건조한가에 상관없이 일정하게 유지되지만 수분이 말라버리면 죽는다. 이들은 어떻게 수분항상성을 갖게 되었을까?

특징적인 단일 포자의 출현과 확산으로 판단해보면, 약 4억 4천만 년 전에 관속 식물이 처음 지구를 덮었던 우산이끼와 이끼류를 대체하기 시작하였다. 그리고 약 4억 3천만 년 전에 수분량을 유지하기 위해 토양에서 식물의 순까지 물을 이동시킬 수 있는 단단한 벽을 가진 헛물관을 비롯해 지름 0.1mm 미만의 관과 보호성 큐티클의 흔적이 발견되었다. 또한 이 무렵에는 관속 식물의 조상인 최초의 쿡소니아(*Cooksonia*, 그림 5.9)가 등장했다. 약 5cm 미만의 비광합성 포자체만 화석화되었는데, 이것은 두 갈래로 갈라진 것을 제외하고는 가지 끝에 포자낭을 갖는 이끼류와 같았다. 나중에 등장한 더

[그림 5.9] 쿡소니아의 포자체. 쿡소니아는 처음 알려진 화석 관속 식물로, 키는 7cm 정도이고, 얇은 가지 끝에는 포자를 포함하는 주머니가 있다. 약 4억 3천만 년 전에 진화한 쿡소니아는 모든 현생 관속 식물의 조상 그룹의 일부로 보인다. 가장 오래된 쿡소니아 포자체는 이끼 포자체와 마찬가지로 광합성을 하지 않았다.

크고 광합성을 하는 쿡소니아의 포자체는 증산작용으로 물이 빠져나가고 이산화탄소가 들어올 수 있는 기공을 가지게 되었다. 물이 너무 많이 빠져나가면 식물의 기공은 닫혔다. 그 후 대기 중의 이산화탄소가 오늘날보다 10배나 증가하여 식물은 더 적은 양의 물을 사용하면서 이산화탄소를 얻을 수 있었다.

약 4억 년 전에는 줄기와 구별되는 뿌리가 리니아(*Rhynia*)에서 나타났다(그림 5.10). 수평으로 뻗은 실처럼 생긴 뿌리줄기로부터 두 갈래로 갈라진 싹이 두께 3cm, 길이 18cm까지 자라났다.

현대 석송을 포함하는 관속 식물의 그룹의 조상인 석송속(*Lycopodium*)과 부처손(*Selaginella*)(사진 5.24)은 4억 1천만 년 전에 속새(horsetail), 양치류, 종자식물의 조상으로부터 분기되었다. 석송의 조상과 관련된 조스테로필럼(*Zosterophyllum*)은 수평으로 뻗은 뿌리줄기를 가지고 있었으며, 그것으로부터 1~4mm 두께, 30cm 길이의 가지 달린 줄기가 자랐고, 그 위쪽 끝에는 포자낭이 있었다. 이러한 줄기들은 물의 수송을 담당하는 단단한 벽으로 된 헛물관을 가지고 있었다. 그 시기에는 잎이 없는 관목 조상 식물부터 양치류 및 키가

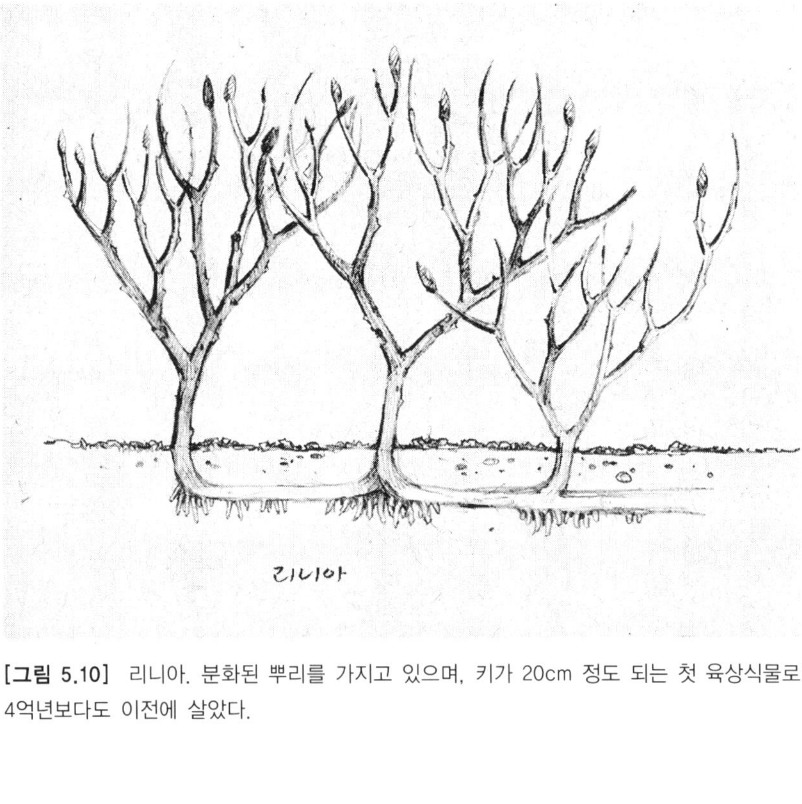

[그림 5.10] 리니아. 분화된 뿌리를 가지고 있으며, 키가 20cm 정도 되는 첫 육상식물로 4억년보다도 이전에 살았다.

[사진 5.24] 보르네오 주 사라왁 람비르 언덕의 숲 바닥에 살고 있는 바위손(*Selaginella*). 이 식물은 씨앗으로 진화하는 첫 단계인 대포자와 소포자를 생산한다. 이들 조상은 약 4억 1천만 년 전에 양치류, 침엽수, 현화식물로 이어지는 계통에서 갈라졌다. 이 계통의 식물들은 한때 매우 키가 컸지만, 양치식물인 석송과 부처손 같은 초본만이 생존하였다.

60cm 되는 종자식물인 프실로피톤(*Psilophyton*)에 이르기까지 오늘날의 침엽수처럼 헛물관을 통해 토양의 물을 수송했다.

이끼류와 우산이끼가 지구를 덮은 후, 이들의 포자를 먹은 곤충들 또는 포자가 가득한 똥을 싸는 곤충들이 톡토기 같은 조상으로부터 진화하였으며, 선충류가 흙에 정착하였다. 리니아는 아주 작은 곤충들로 인한 병충해에 시달렸다. 식물의 체액를 빨아먹기 위해 줄기에 구멍을 뚫는 곤충을 비롯해 아예 줄기에 구멍을 파고 사는 곤충도 있었으며, 광합성하는 줄기의 외부를 씹어 먹는 곤충도 있었다. 또한 부패한 식물 쓰레기를 먹으며 식물 사이에서 살아가는 곤충도 있었다.

[그림 5.11] 가장 오래된 나무인 아르케옵테리스는 3억 7천 5백만 년 전에 살았으며, 오늘날의 침엽수와 같은 목질부를 가졌고, 양치류처럼 포자로 번식하였다.

나무의 진화

잎이 없는 줄기가 위로 솟아 있는 작은 식물은 조스테로필럼처럼 광합성 조직을 큐티클 안쪽에 두고, 내부 조직을 공급하고 지탱해야 한다. 하지만 더 큰 식물은 대나무와 야자수처럼 식물의 바깥 가장자리에 이러한 조직들을 배치함으로써 필요한 지지조직의 양을 줄일 수 있었다. 이렇게 함으로써 광합성 기관인 잎, 나무를 지탱하는 몸통과 줄기, 나무를 땅에 고정하고 나무가 필요로 하는 물과 영양소를 빨아들이는 뿌리 간의 분업을 선호하는 방향으로 변화가 일어났다. 3억 8천 5백만 년 전, 나무는 몸체를 지지하고 물질을 공급하는 문제를 해결하였고, 이로 인해 **공유지의 비극**이 싹트게 되었다. 주변의 나무보다 햇빛을 더 받기 위해 잎을 더 위로 올려야 하는 경쟁이 생겨났고, 이로 인해 식물의 잎은 완전한 햇빛을 받기 어려워진 것이다.

초기에 우세했던 나무는 오늘날 나무들의 조상과 밀접한 관계가 있는 아르케옵테리스(*Archaeopteris*)였다. 아르케옵테리스는 키가 10m나 되고, 나선형 가지와 튼튼한 몸통에 은행나무와 같은 잎을 가지고 있었으며, 1m 깊이까지 뻗은 뿌리와 잔뿌리를 가지고 있었다. 아르케옵테리스는 오늘날의 나무처럼 시간이 흐를수록 직경이 커지고, 계절성 기후에서는 나이테도 나타났다. 이 나무는 양치류처럼 포자의 분산을 통해서 번식하였다(그림 5.12). 이끼나 양치류에서처럼 정세포는 난세포와 수정을 하기 위해서 얇은 막 같은 물에서 헤엄쳐야 했다. 일단 수정이 되면, 배우체의 난세포는 포자체 나무로 자랐다. 현대의 침엽수처럼 이들은 폭 0.1mm, 길이 2cm 정도의 헛물관을 가지고 뿌리에서 잎으로 물을 수송하였으며, 체관은 영양소를 그것이 필요한 곳으로 운반하였다. 나무는 태양에너지를 이용하여 물을 뿌리에서 잎까지 끌어올렸다. 물이 기공을 통해서 증발하거나 새어나올 때 모세관 현상 때문에 더 많은 물을 아래에서부터 끌어올릴 수 있다. 만약 헛물관 중 하나에 공기가 빨려 들어오면

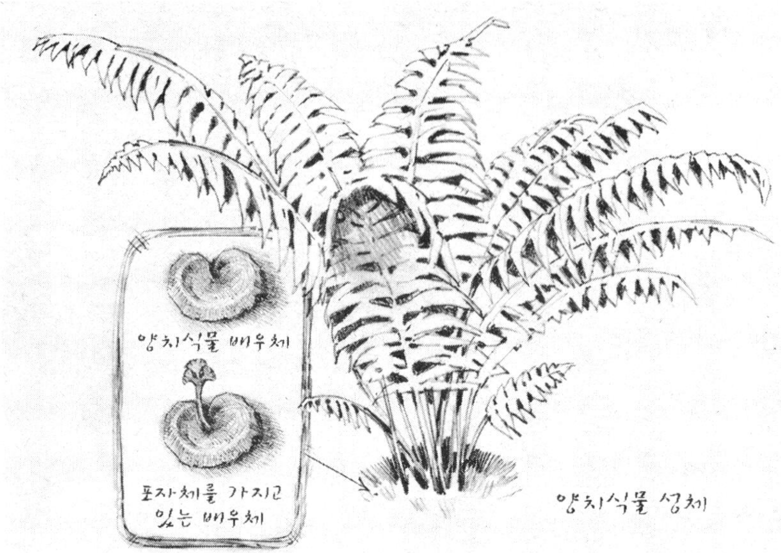

[그림 5.12] 양치류에서 큰 포자체와 작은 반수체 배우체가 반복되는 세대교번. 새로운 포자체는 배우체에서 나온 난세포가 다른 배우체에서 만들어진 정세포와 수정하여 만들어진다.

마치 예인선이 바지선을 견인하는 케이블이 뚝 끊길 때 견인이 중지되는 것처럼 헛물관이 공기로 차 물을 위로 끌어올리는 것을 멈추게 하는 일종의 관막힘(색전증)이 일어난다. 더운 여름날 청진기를 나무 몸통에 대면 관막힘 때문에 물의 흐름이 뚝 끊어지는 소리를 들을 수 있다. 나무는 햇빛으로부터 받아들이는 에너지의 $\frac{1}{3}$ 이상을 증산작용을 하기 위해 사용하는데, 이것은 광합성을 하는 데 이용되는 에너지량보다 훨씬 많다. 증산작용은 숲을 시원하게 하고, 숲은 비구름을 만들어서 습윤한 환경을 만든다. 코너는 "증산작용은 숲에서 벌어지는 가장 왕성한 활동으로 엄청난 증발을 통해서 폭풍우를 일으킨다."라고 하였다.

아르케옵테리스가 살았던 동시대에는 기이한 식물도 있었다. 3억 5천만 년 전보다 일찍 양치류와 종자식물로부터 분화된 일부 석송류는 3억 7천

5백만 년 전까지만 해도 키가 크고, 거대 초본처럼 부드러운 줄기와 강한 뿌리를 가지고 있었다. 그리고 3억 5천 4백만 년 전쯤에는 키가 18m나 되는 나무고사리와 나무쇠뜨기가 나타났다.

식물이 육상에 적응하고, 종자를 만드는 단계로 진화하면서 식물의 세계에 완전히 새로운 세상이 열렸다. 포자와는 달리, 씨앗은 어린 식물의 성장에 필요한 비축된 영양분을 가지고 퍼진다. 포자체는 종자식물이 되기 위한 첫 번째 단계로 다른 크기의 포자체를 만들었다. 하나는 난세포를 만드는 대포자체이고, 다른 하나는 정자를 만드는 소포자체로 발달한다. 아르케옵테리스, 석송(이끼), 나무쇠뜨기와 같은 종자식물 조상은 모두 독립적으로 이러한 특징을 갖게 되었다. 다음으로는 대포자 혹은 소포자만을 생산하는 특화된 홀씨주머니(포자낭)로 진화하여, 대포자낭으로부터 각각 하나의 대포자만 성숙하고, 종자 껍질은 하나의 대포자낭을 둘러싸며, 마지막으로 포자 혹은 난세포가 수분될 때까지 대포자낭이 이 식물을 잘 유지하도록 해주었다. 이러한 변화를 거쳐 포자는 결국 종자가 되었다.

정자가 물을 따라 이동하지 않고도 난세포를 수정시켜야 할 때 씨앗은 특히 유용한 번식 수단이 되었다. 먼저 소포자는 꽃가루처럼 바람에 날아갈 수 있는 배우체를 만든 반면, 대포자낭은 열린 구멍에 같은 종의 꽃가루를 붙들어 매는 끈끈한 꽃가루 부착 방울을 형성하였다. 일찍이 적절한 꽃가루 부착 방울 위에 안착한 수컷 배우체가 정자를 방출하면, 정자는 대포자낭으로 헤엄쳐 난세포와 수정한다. 나중에 나타난 종의 수컷 배우체는 원시꽃가루(prepollen)로 명명되었으며, 난세포로 뻗어가는 관을 형성하여 정자가 헤엄쳐 이동하도록 해주었다. 소철과 은행나무는 아직도 이 방법을 이용한다. 하지만 그 후에 식물들은 진짜 꽃가루를 만들었으며, 같은 종의 꽃가루 부착 방울에 안착하여 비운동성인 정자를 난세포로 운반하는 '화분관'을 만들었다. 이러한 형태는 오늘날 겉씨식물에서 가장 진화한 그네툼(*Gnetum*)과 침엽수, 현화식물

[그림 5.13] 거대한 초본인 인목. 직경이 1m에 키가 30m인 나무 석송(club moss)의 한 종류로 뿌리가 잘 발달했고, 두 종류의 포자를 만들었다. 인목은 3억 년 전에 토탄 늪에서 살았다. 이러한 늪은 오늘날 석탄의 주요 공급원이기 때문에 이러한 '석탄 늪'이 있었던 시기를 석탄기 시대라고 한다.

에서 볼 수 있다.

약 3억 6천만 년 전에 꽃가루를 가지고 최초로 종자를 만든 겉씨식물인 엘킨시아(*Elkinsia*)가 나타났고, 곧 뒤를 이어 종자 양치류가 출현하였다. 이러한 식물들과 석송, 인목[7](*Lepidodendron*), 나무쇠뜨기, 노목(Calamites)은 3억 5천만

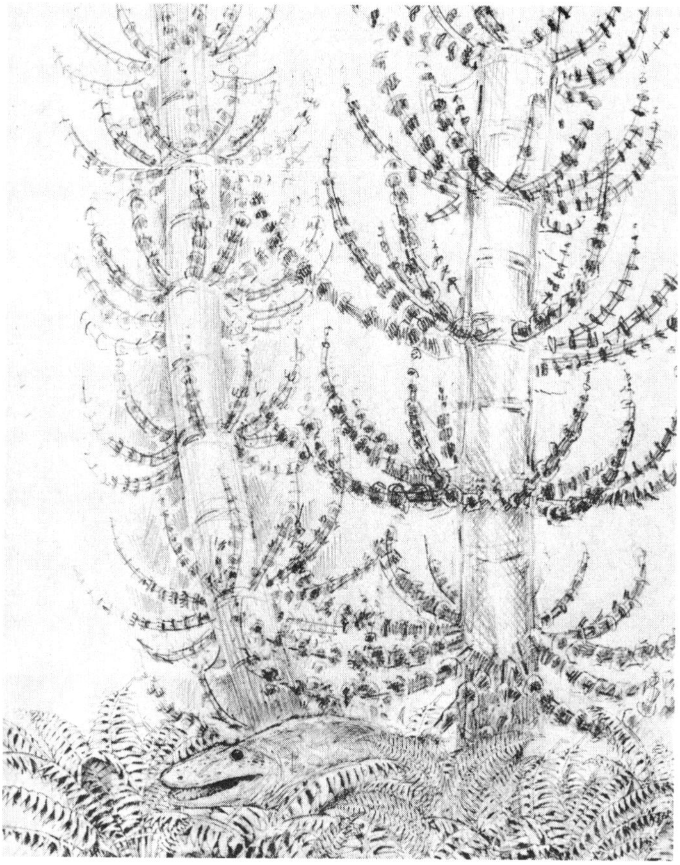

[그림 5.14] 또 다른 거대 초본인 노목. 나무 속새과에 속하며, 3억 년 전 석탄 늪에 살았다.

년 전에서 2억 9천만 년 전인 석탄기에 거대한 '석탄 늪'을 형성하였다(그림 5.13~5.14). 남부 일리노이에 위치한 3억 년 전의 석탄층에 보존된 습지림에서 나무양치류, 프사로니우스[8](*Psaronius*), 종자양치류, 메둘로사(*Medullosa*)가 발견되었으며(그림 5.15~5.16), 또한 습지림은 나무 속새(horsetail)와 나무 석송,

---

7) 고생대 석탄기에 번성하였다가 페름기에 절멸한 대형의 석송류에 속하는 화석 식물이다.

8) 화석 양치류 중의 하나이다.

[그림 5.15] 습지림의 나무 양치류 프사로니우스.

그리고 다른 나무와 덩굴성 식물(lianas)도 포함하고 있었다. 이 시기에는 잎을 먹는 곤충과 물속에 알을 낳는 양서류, 그리고 육지에서 딱딱한 알을 낳는 초기 파충류가 진화하였다. 식물처럼 척추동물도 물속에서의 생식과 수생 생활에서 벗어나는 여러 단계를 거치면서 진화했다.

석탄 늪이 넘쳐나는 시기에는 오늘날처럼 목재를 분해할 수 있는 흰개미

[그림 5.16] 키가 5m 되는 늪 숲의 종자 고사리 메둘로사. 종자 양치류는 나무 양치류처럼 보였지만 포자가 아닌 종자를 생산했으며, 초식 절지동물의 먹이가 되었다. 프사로니우스와 메둘로사는 둘 다 3억 년 전에 석탄기 늪에서 살았다.

와 흰 부식 곰팡이가 없었기 때문에 죽은 식물은 화석화되었다. 그 결과 만들어진 석탄이 오늘날 우리가 사용하는 전기의 대부분을 생산하는 데 쓰이고 있다. 이러한 죽은 목재에 내재된 탄소는 대기의 이산화탄소 양을 감소시켰으며, 지구를 시원하게 만들었다. 나뭇잎은 이제 광합성을 하려면 대기로부터 충분한 이산화탄소를 얻을 수 있는 좀 더 많은 기공이 필요했기 때문에 기공이 많은 잎의 아랫면 표피세포 기공 수의 비율인 기공지수(stomatal index)가 증가하였다. 실제로 화석 나뭇잎의 기공지수를 측정하여 당시 대기의 이산화탄소의 함량을 측정할 수 있었다. 기공지수를 비교해본 결과 3억 7천 5백만 년 전, 즉 첫 번째 숲이 나타난 바로 후부터 대기의 이산화탄소가 감소하기 시작하였다. 이후 3억 5천만 년 전에 급격하게 하락하기 시작한 대기의 이산화탄소는 약 3억 년 전쯤에는 오늘날의 수준까지 떨어졌으며, 빙하가 극지방으로 확장되었다. 트라이아스기 말인 2억 년 전쯤에는 대기의 이산화탄소의 양이 3배로 증가하고, 기공지수가 갑자기 떨어졌으며, 갑작스럽게 심각한 지구 온난화가 일어나면서 생물이 멸종의 파도를 맞게 되었다.

종자를 생산하는 겉씨식물은 3억 6천만 년 전에 등장했고, 곧이어 종자 양치류가 출현하였지만, 이들의 전성기는 석탄기 이후에 찾아왔다. 광범위하게 퍼진 종자의 대부분을 차지했던 나무 양치류인 글로소프테리스(*Glossopteris*)를 비롯하여 이와 유사한 식물들이 2억 9천 년과 2억 5천 년 전 사이에 남반구에 우세하였다.

오늘날과 매우 유사한 소철과 은행나무는 2억 9천만 년 전에 출현하였다. 소철은 6천 5백만 년 전에 공룡이 대멸종으로 사라지기 전까지 공룡 시대 내내 매우 많이 존재했다. 침엽수는 3억 1천 5백만 년 전에 출현하였으며, 그로부터 7천만 년 후에 본격적으로 다양해지기 시작하였다. 1억 7천 5백만 년 전에는 '노르폴크(Norfolk) 섬의 소나무' 속에 속하는 아라우카리아(*Araucaria*)의 조상들, 삼나무(상록수 세쿼이아와 낙엽성 메타세쿼이아), 편백류 그리고 소나무와 같은 침엽수가 등장했다. 속새, 석송, 양치류와 같은 식물들은 과거에는 우세했지만 오늘날까지 살아남은 그 자손들은 키가 작고, 종종 숲의 언저리나 그늘진 곳 혹은 늪지대와 같은 서식지에 살고 있다.

석송, 속새, 양치류, 소철 그리고 침엽수와 같이 고대 숲에서 번성했던 거의 모든 생존자들은 초본류의 생존을 막는 독성을 가지고 있는 것으로 유명하다. 인간이 곡식의 피해를 줄이기 위해서 뿌린 살충제가 생태계에 영향을 주는 것처럼 일부 침엽수도 자신들의 잎을 보호하기 위해서 살충성분을 분비한다. 이것은 장기간 분해되지 않고, 땅에 떨어진 잎과 목재의 분해와 그로 인해 영양소의 재순환 속도를 늦추는 방식으로 토양을 변질시킨다. 먹히는 것을 피하려고 생장을 늦추었던 이러한 숲은 '피포위 심리(Siege Mentality)'9)를 보여주었던 것일까? 코너는 "히아와타(Hiawatha)의 어둡고 침침한 침엽수림은 소나무, 가문비, 전나무, 낙엽송, 삼나무, 편백나무, 향나무의 숲이기 때문에 동물들과 다른 식물들에게 별로 도움이 되지 않았다."라고 하였다.

현화식물의 진화

현화식물은 동물을 끌어들여 같은 종의 식물 간에 꽃가루를 옮겨 수분시키는 방법을 발전시킴으로써 초식동물이 가득한 세상에서 생존하기 위해 새로운 방법을 찾아냈다. 해충의 영향으로 식물의 수가 줄거나 여기 저기 흩어져 있어 식물을 발견하기 어려운 상황에서도 한 종류 혹은 단지 몇 종류의 식물만 찾아다니는 수분매개자 덕분에 식물은 유전적 변이를 유지할 수 있게 되었다(사진 5.25). 식물 다양성이 가장 높은 습한 열대 지방에서는 특이적으로 해를 입히는 해충으로부터 벗어난 식물은 좀 더 파괴력이 약한 일반 해충으로부터만 자신을 방어하면 되기 때문에 자신의 자원을 해충을 방어하는 데 쓰기보다는 스스로 좀 더 빠르게 생장하는 데 이용할 수 있다.

현화식물이 진화하기 훨씬 전인 쥐라기에는 소철과 다른 겉씨식물들이 나비를 닮은 풀잠자리와 같은 곤충을 수분매개자로 끌어들였는데, 이들 곤충

9) 항상 적들에게 둘러싸여 있다고 믿는 강박 관념을 뜻한다.

은 밝은 색의 날개와 액체를 빨아들이는 관 모양의 입을 가지고 있는 현재의 나비와는 다른 형태를 하고 있었다. 겉씨식물의 난세포가 수정될 시기가 되면 난세포를 둘러싸고 있는 개구부에 수분 방울을 분비하여 같은 종의 꽃가루를 받아들이는데, 이 수분 방울은 종종 곤충을 유인하기에 충분한 영양분도 가지고 있다. 꽃이 피는 시기에는 한 종류의 식물 꽃가루나 화분 방울을 좋아했던 곤충들이 수분매개자가 되었고, 수분매개자가 수분 방울 바로 옆에 꽃가루를 떨어뜨리면 식물의 수분이 일어날 수 있었다. 쥐라기가 끝나기 훨씬 전에, 지금은 멸종된 침엽수류와 몇몇 소철류, 그리고 거의 멸종된 잎이 넓은 겉씨식물인 마황문이 곤충을 화분매개자로 끌어들였다. 한때 마황문이 현화식물을 위협하기도 했지만 현화식물은 확실히 지구를 지배하게 되었다. 마황문은 매우 흔했지만 9천만 년 전에 거의 멸종했으며, 아무도 그 이유를 모른다. 어떤 소철류들은 자신의 열매에서 살면서 짝짓기를 하고, 오직 소철만을 수분시키도록 길들여진 딱정벌레를 화분매개자로 가지고 있었다. 그러나 소철류는 현화식물을 능가할 수는 없었다. 소철의 뿌리에서 잎으로 물을 운반하는 수송 파이프는 좁고 짧은 헛물관에 불과하였을 뿐 아니라 현재의 침엽수보다 헛물관에서 헛물관으로의 물의 이동이 훨씬 느려서 빨리 자라지 못했기 때문이다. 오늘날 느리게 자라는 소철류는 열대림과 아열대숲의 하층부에 주로 한정되어 있으며, 그들은 초식동물에 해로운 강력한 독성 물질을 가지고 있다.

요약하면, 동물 수분매개자는 식물의 싹이 빨리 자랄 수 있는 경우에만 꽃가루를 제때 매개함으로써 그 식물이 숲을 지배하도록 해주었다. 도로나 철도, 항공 등 효과적인 운송 수단의 발달로 경제가 더 빠르게 성장하고, 효과적인 혈액 순환 네트워크 덕분에 동물들이 더 활동적이고 빠르게 반응할 수 있게 된 것처럼, 뿌리로부터 잎까지 쉽게 물을 운반할 수 있는 식물은 광합성을 통해 빠르게 성장할 수 있게 되었다. 원시 현화식물은 소철류와 달리 강가의 숲에서 빨리 자라는 초본이었다.

현재의 침엽수와 현화식물은 효과적인 방어와 빠른 생장 사이에서 절충하는 양상에서 차이를 보인다. 식물의 생장은 광합성량, 즉 식물의 잎 $1mm^2$당 최대 광합성 속도에 의해 크게 제한을 받는다. 결국 광합성량은 뿌리, 가지, 잔가지 등을 통해 빨리 이동할 수 있는가에 의해 크게 좌우되며, 물의 수송 시스템이 더 좋을수록 잎의 광합성량은 더 많아질 수 있다. 침엽수들은 작고 좁은 헛물관을 통해 물을 이동시키지만, 물은 소철류의 헛물관 사이보다 침엽수 사이에서 훨씬 더 빠르게 이동할 수 있다. 또한 물은 현화식물의 물관에서보다 침엽수의 헛물관 사이에서 훨씬 더 쉽게 이동하지만, 서식지에서 현화식물은 침엽수의 헛물관보다 4배 더 넓고 훨씬 더 긴 물관을 만들어 이를 보완한다.

현화식물은 1억 년 전에 잎맥 밀도가 크게 높아져 수송 능력이 크게 향상되었다. 오늘날 현화식물은 보통 잎 면적 $1mm^2$당 8mm의 잎맥이 있다.

[사진 5.25] 현화식물은 해충에 의해 그 수가 아주 줄어들더라도 먼 거리를 이동하여 수분시키는 매개자에 의해 유전적인 다양성을 유지한다. 긴꼬리운둔벌새(*Phaethornis*)가 포도잎시계꽃(*Passiflora vitifolia*)을 수분시킨다.

[사진 5.26] 작은 잎을 많이 가지고 있는 소철. 작은 잎의 잎맥은 중앙에만 있다. 소철은 물을 효율적으로 이동시킬 수 없기 때문에 숲 아래 부분에서 느리게 자란다.

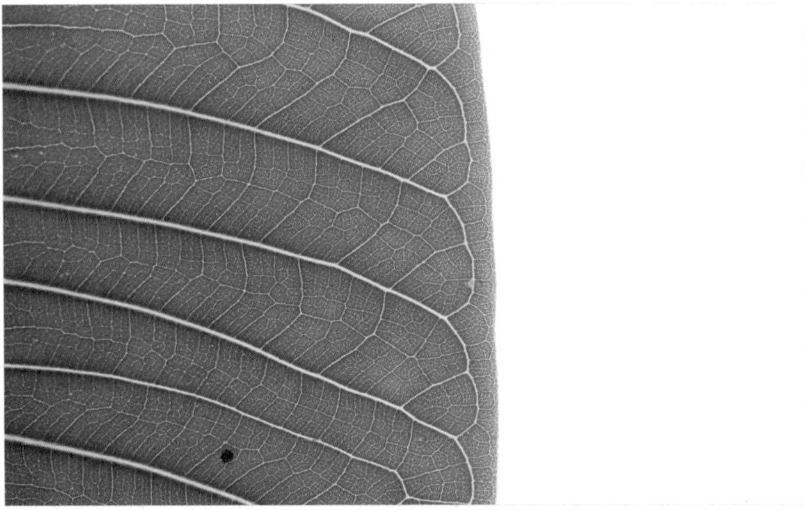

[사진 5.27] 빠르게 자라는 무화과 나무인 피커스 인시피다(*Ficus insipida*)의 잎은 잎맥이 매우 촘촘하게 있어 잎의 모든 부분에 물을 효과적으로 전달하여 증산작용 속도와 광합성을 증가시킨다. 1억 년 전에 많은 잎맥이 출현함으로써 현화식물이 다양해지고, 대부분의 숲을 지배하기 시작하였다.

이는 침엽수 또는 1억 2천만 년 전의 겉씨식물의 잎맥이 잎 면적 $1mm^2$당 2mm였던 것에 비하면 훨씬 길다(사진 5.26~5.27). '잎맥의 밀도(잎 면적 $1mm^2$당 잎맥의 길이)'는 수증기가 얼마나 빨리 기공을 통과할 수 있는가에 영향을 미치며, 이는 다시 잎의 광합성 능력(잎의 mm^2당 얼마만큼의 포도당을 생산할 수 있는지)을 제한한다. 실제로 화석에 나타난 잎맥 밀도는 광합성 능력에 대한 대강의 추정치를 알려주는데, 이는 오늘날의 동식물을 이해하는 것이 화석상의 동식물을 이해하는 데 어떻게 도움이 되는지 보여준다. 잎맥 밀도가 높아지면 증산작용이 증가하여 강우량이 증가하는 경향이 있다. 꽃이 풍부한 열대지방의 숲에서는 증산작용이 활발하게 일어나서 더 습하고, 건기가 짧으며, 더 시원한 기후가 만들어지는데, 결국 기후를 자신의 필요에 더 가깝게 바꾸었다고 볼 수 있다. 1억 2천만 년에서 7천만 년 전 사이에 열대림과 고위도의 많은 숲이 현화식물로 채워지면서 숲은 동물들에게 훨씬 더 안락해졌다. 코너는 "현화식물이 있는 숲은 동물들에게 먹이를 제공하거나 보금자리를 제공하고, 많은 곤충들의 짝을 불러들이기 시작하였다. 동물들이 식물플랑크톤, 바다 수초, 이끼, 양치류와 침엽수 등의 수분을 돕지 못하기 때문에 이들은 스스로 문제를 해결해야 한다. 따라서 새로운 군집은 상징적으로 현화식물이 정말로 번성하고 있다는 것을 나타낸다."라고 하였다.

물을 유지해야 하는 또 다른 이유는 건기에 대처하기 위해서다. 열대나무에서 물을 관리하는 방식은 두 극단 사이에 놓여 있다. 가뭄에 시달리는 나무들은 나무둥치에 물을 보관하였다가 수액의 장력을 낮출 필요가 있을 때 나무둥치에서 물을 방출한다. 만약 수액 장력이 과도하게 증가하면 식물은 호르몬을 방출하여 기공을 닫는다. 식물은 건기에 나뭇잎과 잔 뿌리털을 제거하여 종종 덥고 바람 부는 건조한 공기나 건조한 토양에 대한 수분 손실을 줄이는데, 비가 내리면 식물의 잎과 뿌리털은 다시 자란다. 어떤 나무들은 둥치에 기공이 없는 녹색의 줄무늬를 가지고 있어 나무껍질의 호흡으로 생긴 이산화탄소를 광합성 과정에 재활용한다. 가뭄에 견딜 수 있는 식물들은 뿌리가 깊고, 수액 흐름을 느리게 하는 좁고 두꺼운 벽의 물관을 가지고 있다. 이것은 광합성을 감소시키고, 깊은 뿌리나 건조한 토양에서 물을 끌어올릴 때 물관이 아주 강한 압력을 받더라도 붕괴되지 않게 해준다. 잎의 수압이 너무 높으면 기공이 닫힌다. 온대 나무도 비슷한 절충의 문제에 직면한다. 가을에 낙엽이 지는 단단한 나무들은 여름에 광합성을 많이 한다. 상록 침엽수들은 낙엽성 나무보다는 여름에 광합성량이 적은 대신 1년 내내 광합성을 한다. 그들의 낮은 광합성 능력 때문에 침엽수의 싹은 현화식물보다 훨씬 더 느리게 나온다. 현화식물은 물을 빨리 운반할 수 있기 때문에 저지대 열대 숲이나 대부분의 온대 지역 숲과 같은 좋은 서식지를 많이 차지하고 있다. 침엽수들은 한대 숲, 온대의 척박한 토양, 그리고 유럽이나 아프리카 열대 지방의 산꼭대기에서 많이 자란다. 식물이 물을 잎으로 운반하기 위해 효과적인 시스템을 갖게 된 것은 식물이 물속에서 벗어나 육상에 정착할 수 있게 된 가장 최근의 진화적 사건이었다. 이로 인해 현화식물은 동물 수분매개자를 이용하여 살기 좋은 서식지에서 다양하고 생산적인 숲을 만들고, 그들의 생장에 적합한 지역을 넓힐 수 있게 되었다. 실제로 해충에 시달리면서도 빠르게 자라는 현화식물들이 동물에 의해서 수분되면서 육지의 종 다양성이 해양의 종 다양성을 훨씬 뛰어넘을 수 있게 되었다. 현재 육지에는 눈으로 확인할 수 있는 식물 종이 바다보다는 10배나 많은 반면, 현화식물이 진화하기 전에는 그 수가 거의 같았다.

요약하면, 식물은 물과 영양분을 토양에서 잎으로 운반하고, 탄수화물을 잎에서 뿌리로 운반하는 방법을 개선함으로써 육지에서 완전히 적응한 삶을 이어왔다. 효과적인 내부 운반 시스템과 키가 크고 가늘지만 강한 나무 몸통으로 경쟁 식물들의 그늘을 피해서 잎을 위로 뻗게 하는 것뿐만 아니라, 진화 과정에서 꽃가루와 씨앗이 출현함으로써 더 효과적으로 번식할 수 있었다.

현화식물들은 동물을 수분매개자이자 씨앗을 퍼뜨리는 매개자로 활용함으로써 해충과 병원균에 저항하는 비용을 줄일 수 있었다. 잎맥의 밀도를 증가시켜 광합성 능력을 더욱 향상시켰으며, 그 결과 현화식물들이 대부분의 숲을 차지하였다. 현화식물의 더 활발해진 증산작용으로 더 습하고 서늘한 기후가 만들어졌고, 열대우림의 범위가 확장되었다. 이는 생명체의 진화가 지구를 보다 나은 삶의 터전으로 바꾸었던 또 하나의 예라고 할 수 있다. 이러한 발전의 절정은 경쟁이 가장 치열하고, 다양한 식생이 존재하며, 상리공생이 널리 퍼지고, 가장 복잡한 열대우림의 출현이다.

06장

다양한 생물을 공동체로 통합하기

상호의존성과 상리공생

인류를 포함한 모든 생물은 생존과 번식을 위한 수단을 놓고 경쟁한다. 일부 생물은 새로운 에너지원을 활용하고, 다른 생물의 폐기물을 새로운 방식으로 사용하거나, 새로운 서식지를 개척하는 등의 방식으로 경쟁자들을 피하고 있다. 이러한 전략은 인간 경제와 자연 생태계에서 생계를 위한 더 많은 직업과 방법을 열어주었다. 어떻게 이러한 다양성이 생태계에 공존하는가? 공동체 구성원들 사이의 경쟁은 어떻게 상호의존과 상리공생을 강화하는가? 상호의존성과 상리공생이 어떻게 공동체의 생산성을 증가시키는가? 생산성의 증가에 어떤 요소들이 기여하고, 어떤 장벽들이 생산성을 방해하는가?

인간 경제: 어떻게 경쟁이 다양성과 상호의존성을 만들어냈을까?

먼저 인간의 직업이 많이 생긴 이유를 살펴보면 생물이 왜 다양해졌는지 이해할 수 있을 것 같다. 2만 년 전에 살았던 전통적인 수렵채집자 집단에서는 생계를 위한 대안이 거의 없었다. 그러나 지난 1만 년 동안 농업에서 출발한 혁신은 식량을 재배하는 사람들의 비율을 감소시켰고, 그 대신 직업의 다양화, 경제의 생산성, 인간 공동체 간의 상호의존성을 증가시켰다. 게다가 이 상호의존성은 전례 없이 폭넓은 규모로 확대되었다. 이렇게 확대될 수 있었던 핵심은 농업의 발전으로 다른 직업에 종사하는 사람들에게도 돌아갈 수 있는 충분한 식량이 생산되었기 때문이다. 메소포타미아와 중국 북부 평야와 같은 좋은 환경에서의 농업 활동은 관개와 같은 새로운 기술과 쟁기, 낫, 손수레와 같은 새로운 도구의 발달을 촉진시킴으로써 농업 생산성을 높이고, 도구 제조업자와 사용자에게 새로운 직업을 열어 주었으며, 또한 이들 간의 상호의존성을 높여 주었다. 농업 기술의 향상으로 적은 수의 사람들이 더 많은 식량을 생산하고 더 쉽게 저장과 운송을 하게 되면서 다른 사람들은 다른 직업에 종사할 수 있게 되었다. 따라서 다른 직업에 종사하는 사람들은 당연히 농부들이 생산한 식량에 의존하게 되었다.

농업 개선을 통해 창출된 남는 자원 덕분에 추가적인 혁신이 이루어졌다. 새로운 형태의 정보전달 방법인 글쓰기가 발달하면서 필경사, 교사, 그리고 투키디데스(Thucydides)나 스수마 치엔(Ssu-ma Ch'ien) 같은 역사학자, 아리스토텔레스(Aristotle)나 쭈(Chuang Tzu) 같은 철학자, 그리고 유클리드(Euclid) 같은 수학자 같은 직업이 만들어졌다. 글을 쓰는 것은 지식을 보존하고 확산시키는 데 도움이 되었고, 더욱 조율된 협력을 가능하게 해주었다. 인쇄는 전자 통신과 마찬가지로 이러한 발전을 여러 배로 확대시켰다.

왜 이렇게 직업이 많은 것일까? 그것은 그 어느 누구도 모든 것을 잘 할 수 없기 때문이다. 농부들의 마을에서, 자기 이익 추구는 자발적으로 분업을 만들어 냈고, 이것은 다시 상호의존성을 증가시켰다. 만약 농부들이 인접한 거리에 있다면, 나무를 다루는 것에 능숙한 사람은 식량의 대가로 도구와 가구를 만들 수도 있다. 만약 한 마을에 교통수단을 통해 접근할 수 있다면 어떤 사람은 무역업자가 되어 식량을 도시민에게 전달하고, 마을의 사람들이 만든 물건을 농부에게 전달하면서 적절한 이윤을 취하며 살아갈 수도 있다. 이러한 분업, 즉 직업의 전문화는 더 나은 삶을 살 수 있는 방법을 찾는 사람들에 의해 계속 진행될 것이다. 분업은 작업을 전환하는 데 걸리는 시간과 다른 기술을 요하는 새로운 작업에 쉽게 적응하는 시간을 줄여 생산성을 증가시키고, 상호의존성도 강화시킨다. 1776년에 아담 스미스는 이미 분업과 관련하여 다음과 같이 언급했다. "모직 코트는 일용직 노동자를 모두 포함한 수많은 노동자들의 공동 노동의 산물이다. 소규모 사업장에서 코트를 생산하는 것조차도 양치기, 양모 선별자, 양모를 빗질하는 사람, 양모를 건조하는 사람, 얼레 빗질하는 기계를 움직이는 사람, 방적공, 방직공, 천을 바르고 다듬는 사람, 조수 등의 손을 거쳐야만 가능하다. 그 외에도 많은 상인과 운송업자들이 이 노동자들로부터 그 나라의 다른 지역에 살고 있는 사람들에게 운반하는 데 관여하고 있다. 염색업자가 사용하는 여러 화학 약품들을 모으기 위해서 거래와 항해가 이루어지고, 수많은 선박 건조업자와 선원, 범선업자, 밧줄 제조업자들의 노력을 거쳐야 한다." 또한 그는 더 많은 사람들이 부자가 되고 수송 수단이 더 발전하면서 금 세공사나 보석상 같은 전문 장인을 지원할 만큼의 소비자층이 확장되어 다양한 직업이 생겨났다는 것을 보여주었다.

분업은 종종 협력을 도모하면서 계획적으로 진행된다. 아담 스미스는 기업의 일을 전문화된 업무로 분업화시킴으로써 어떻게 노동자 각자가 1인당 생산량을 크게 증가시키는지 보여주면서 국가의 부의 본질과 원인에 대하여 조사하기 시작했다. 예를 들어, 핀을 만드는 것은 와이어를 만들어서 뽑고, 그것을 펴고, 자르고, 핀 포인트를 날카롭게 하고, 핀 헤드를 부착하기 위해 다른 끝을 다듬고, 핀 헤드를 만들고, 핀에 끼우는 등의 작업이 필요하다. 혼자서는 다른 사람의 도움 없이 하루에 20개 이상의 핀을 만들 수 없다. 일단 작업의 종류가 많고, 한 명의 근로자가 그 핀을 만드는 작업에 모두 능숙해질 때까지 많은 시간이 걸릴 것이며, 각 단계의 일을 더 빠르고 쉽게 진척시킬 수 있는 기계를 살 충분한 돈을 모을 수 없을 것이다. 반면 각각 다른 일련의 작업에 전념하는 10명의 노동자로 이루어진 회사는 하루에 4만 8천 개, 즉 1인당 4,800개의 핀을 만들 수 있다. 이는 효율적으로 물건을 만들기 위해서는 분업이 필요하다는 것을 보여주는 좋은 사례가 되었다.

경쟁을 통해 경제는 발전한다. 가난한 나라에서는 여전히 돛을 이용하여 선박을 움직이지만, 다른 나라에서는 범선을 대신하여 여러 목적으로 이용할 수 있는 석탄을 사용하는 증기선과 석유로 움직이는 증기선이 차례로 만들어졌다. 비슷한 예로 저개발국가들과 부유한 국가들의 일부 지역에서는 동물들이 단거리 수송에 동원되기도 하지만, 다른 나라에서는 대량으로 화물을 수송하기 위하여 마차 대신에 기차와 트럭을 이용하였다. 귀중하거나 부패하기 쉬운 화물은 기차와 트럭 대신에 비행기가 빠르게 운송하였다. 여객을 수송하던 말과 마차는 열차, 자동차, 그리고 비행기로 대체되었다. 그리고 전신기, 전화, 팩스, 인터넷이 우편과 메신저 서비스를 대체했다. 더 빠른 속도와 더 넓은 범위의 통신과 전송 수단은 그 어느 때보다 더 넓은 규모에서 더 복잡한 협력을 가능하게 만들었다. 새로운 동력원과 새로운 제조 방식은 이러한 협력이 더욱 빛을 발휘하도록 하여 수익성을 증가시켰다. 이러한 변화들은 직업의 다양성, 전문화 정도, 그리고 1인당 경제적 생산성을 증가시켰다.

요약하면, 통신과 교통이 발전하면서 보다 더 크고 복잡한 기업체 내에서 다른 기술을 가지고 있는 많은 근로자들 간의 정교한 협력과 조정이 가능해졌다. 금속 기선을 건조하는 작업은 나무로 만든 항해선을 건조하는 것보다 더 다양한 자원을 필요로 하고, 더 많은 종류의 일에 대한 협력을 필요로 한다. 기관차를 만드는 일에는 화물 마차를 만드는 것보다 더 많은 기술과 더 많은 다른 기계들이 필요하다. 게다가 이러한 기관차는 달릴 철로와 운행을 위한 동력원으로 나무, 석탄 또는 기름이 필요하다. 이러한 연료를 얻기 위해서는 많은 새로운 형태의 직업의 조율이 필요하다. 혁신을 촉진하기 위해 더 크고 잘 조율된 회사를 만들면 직업이 다양해지고, 더 많은 부를 창출할 수 있다. 이러한 경제 혁신은 종종 대규모 인력 풀, 숙련된 많은 인력과 풍부한 자본을 필요로 한다. 증기선, 자동차와 고속도로, 철도 시스템, 비행기 서비스와 같은 혁신은 거대하고 생산적인 경제에서 처음 나타났다.

그러나 일부 요인은 생산을 방해한다. 경쟁자를 강탈하고, 노예로 만들거나 죽이는 집단에서는 불공정한 경쟁이 발생한다. 사회를 이롭게 하기 위한 경쟁은 반드시 공정해야 하며, 공공의 이익을 훼손해서는 안 된다. 개인이나 그룹이 별도의 이익을 얻을 수 있다면 더 많이 생산하겠지만, 그것으로 충분하지는 않다. 독점은 자원을 가장 잘 사용할 수 있는 사람들에게 자원을 제공하지 못함으로써 여전히 공동 이익을 방해할 수 있다. 또한 크고 부유한 사회에서는 권력자들이 경쟁의 규칙을 그들 자신에게 유리하게 왜곡할 수 있는데, 이것은 종종 생산성을 떨어뜨린다. 경쟁을 공정하게 유지하기 위해서, 한 사회의 구성원들은 법률 대리인을 통하거나 수렵-채집자 집단에서와 같이 직접적으로 공정성을 분별하고 집행할 수 있어야 한다.

인간 경제의 생산성은 새로운 기회를 이용할 수 있는 개인이나 다른 사람들과 더욱 잘 경쟁하기 위해 서로 다른 기술을 모을 수 있는 협력적인 기업에 달려 있다. 협력적인 벤처 회사에서 일어나는 계약 위반, 협력사로부터의 이익 갈취 등과 같은 부정행위들을 제지하기 위한 많은 법들은 협력적 기업의 사회적 감시가 매우 중요하다는 점을 강조하는 것이다.

인간 경제는 자연 생태계에서 어떤 요소들이 경쟁력을 강화하고, 어떤 요소들이 자연 생태계의 다양화를 선호하는지 우리에게 보여줄 수 있을까? 이러한 생태계에서 불공정한 경쟁은 어떻게 억제되는가? 상호의존성은 어떻게 생산성을 향상시키는가?

생산성 및 장애 요소

특정한 기능을 수행하는 기계의 디자인을 임의로 변경하면 기능을 완전히 망가트리지는 않을지라도 보통 그 기능을 떨어뜨린다. 마찬가지로 생태계, 즉 자연 경제는 높은 생산성과 다양성을 유지하기 위해 조직되어 있지만 갑작스럽게 환경이 변화하면 생산성과 다양성이 감소한다. 포식자나 씨앗을 옮기는 동물을 죽이거나 서식지 파괴 또는 지구 온난화 초래와 같은 인간 활동에 의한 새로운 환경 변화는 보통 생산성이나 다양성 혹은 둘 모두를 감소시킨다. 열대 우림에서 개간한 농지를 버려두면 개간 전에 그곳에서 자라던 풍성하고 다양한 숲과는 달리 척박한 초원이 그 자리를 차지한다(사진 6.1). 북아메리카 동부의 숲은 늑대와 퓨마를 죽이자 이들의 먹이였던 사슴의 수가 폭발적으로 증가하여 식물을 먹어치우는 바람에 결국 가장 영양가 없고 맛이 없는 식물만 남게 되었다. 수백만 년 동안 해달은 성게와 다른 무척추 초식동물을 먹음으로써 알류샨 열도를 둘러싼 해조류 숲을 보호했고, 해조류는 초식동물에 대한 방어보다는 빠르게 생장하는 데 투자할 수 있었다. 이처럼 빨리 자라는 해조류 숲에는 많은 동물들이 서식하고 있다. 하지만 사냥꾼들이 털을 얻기 위해 해달을 모두 죽이자, 해달의 먹이였던 성게의 수가 크게 늘어나서 해조류 숲을 먹어치워 알류산 열도를 성게가 더 이상 살기 어려운 불모지로 만들었다.

자연 생태계가 생산성과 다양성을 증가시키는 방향으로 조직된다는 또 다른 증거는 진화의 시간을 거치면서 생산성과 다양성이 모두 증가했다는 것이다. 백악기를 끝낸 6천 5백만 년 전이나 페름기를 끝낸 2억 5천만 년 전처럼 생물의 대멸종이 일어난 후에도 생산성과 다양성은 항상 회복되었다.

그럼에도 불구하고 한 가지 요인은 종종 생산성을 제한한다. 키 큰 나무의 잎사귀 사이로 비친 햇빛을 받아 솟아오르는 나무줄기가 있는 처녀림은 아름다운 장면이지만 다른 한편으로는 공유지의 비극을 반영하고 있다. 자신의 이득만을 위해 더 높이 자라는 각각의 나무들은 공동체 내 모두를 위한 삶을 악화시킨다. 초본 위로 솟아 있는 관목의 잎은 이웃보다 더 많은 빛을 받아 더 빠르게 번식하여, 초원은 숲으로 향하는 첫걸음인 관목림이 되는데, 그곳에서 다른 식물들은 지속적으로 빛을 받기 위해 애를 써야 한다. 숲 속의 나무는 키가 크고 튼튼한 나무줄기와 큰 가지를 만들어야만 짧은 줄기의 먼 조상들이 경쟁 없이 무료로 이용했던 햇빛에 나뭇잎이 잘 접근하게 할 수 있었다. 파나마에 서식하는 40m 높이의 열대림 1ha는 건조 무게로 281t의 목재를 사용해 7t의 건조 무게를 가진 잎을 지탱하고 있으며, 잎을 만드는 것보다 목재를 만드는 데 더 많은 자원을 소비한다. 100m 높이의 삼나무 1ha는 4,100t의 목재를 사용하여 17t의 잎을 지탱한다(그림 6.1).

[사진 6.1] 갑자기 생긴 장애는 다양성을 감소시킨다. 이 사진은 인간의 활동으로 파나마에 있는 다양성을 보여주던 숲이 단조로운 초원으로 바뀐 모습을 보여준다. 초원 뒤로 온전한 숲이 보인다.

증산작용은 토양에서 잎으로 물을 끌어올린다. 하지만 물을 높은 잎까지 끌어올리게 되면 압력이 증가한다. 압력의 증가로 헛물관에 공기가 흡입되면 헛물관이 파손되어 물을 다시 채울 수 없다. 그러므로 키 큰 나무들은 헛물관에 칸막이를 만들어 헛물관에 들어온 공기가 주변으로 확산하는 것을 막아야 했으며, 이로 인해 물의 흐름이 감소되었다. 잎은 기공을 통해 물을 배출하고 이산화탄소를 받아들이기 때문에 물의 흐름이 줄어들면 광합성량이 감소한다. 이것이 지상 50m 상공에 있는 삼나무 잎사귀의 1g당 광합성량이 80m 상공에 있는 잎보다 1.8배, 110m 상공에 있는 잎보다 6배에 이르는 이유다.

[그림 6.1] 공유지의 비극. 각각의 삼나무는 자신의 잎을 햇빛에 노출시키기 위해 이웃 나무와 경쟁하면서 엄청난 양의 목재를 만들어야 하는 반면, 열린 초원의 초본들은 햇빛을 받기 위해 전혀 그럴 필요가 없다.

[사진 6.2] 나뭇잎은 빛 에너지를 이용하여 광합성을 한다. 성숙한 숲에서 식물의 잎은 가장 불공평하게 빛을 받는다. 이 사진은 파나마의 바로콜로라도 섬의 깊은 그늘진 숲 바닥에 사는 식물은 잎이 별로 없는 것을 보여준다.

[사진 6.3] 같은 바로콜로라도 섬의 숲의 상층부는 잎들로 덮여 있다. 노란 잎 층은 타베브이아(*Tabebuia guayacan*)이며, 푸른 잎 층은 자카란다(*Jacaranda copaia*)다.

마지막으로 나무들이 잎을 더 높이 들어올리는 것은 자연 생태계의 생산성을 저하시키는 불평등을 초래한다. 대지 1ha당 7ha의 잎이 있는 성숙한 열대 숲에서는 1ha의 잎이 햇빛의 절반을 차지한다. 숲의 지붕 위로 내리쬐는 빛의 약 1%만이 숲 바닥까지 도달하는데, 이 햇빛의 양은 숲 바닥에서 자라는 초본들이 초식동물에 대처하고, 필요에 따라 잎을 대체할 수 있을 정도에 불과하다(사진 6.2). 그러므로 햇빛은 매우 불균등하게 분배된다. 비록 숲 바닥에 있는 초본은 살아남기에 충분한 빛을 얻지만, 나무 꼭대기 수관에 있는 나뭇잎들은 그들이 사용할 수 있는 것보다 훨씬 더 많은 햇빛을 받는다(사진 6.3). 산림전문가들은 숲이 성장하여 나뭇잎으로 뒤덮여 버리면 숲의 생산성이 떨어진다는 것을 알고 있다. 나무 수관이 연결되어 연속적인 '숲의 지붕'을 형성하면 햇빛이 나뭇잎 사이로 통과하기 어렵기 때문에 잎사귀들

[사진 6.4] 북쪽의 숲은 겨울에 동물들이 살기 힘든 곳이다. 그곳은 춥고, 먹을 것도 별로 없다. 이 사진은 삭막한 한겨울의 독일 발트 해안 루겐 섬의 잎이 없는 숲을 보여준다.

사이로 햇빛이 훨씬 덜 고르게 비치게 된다.

살기 좋은 기후는 경쟁, 다양성 및 상호의존성을 강화시킨다

인간 경제에서와 마찬가지로 자연 생태계에서도 풍부한 자원은 경쟁, 혁신, 다양화, **상호의존성**을 이끌어낸다. 열대에 사는 생물들은 춥고, 먹이가 없는 겨울과 더운 여름을 번갈아 겪지 않는다(사진 6.4). 다윈과 마찬가지로 진화 생물학자인 도브잔스키(Theodosius Dobzhansky)는 고위도 지방에서는 적대적 기후에 대처하는 것이 삶에서 가장 중요한 반면, 생존하기 위해서 생명체들이 경쟁을 하거나 제3자와의 경쟁에서 우위를 차지하기 위해서 서로 협력해야 하는 열대 지방에서는 다른 생명체와의 상호작용이 삶을 지배한다고 보았다. 게다가 열대 기후에서는 식물의 생산성이 훨씬 높다. 아마존이나 코스타리카의 열대 우림에서는 5월부터 9월까지만 잎이 온전히 붙어 있는 낙엽성 식물로 이루어진 하버드 숲(표 1)보다 식물의 생산성이 높아 2배 이상의 포도당(탄수화물)을 생산한다.

열대 지방에서는 모든 가용 에너지원에 대한 경쟁이 치열하다. 나무 집,

[표 1] 단위면적당 생산된 포도당(탄수화물)을 t 수로 나타낸 연간 총 광합성량

위도	숲의 위치	총 광합성량 (t/ha)
43° N.	메사추세츠의 하버드 숲	30
10° N.	코스타리카 라셀바의 열대우림	74
2° S.	아마존 중앙의 열대우림	76

옷, 그리고 책은 흰개미와 다른 곤충들을 유인하는 자석과 같다. 도마뱀붙이는 집으로 끌어들인 곤충을 먹고 증식한다. 심지어 카메라 렌즈도 렌즈를 부식시키는 곰팡이를 끌어들인다. 특히 열대 지방에서는 잘 사용되지 않는 자원이 오랫동안 독점되는 경우는 없다. 대개 에너지의 효율적인 사용자가 나타나기 때문이다.

비옥한 토양에서 열대 식물들은 특히 빛을 얻기 위해 치열하게 경쟁한다. 온전한 열대림의 열린 하층 식생과 거대한 나무가 쓰러지면서 풍부한 빛이 땅에 닿을 수 있어 울창하게 재생된 식생의 차이는 특히 두드러진다. 게다가 열대림에는 자신의 잎을 지탱하기 위해 나무줄기보다는 나뭇가지에 자리 잡고 있는 새 둥지를 닮은 양치식물이나 파인애플과의 브로멜리아드, 그리고 햇빛을 받기 위해 나무를 타고 올라가는 덩굴나무인 리아나 같은 많은 식물들이 살고 있다(사진 6.5).

열대 식물 또한 수분매개자가 필요하다. 열대 지방에서는 겨울이 없어 식물이 연중 어느 때라도 꽃을 피울 수 있기 때문에 고산 초원에서처럼 규모 있고 짧게 피는 꽃이 없다. 그럼에도 불구하고, 몇몇 열대 꽃이 소문날 정도로 화려함과 달콤한 향기로 수분매개자를 끌어들이고, 심지어 덜 향기로운 꽃도 여러 기이한 방법으로 수분매개자를 끌어들이는 것을 보면 수분매개자를 끌어들이기 위해 열대 식물들이 얼마나 치열하게 경쟁하는지 알 수 있다(사진 6.6).

실제로 치열한 경쟁이 상호의존성을 키운다. 많은 동물들은 생애 주기 동안에 여러 서식지를 이용한다. 파나마의 숲에서 사는 실잠자리 유충과 모기의 장구벌레는 물이 가득한 나무 구멍에서 자라는 반면, 그들의 성체는 숲 전체에 걸쳐 분포한다(사진 6.7). 올챙이는 연못과 개울에서 사는 반면에, 개구리는 땅 위에서 산다. 서로 다른 지역 간에도 상호의존적으로 연계되어 있다. 많은 새들이 번식하기 위해 높은 위도 지방으로 이동하였다가 겨울을

[사진 6.5] 식물이 살기 위해서는 빛이 있어야 하는데 어떤 식물은 빛을 얻기 위해 속임수를 쓴다. 이 사진은 태국의 기생식물인 석송과 양치식물(*Platycerium* sp.)이 햇볕을 잘 받을 수 있도록 나무 가지에 붙어 있는 것을 보여준다.

[사진 6.6] 포도나무과에 속하는 덩굴식물(*Tetrastigma*)에 기생하여 살고 있는 라플레시아(*Rafflesia*)의 거대한 꽃을 보여준다. 이 꽃은 사체를 먹는 수분매개자 곤충에게 마치 신선한 사체가 있는 것처럼 보이게 하여 끌어들인 후 알을 낳게 한다.

[사진 6.7] 다른 서식지에 대한 의존성. 이 거대한 실잠자리(*Megaloprepus caerulescens*)의 유충들은 물에서 살지만, 성체는 땅 위에서 산다. 수컷은 물이 들어 있는 나무 구멍을 지키면서 암컷을 끌어들여 이 구멍에 알을 낳게 한다. 이 알에서 부화한 유충은 이곳에서 성체로 자란다.

[사진 6.8] 알을 낳기 위해 어린잎을 찾아 이동 중인 유황 나비(*Phoebis* sp.)로 추정되며, 남동부 아마존의 페루 쪽에 있는 마누 강둑에서 무화과 열매를 먹고 있다.

피하기 위해 열대 지방으로 돌아가면서 두 곳에 모두 씨앗을 떨어뜨린다. 동아프리카의 세렝게티 초원에서는 거대한 야생동물의 무리가 이곳저곳 비를 쫓아다니며 비로 인해 새롭게 자란 신선한 풀을 먹는다. 많은 열대 나비들도 비를 따라 이동하면서 생기 있는 부드러운 잎에 알을 낳는다(사진 6.8). 맹그로브는 산호초에 사는 물고기가 새끼를 키우기 위한 보육원 같은 역할을 하는 열대 나무다. 열대 지방의 공동체는 거미줄처럼 상호의존적으로 연결되어 있다.

열대 동물들은 먹이를 얻기 위해 치열하게 경쟁한다. 생물들은 경쟁자들 속에서 살아남기 위해 종에 따라 독특한 먹이나 먹이의 조합, 또는 독특한 기술로 얻은 먹이를 먹는다. 곤충을 잡아먹는 포식자 그룹 내의 다양성이 높은 것을 보면 그들 사이의 경쟁이 치열함을 알 수 있다. 사우스 캐롤라이나에 있는 오래된 숲에는 주로 곤충을 먹고 사는 25종의 새들만이 서식하고 있는 반면, 페루 남동부에 있는 온화한 계절의 열대우림 지역에는 95종이, 프랑스령 기아나에 있는 항상 습한 열대우림 지역에는 100여 종이 서식하고 있다.

포식자는 피식자의 신체로부터 자원을 얻기 위해 경쟁한다. 열대 지방에서 열대성 곤충들이 막대, 잎, 가시, 새똥, 또는 더 독성 있는 곤충처럼 다양한 형태를 보이는 것은 포식자를 피하기 위해 다양하게 진화해 온 것으로, 이는 이들에 대한 포식자의 압박이 얼마나 강한가를 보여주는 증거라고 할 수 있다. 이러한 강한 포식자 압박은 다른 곤충들이나 심지어 개구리도 포식자를 피하기 위하여 맛이 없다는 것을 보여주는 화려한 몸 색깔을 하고 있는 것에서도 알 수 있다.

초식동물과 질병 또한 열대 지방을 파괴하는 주범이다. 추운 겨울에는 곤충들의 이동이나 먹이 활동이 줄어들고, 세균과 미생물에 의한 질병도 줄어든다. 추운 지방에서 곤충 집단은 매년 새롭게 증가해야 하는 반면에, 열대 지방의 곤충과 질병은 1년 내내 활동하면서 열대 서식지에 대한 해충의 압력을 증가시킬 수 있다. 열대 나무의 성숙한 잎은 대부분 먹기에 너무 질기다. 그러나 파나마의 어린 식물의 잎은 어린 온대 나뭇잎보다 훨씬 독성이 강함에도 불구하고 평균적으로 몇 배나 빨리 먹힌다. 열대 지방에서 부드러운 어린 잎은 화학물질을 만들어 자신을 보호하는데, 이 화학물질에 적응한 일부 포식자를 제외한 모든 포식자들은 심각한 영향을 받는다. 파나마의 구스타비아 슈퍼바와 같은 일부 열대 나무들은 그들의 잎을 가능한 한 빨리 생장시켜 딱딱하게 만든다. 구스타비아를 먹는 애벌레는 돋아난 지 8일 이내의 잎에서 부화해야만 살아남는다. 다른 식물들은 잎에 있는 '꿀샘'의 달콤한 액체를 이용하여 무서운 개미를 유인함으로써 어린 잎의 화학적 방어를 보완한다. 다른 나무들은 개미의 숙주가 되어, 그들의 숙주를 성공적으로 방어하여 살아남는 개미들을 먹이고 거주공간을 제공한다. 잎의 생장이 느린 식물들의 어린 잎에서는 독성 물질이 만들어진다. 신약물질을 찾는 연구자들은 식물의 잎에 있는 이런 물질들을 추출하여 질병 치료에 효과가 있는지 조사한다. 그러나 어떤 식물도 모든 해충을 막아낼 수 없으며, 어떤 해충도 모든 방어를 뚫을 수 없다. 전염병이 사람들로 붐비는 난민 수용소를 파괴하듯이, 식물 특이적 해충은 지나치게 밀집된 숙주식물의 개체군을 황폐화시킬 수 있다. 식물 특이적 열대 해충들이 숙주를 너무 먹어 치워 자신들이 먹을 수 없는 나무들만 남으면 과연 해충의 몇 마리나 생존에 필요한 적절한 잎을 발견할 수 있겠는가?

사실, 대부분의 열대 숲은 각각의 식물 종들이 적은 수로 유지되면서 많은 다른 종들이 살 수 있는 공간을 제공해주기 때문에 다양성을 보인다. 묘목을 너무 빽빽하게 심으면 제대로 자리를 잡지 못하며, 생장 속도도 느리고, 빨리 죽는다. 이런 패턴은 식물 특이적 해충들 때문에 나타나는 것일까? 겨울이 매우 추운 만주 만추리아의 오래된 숲에서는 1ha에 16종의 나무가 있다. 겨울이 없는 파나마의 바로콜로라도 섬에서는 1ha에 약 90여 종의

[표 2] 열대 및 북온대 산림지대 1ha의 나무 구성

위도	위치	나무의 수	나무 종의 수
1° S.	항상 습한 에콰도르의 오래된 숲	654	239
12° S.	페루의 남동부 온화한 계절의 오래된 숲	598	174
9° N.	파나마의 계절적 오래된 숲	409	91
11° N.	코스타리카의 건조한 숲	354	56
42° N.	만주 만추리아의 오래된 혼합림	421	16

나무가 살고 있다(표 2). 겨울의 추위 정도는 아니지만 심한 건기 또한 해충의 압력을 감소시켜 나무의 다양성을 낮춘다. 건기가 6개월이나 지속되는 인도 남부의 숲에서는 나무들이 비가 오기 전에 잎의 싹을 틔어 해충 피해를 줄인다. 건기가 4개월이나 지속되는 바로콜로라도 섬의 많은 나무들도 마찬가지이다. 건기가 없어 연중 습하고, 해충을 줄이지 못하는 에콰도르의 오래된 숲 1ha에는 약 240여 종의 나무가 있는데, 이는 1월부터 3월까지 3개월 동안의 강우량이 연간 강우량 2.6m의 5%에 불과한 바로콜로라도 섬보다 훨씬 많은 수종이다. 다양한 나무 속(genera)의 입장에서는 가까운 경쟁자의 해충을 피하는 것이 그것과 공존하는 가장 좋은 방법인 것처럼, 밀접한 관련이 있는 식물 종들은 해충에 대한 방어 기작이 근본적으로 차이가 있다. 따라서 식물 특이적 해충의 압력으로 열대 나무들 사이에서 다양성이 나타났을 것이다. 어떤 해충이 이런 행동을 할까? 이러한 궁금증을 풀고자 오랫동안 곤충에 관심을 가지고 연구를 진행한 결과, 특히 곤충의 수가 폭발적으로 증가할 때 식물들이 쉽게 손상을 받는 것으로 나타났다. 곤충이 폭발적으로 증가하면 보통 하나 또는 몇 종의 관련 식물들에게 피해를 준다. 이때 가장 해를 끼치는 것은 식물 특이적인 해충이다.

중앙아메리카의 벨리즈(Belize) 열대 숲에 평방미터 단위로 살충제를 뿌리

면 분명히 곤충에 영향을 주고, 새로운 묘목의 종 구성이 조금 바뀌기는 하지만 다양성은 별로 감소하지 않는다. 곤충을 먹는 포식자들에 의해 해충의 수가 줄어들까? 바로콜로라도 섬에서 곤충들은 매년 ha당 건조 무게로 최소 500kg의 잎을 먹는데, 이는 공급량의 7%에 해당한다. 새들은 건조 무게로 약 20kg의 곤충을 먹는다. 만약 1kg의 곤충을 만드는 데 10kg의 잎을 소비한다면 아마도 곤충이 먹는 잎의 40%는 결국 새들의 먹이인 셈이다. 박쥐는 새보다 잎을 먹는 곤충을 더 많이 먹는다(사진 6.9). 대학원생 칼카(Margareta Kalka)는 밤에 식물로부터 박쥐를 몰아내는 것이 낮에 같은 종의 식물로부터 새를 몰아내는 것보다 식물에게 더 많은 피해를 준다는 것을 발견했다. 즉, 박쥐를 몰아내면 더 많은 곤충이 살아남아 식물에 더 많은 피해를 준다는 것이다.

박사 후 연구원이었던 망안(Scott Mangan)은 파나마에서 수행한 실험을 통해 묘목은 다른 종들이 사는 토양보다 같은 종의 성숙한 나무 아래의 토양에서 더 느리게 자라고 더 빨리 죽는다는 것을 보여주었다. 자연림에서 희귀하게 발견되는 종들은 같은 종의 성숙한 나무 아래에서 가져온 토양으로 묘목을 배양하면 잘 자라지 않는다. 토양 미생물이 희귀한 생물들을 유지시켜 주어 많은 다른 식물 종들이 살아갈 수 있는 공간을 제공해주기 때문인 것으로 생각된다.

요약하면, 경쟁이 치열한 열대 숲에서는 생물의 다양성이 증가하고, 숲을 더 생산적으로 만든다. 열대 지방에 사는 생물들은 높은 위도에 사는 같은 종들보다 생물자원을 더 많이 소비한다. 초식 작용이 보다 더 강렬해지고 포식 작용이 활발해짐으로써 자원이 더욱 빠르게 순환하고, 생장과 생활 속도가 더 빨라지며, 생산성도 더 높아진다.

진화가 진행되면서 모든 곳의 식물들은 점점 더 많은 종류의 초식동물과 질병에 직면했고, 동물들은 점점 더 많은 포식자들에 노출되었지만 역설적으

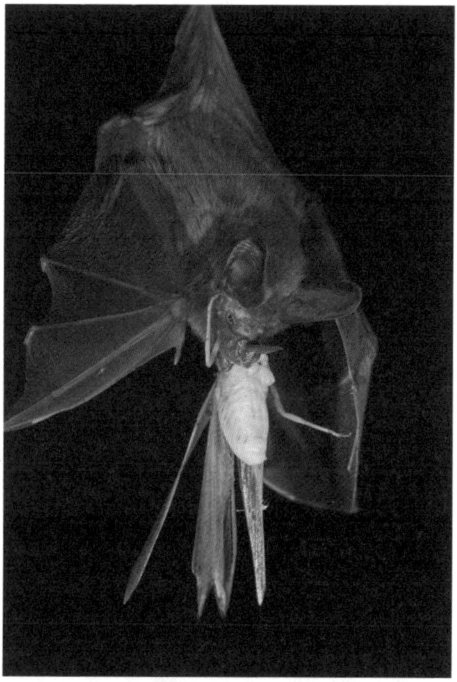

[사진 6.9] 포식 중인 숲의 보호자 박쥐. 작은 파나마 박쥐(*Micronycteris microtis*)가 여치를 먹고 있다.

로 생산성은 증가되었는데, 특히 이러한 압력이 가장 큰 열대 지방의 생산성이 크게 증가하였다. 재정적인 여력이 있다면 효율적인 폭스바겐을 연료 소비량은 많지만 빨리 달리는 페라리로 대체할 수 있는 것처럼 생산성이 높아짐에 따라 그동안 경쟁 관계에서 우위에 있던 초식동물과 육식동물이 물질대사를 더 많이 하고 상대적으로 더 큰 뇌를 가지고 있으면서 덜 효율적이지만 더 활동적이고 반응을 잘하는 후계자로 대체되었다. 현화식물과 자원을 필요로 하는 인간과 같은 효율적인 경쟁자들은 보통 열대 지방에서 먼저 출현한 후 나중에 높은 위도로 퍼져나갔다. 실제로 높은 위도에서 떡갈나무, 너도밤나무, 단풍나무와 같은 많은 꽃나무들이 바람에 의해서 수분되는 풍매화로 바뀌었다. 이런 변화는 겨울 추위 때문에 동물 수분매개자가 드물어서일까? 아니면 이런 나무들이 너무 흔해서 동물 수분매개자를 필요로 하지 않아서일까?

우위에 있는 생물과의 협력을 통한 경쟁

열대 지방에서는 효과적인 경쟁이 필요하기 때문에 다양한 협력의 형태가 나타났다. 혼자서는 물리칠 수 없는 놀이터 불량배들을 여러 명의 소년들이 협력하면 물리칠 수 있듯이, 개인들은 협동함으로써 다른 사람들과 더 잘 경쟁할 수 있다. 열대 숲은 많은 곤충 사회의 보호소 역할을 하는데 열대 지방에서 나타나는 곤충의 우아한 사회적 조직은 온대 지방에서는 나타나지 않는다. 곤충 사회는 특히 열대 지방에서 자연 경제의 상황을 바꾸었다. 흰개미 사회는 나무를 무너뜨리고, 어떤 지역에서는 낙엽을 훨씬 빠르게 분해함으로써 죽은 물체에 있던 미네랄 영양소를 빠르게 순환시켰다. 개미의 사회생활은 특히 열대 숲에서 많은 역할이 주어졌다. 열대 서식지에서는 병정개미,

[사진 6.10] 파나마에서 서식하는 난초(*Gongora powelli*)의 향기에 끌려 날아온 난초벌(*Euglossa* sp.). 수컷 난초벌은 효과적인 수분매개자로, 먼 거리를 비행하면서 모은 여러 향으로 암컷을 끌어들여 교미를 한다.

운전개미(driver ants)와 가위개미 집단의 수많은 일개미들이 함께 대규모적인 습격을 벌인다. 벌은 현화식물의 주요 수분매개자가 되었다(사진 6.10). 일부 벌들은 복잡한 사회를 이루는 방향으로 진화하였다. 그러나 일벌들이 사회생활을 하기 위해서는 무리 내부의 업무를 분할하고 활동을 조정하기 위한 정교한 감각, 운동성, 항법성, 인지능력과 효과적인 신호체계를 필요로 한다. 정말로 복잡한 사회를 가진 벌들 중에서, 오직 유럽 꿀벌들만이 겨울을 견뎌내는 어려운 기술을 터득했다. 그러나 아프리카 꿀벌의 여왕벌이 남아메리카로 이주하였을 때, 아프리카 꿀벌 자손이 저지대 신열대구[1] 전역에 들불처럼 번져 꿀을 생산하기 위해 수입한 유럽형 꿀벌들을 몰아내고 대신 그 자리를 차지하였다.

열대 숲에서 일어난 일부 혁신은 다른 종과의 눈부신 협력을 통해서 만들어졌다. 가위개미들은 많은 종류의 잎을 소화할 수 있는 곰팡이를 길들여 효과적인 초식동물이 됨으로써 많은 신열대 숲에서 느티나무 잎의 주요 소비자가 되었다. 이들이 먹는 나뭇잎은 총 생산량의 3% 이상이나 된다. 흰개미는 둥지 밖에서 들여오는 나무나 마른 풀, 잎사귀 등을 소화하는 곰팡이를 배양함으로써 동아프리카 열대 지방의 죽은 식물성 물질의 주요 분해자가 됐다. 이 흰개미들은 가위개미처럼 수 백 만 마리의 일개미를 수용하는 둥지를 짓는다.

나무, 꽃가루 매개자 및 종자 분산자 사이의 상리공생

동물들이 더 활동적이면서 차별화되고 먼 거리를 이동하며 길을 더 잘 찾을 수 있게 적응함에 따라, 동식물 간의 발전된 협력 관계는 해충과 질병으로

---

1) 멕시코 남부, 중앙아메리카, 남아메리카, 서인도 제도를 포함하는 동물 지리학적 영역이다.

부터 열대 숲을 보호하는 데 도움을 주었다. 광범위한 꽃을 수분시키는 동물 매개자를 현란한 꽃을 이용하여 특정 시기에 한 종의 식물만 수분시키도록 활용함으로써 희귀종 식물도 같은 종의 다른 식물로부터 꽃가루를 받을 수 있게 되었다. 따라서 앞 장에서 보았듯이, 특이적인 해충의 눈에 띄지 않는 희귀종의 식물도 질병에 저항할 수 있을 만큼 충분한 유전적 변이를 유지할 수 있게 되고, 해충을 방어하는 데 쓸 자원을 식물을 더 빠르게 생장하는 쪽으로 활용할 수 있게 되었다. 따라서 동물 수분매개자와 과일을 먹은 후 씨앗을 다른 곳에 퍼뜨리는 종자 분산자에 의해 희귀하지만 빠르게 자라는 다양한 현화식물이 다양성이 좀 떨어지고 느리게 성장하지만 방어는 더 잘하는 풍매화인 침엽수를 대체하였다. 초식 활동이 매우 활발한 열대 숲에서도 현화식물은 수분매개자와 종자 분산자 덕분에 식물 특이적인 해충에서 벗어나 경쟁을 극복하고 확산되었다. 수명이 짧은 현화식물이 더 빨리 자라 확산됨으로써 숲의 생산성, 자원의 순환 및 나무의 다양성이 증가하였다. 동물과 현화식물 간의 협력 관계가 만들어지면서 숲 생태계가 변화되었으며, 둘 사이는 더욱 상호의존적이 되었으나 자급자족할 수 있는 능력은 훨씬 부족해졌다. 현화식물은 수분매개자와 종자 분산자뿐만 아니라, 현화식물이 꽃 피지 않을 때나 열매가 없을 때 먹이가 될 수 있는 다른 종의 나무나 심지어 다른 숲에 있는 나무들을 필요로 한다.

수분매개자들은 매우 중요한 서비스를 제공하기 때문에 무화과나무 같은 식물은 수분매개자를 길들여 이용한다. 무화과나무 종들은 수분 매개를 위해 하나 이상의 각기 다른 말벌 종을 유시한다. 은두꽃차례[2]를 가지고 있는 무화과 열매는 꽃머리가 바깥쪽에서 안쪽으로 향하면서 시작된다. 무화과꽃은 한쪽 끝에 구멍이 있는 둥근 공 모양의 안쪽에 줄지어 있다. 무화과꽃이 수분

2) 꽃대의 끝이 커져서 주머니 모양으로 오목하게 되고, 그 안에 꽃이 달려서 겉으로는 꽃이 보이지 않는 꽃차례이다. 은두화서라고도 하며, 무화과나무 속에서 뚜렷하게 나타난다.

될 때가 되면 무화과 냄새로 꽃가루가 묻어 있는 수정된 알을 가진 암컷 말벌을 한 마리 이상 끌어들여 무화과를 수분시킨다. 무화과 꽃의 중앙 아래쪽에 있는 밑씨에 말벌이 침을 찔러 그 속에 알을 낳는다. 그러면 이제 밑씨 내부는 말벌 애벌레가 살 수 있는 적절한 보금자리로 변신한다. 이 유충들이 성숙하면 서로 짝짓기를 하고, 수정란을 품은 암컷은 몸에 꽃가루를 묻혀 은두꽃차례를 떠난다(사진 6.11). 무화과나무는 모든 꽃차례를 한 번에 숙성시키므로, 새롭게 등장한 말벌들은 수분 가능한 상태의 새로운 꽃을 찾아야 한다. 무화과 말벌은 비록 크기도 작고 수명이 3일도 채 되지 않지만, 그들은 꽃나무 지붕 위로 올라가서 적절한 무화과 종의 냄새를 맡을 때까지 바람에 떠다닌다. 그들은 태어난 곳에서 10km 이상 떨어진 곳에 있는 무화과나무를

[사진 6.11] 꽃 머리가 밖으로 향해 있는 무화과나무(*Ficus obtusifolia*)의 열매로부터 새롭게 부화한 수분매개자인 말벌(*Pegoscapus hoffmeyeri*). 이 말벌은 이 종류의 무화과 수분매개자로 길들여졌다. 이들은 단지 3일만 살 수 있고 대부분 바람에 의해 쓸려가지만, 그들이 태어난 무화과의 꽃가루를 가지고 10km 이상 비행하여 다른 무화과나무를 수분시킨다.

수분시킬 수 있다. 이처럼 멀리까지 비행하는 수분매개자 덕분에 10ha당 1그루 정도로 희귀하게 나타나는 식물 종도 대단히 높은 유전적 다양성을 유지할 수 있다. 결국 현화식물인 무화과나무는 숲에서 가장 빨리 자라고 영양가도 가장 높다. 코너는 "무화과나무는 잎, 과일, 쉽게 썩는 나무와 같은 풍부한 잉여 농산물을 공급한다."고 하였다.

이렇게 수분매개자 말벌을 길들여 무화과나무에 헌신하도록 하는 것은 수분시키는 데 효과적이지만 비용을 지불해야 한다. 무화과의 각 종들은 무화과 묘목이 언제 가장 잘 자라는지에 관계없이 항상 나무에 열매를 맺어야

[사진 6.12] 과거에 월리스(Alfred Russel Wallace)가 새를 보기 위해 방문하였던 인도의 라자 암팻(Raja Ampat)의 산호초. 라자 암팻은 뉴기니아 서쪽 끝인 파퓨아 서쪽에 있다. 그 어떤 바다 속보다도 이 지역에서 산호와 연체동물이 다양하다. 왼쪽은 아크로포라 테이블 산호(*Acropora table corals*)이고, 오른쪽은 부드러운 산호이다. 정체불명의 산호가 왼쪽 위 테이블 산호에서 자라고 있다.

한다. 왜냐하면 짧은 수명을 가진 말벌들이 죽기 전에 알을 낳고 꽃가루를 묻힐 무화과나무를 찾을 수 있도록 해야 하기 때문이다. 따라서 바로콜로라도 섬의 무화과나무 17종은 10종류의 박쥐를 먹여 살리는 무화과를 꾸준히 생산하고 있으며, 박쥐들은 무화과 열매에서 먹이의 절반 이상을 얻는다.

약 6천 5백만 년 전에 현화식물이 이 열대우림을 점령한 후, 원숭이와 박쥐를 포함한 과일과 과즙을 먹이로 하는 포유류, 봉관조, 큰부리새, 코뿔새, 풍금조, 벌새와 같은 새, 그리고 무엇보다도 곤충들이 새로운 환경 변화에 맞추어 다양성이 크게 증가하였다. 과즙, 꽃가루, 또는 과일을 먹고 사는 것은 쉽지 않다. 꽃 덩어리와 다양한 크기의 과일이 다른 시간에 다른 장소에 나타나며, 다른 기간 동안 지속된다. 사회적 생활을 하는 곤충 수분매개자는 동료 일꾼들에게 꽃의 위치와 품질을 알려주고 이러한 일꾼들의 활동을 조정하는 놀라운 기술을 발전시켰다. 사회적 영장류 집단에서는 수관 사이를 이동하며 과일을 찾고, 음식에 대한 접근과 포식자에 대한 반응을 조정하고, 사회적 조화를 유지한다. 이 과정에서 손과 눈이 함께 작동하도록 발달하고, 집단의 구성원의 의도를 인식하며, 관계를 추론하는 것과 같은 인지적 기술이 발달하게 되었다. 이러한 변화는 영장류에게서 지능이 진화할 수 있는 중요한 계기가 되었다. 인류 경제의 생산성이 협력 기업에 의존하는 것처럼 자연 생태계의 생산성도 종 간의 상호주의에 의존한다.

상호의존성과 산호초의 확산

산호초의 역사는 놀랄 만큼 불연속적이다. 산호초가 만들어지는 사건들은 수백만 년의 간격을 두고 일어났다. 산호초가 만들어지는 과정에서 효과적인 방어를 선호하는 조건과 빠른 생장을 선호하는 조건이 번갈아 나타났을까? 오늘날 산호초는 영양소는 부족하지만 빛이 잘 드는 안정한 바다 밑바닥에서 번성한다(사진 6.12). 그곳에서 볼 수 있는 대다수의 동물은 마치 말미잘 축소판처럼 생긴 폴립들의 군체인 산호이다. 각 폴립은 포식자의 공격을 막아내는 하나의 석회석 컵에 들어 있으며, 폴립은 서로 먹이를 교환할 수 있도록 조직화되어 있다. 산호는 황록공생조류 덕분에 성공적인 삶을 이어오고 있다. 이 조류는 폴립이 잡은 먹이의 90%를 영양분이 풍부한 소화산물의 형태로 되돌려 줌으로써 산호의 석회질 골격의 성장을 적어도 10배 이상 가속화시킨다.

인도양 및 태평양에 살고 있는 다른 동물들도 광합성 조류와 공생 관계에 있다. 현존하는 가장 큰 조개류인 거거(*Tridacna*)는 산호초 사이에 둥지를 틀고, 황록공생조류로 가득 찬 밝은 색의 조직을 빛에 노출시킨다. 거거조개의 조류에서 나오는 에너지는 강력한 물살을 일으켜 요각류와 같은 큰 동물성 플랑크톤을 빨아들인다. 이 동물성 플랑크톤을 소화하는 데 따른 노폐물은 아마도 조류를 위한 양분이 될 것이다. 거거조개의 공생조류는 조개껍데기가 비교할 수 없는 속도로 자랄 수 있게 해준다. 대부분의 산호초에서 산호 다음으로 가장 큰 생물자원은 해면이다. 해면은 종종 공생하는 남세균[3])을 가지고 있다. 호주의 그레이트 배리어 산호초는 호주 동쪽으로 멀리 뻗어 있는데 연안에서 멀어질수록 물은 더 맑고 영양소와 미생물은 부족해진다. 그곳의 많은 해면들은 접시 모양의 구조로 빛을 받아들이며 대부분의 에너지를 공급하는 남세균으로 가득 차 있다. 마치 사람이 자식에게 가보를 넘겨주듯이 이 해면동물들 중 일부는 모체에서 자손으로 남세균을 전달한다.

오늘날 황색공생조류를 가지고 있는 산호는 좀 더 긴밀하게 통합된 군체를 형성하며, 좀 더 작은 폴립이 살아 있는 조직으로 연결되어 있다. 공생조류를 가지고 있는 해면, 조개, 산호는 조류를 햇볕에 노출시키기 위한 구조로

3) 남세균은 시아노박테리아 혹은 남조류라고도 하며, 초기 광합성 생물로 알려져 있다.

되어 있다. 이러한 특성은 화석 생물에서 공생하는 조류의 존재를 판단하는 데 사용된다.

산호초는 4억 5천만 년 전 실루리아기에 만들어졌다. 8천만 년 후 데본기에는 열대성 기후가 오늘날보다 훨씬 높은 위도까지 이르렀고, 산호초는 그 어느 때보다 크고 널리 퍼져 있었다. 산호초를 형성하는 데에는 주로 상판산호(tabulate corals)와 층공충류 해면동물(stromatoporoid)이 참여하였다. 상판산호는 한 칸짜리 작은 원룸들이 블럭처럼 연결된 아파트처럼 지어졌고, 그 위에는 새로운 층이 추가되었다. 꼭대기 층은 지붕 없이 폴립으로 가득 차 있고, 하층 공간은 비어 있다. 산호초가 만들어질수록 폴립은 더욱 밀접하게 통합된다. 층공충류 해면동물은 이전에 만들어진 석회암 층의 꼭대기에, 마치 외피를 덮는 스펀지처럼 얇은 층을 이루고 있는 살아있는 조직이다(그림 6.2). 물은 다수의 작은 구멍을 통해 편모가 달린 방으로 들어가 가장 가까운 배수공에 모여 있는 수관을 따라 이 방으로부터 빠져나간다. 이러한 수관과 배수공의 흔적은 석회암 표면에 남아 있다. 해면의 위 표면으로 돌출된 배수공을 통해 물이 빠져나감으로써 입수공을 통해 물이 해면의 내부로 이동하는 원동력이 생긴다. 상판산호와 층공충류 스펀지는 마치 과거에 공생조류를 가지고 있었던 것처럼 햇빛을 받기 위한 구조로 되어 있다. 데본기에 딱딱한 껍질로 된 먹이를 먹는 새로운 종류의 물고기가 진화하면서 더 빠르게 성장하는 경쟁자들에 대하여 집단적으로 방어하는 생명체가 출현하게 되었다. 데본기의 산호초는 지하실 같은 공간에 여과 섭식하는 비공생 석회 해면동물과 많은 다른 것들로 가득 차 있었다(그림 6.3). 그러나 데본기 말기에 이르러서는 갑작스럽고 심각한 지구온난화에 의해 야기된 전 세계적인 대멸종으로 산호가 사라지고 새로운 종류의 동식물이 진화할 수 있는 기회가 생겼다.

약 2억 7천만 년 전의 페름기에 거대한 산호초인 '엘 카피탄'이 지금의

미국 서부 텍사스 지역에서 발달하였다. 이 산호초는 석회성 조류, 커다란 무리의 이끼벌레, 석회성 스핑크토조아 스폰지, 그리고 여과 섭식을 하며, 패각을 가지고 있고, 같은 크기의 조개류보다는 신진대사가 느리며 고착 생활을 하는 완족류로 구성되어 있다. 주로 리치토페니(*Richtofeniidae*)과에 속하는 가장 큰 완족류는 광합성 해조류가 붙어 살 수 있는 독특한 구조로 되어

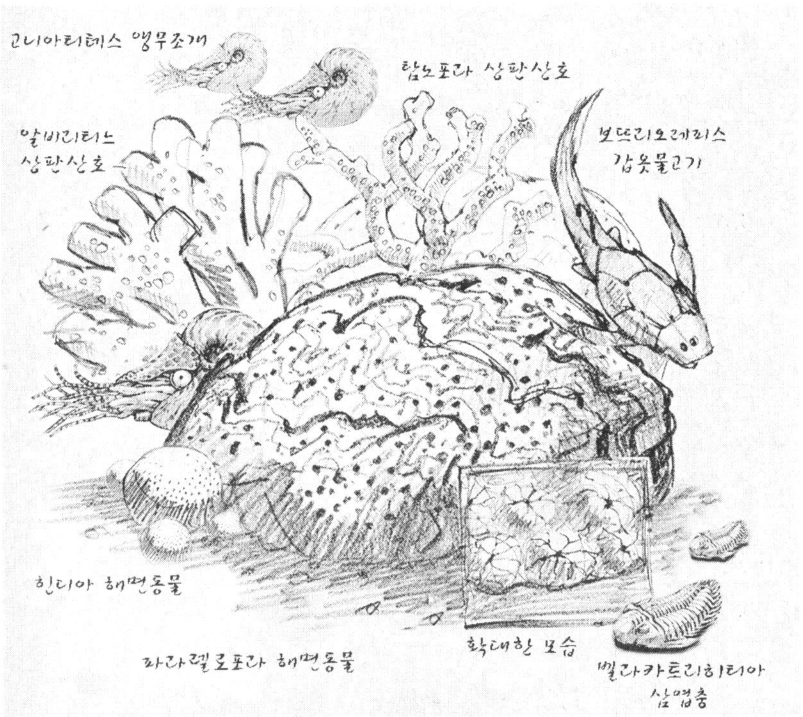

[그림 6.2] 칼슘이 풍부한 고생대 층공층류 해면동물인 파라렐로포라(*Parallelopora*). 이들 해면동물은 산호초 표면에 살았으며, 아마도 공생조류를 품고 있었을 것으로 추정된다. 왼쪽 위에 고니아티테스(*Goniatites*)는 두족류에 속하는 앵무조개이고 큰 층공층류 해면동물 뒤에 있는 탐노포라(*Thamnopora*)와 알비리티느(*Alveolites*)는 상판산호이다. 오른쪽 위에 있는 보뜨리오레피스(*Bothriolepis panderi*)는 갑옷 물고기이고, 왼쪽 아래에 힌디아(*Hindia*)는 작은 층공층류 해면동물이며, 오른쪽 아래의 벨라카트리히티아(*Bellacartwrightia whiteleyi*)는 삼엽충류이다. 삽화의 확대된 부분은 파라렐로포라의 골격의 표면에 있는 수송망을 보여준다.

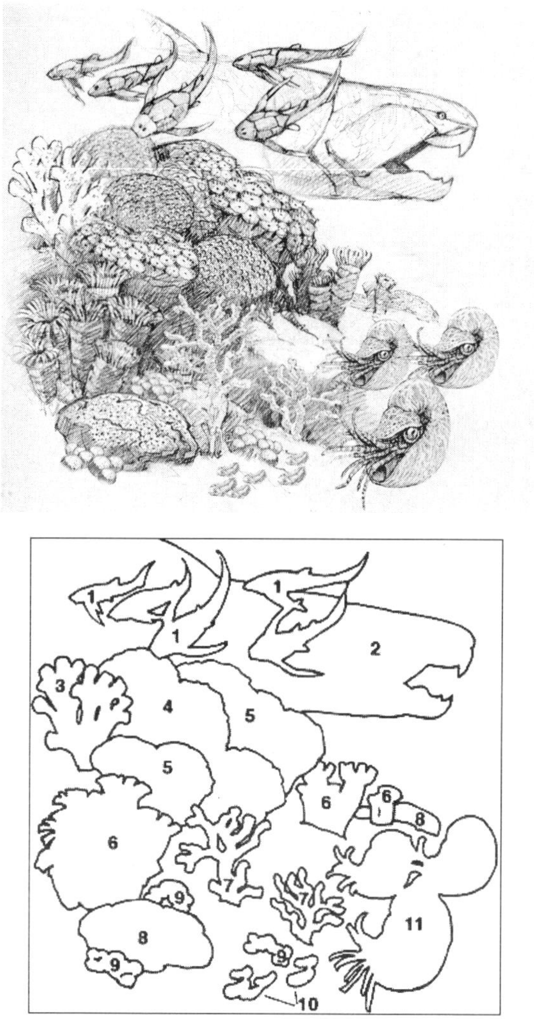

[그림 6.3] 주로 산호로 이루어진 데본기의 산호초의 한 장면. 데본기는 산호초가 현대의 산호초보다 훨씬 광범위하고 웅장했던 황금기였다. 여기에 보이는 것은 (1) 갑옷 머리를 한 쓰레기를 먹는 물고기(*Bothriolepis panderi*), (2) 몸길이가 10m이고, 무게가 4t에 달했던 이 산호초의 가장 큰 포식자 장갑물고기(*Dunkleosteus terrilli*), (3) 상판산호(*Alveolites expatiates*), (4) 또 다른 상판산호(*Favosites mundus*), (5) 주름 산호(*Taimyrophyllum nolani*), (6) 또 다른 주름 산호(*Heliophyllum vertical*), (7) 세 번째 상판산호(*Thamnopora limitaris*), (8) 층공충 해면동물(*Parallelopora eumamillata*), (9) 또 다른 층공충 해면동물(*Hindia sphaeroidalis*), (10) 삼엽충(*Bellacartwrightia Whiteleyi*), (11) 두족류 앵무조개(*Goniatites* sp).

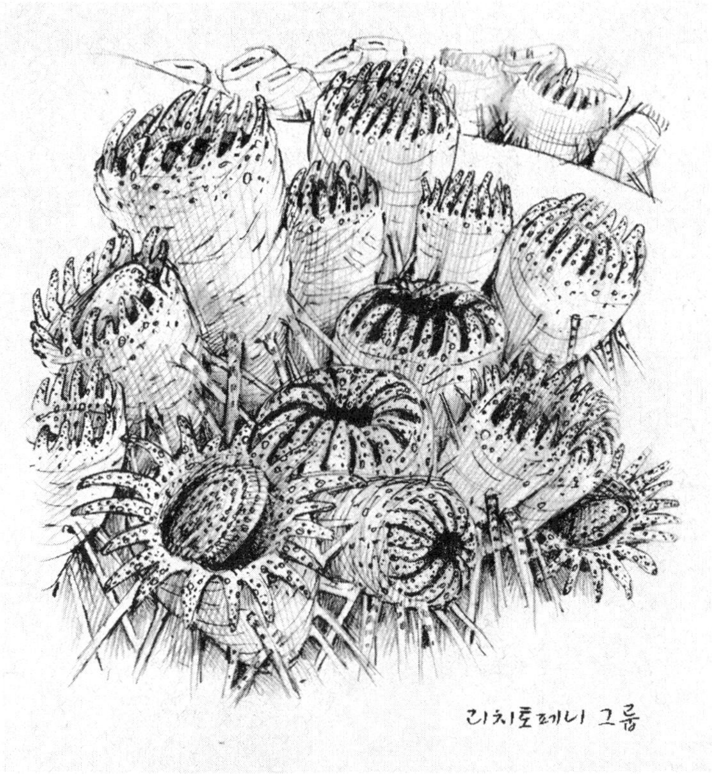

[그림 6.4] 공생광합성조류를 가지고 있는 산호초의 완족동물인 리치토페니 그룹 모식도. 그들의 상부 판은 물과 큰 동물성 플랑크톤을 완족동물 안으로 가져오는 회전 뚜껑이며, 이곳에서 먹이를 걸러 먹는다. 앞면에 있는 점박이 조직들은 황록공생조류를 포함하는 조직을 나타낸다.

있었다(그림 6.4). 그것들은 뚜껑이 안으로 들어간 꽃병 모양을 하고 있으며, 뚜껑과 주변 테두리는 부드러운 조직을 지지해준다. 산호초는 많은 포식자에 의해 둘러 싸여 있지만, 이러한 조직들은 공생조류들이 태양 빛을 받을 수 있도록 항상 노출되어 있다. 조류로부터 얻은 에너지를 이용해서 뚜껑을 매우 빠르게 열어 큰 동물성 플랑크톤을 빨아들인 후, 이를 소화하고 남은 산물을 조류가 활용하도록 한다.

페름기 말기인 2억 5천 1백만 년 전 시베리아의 화산활동으로 분출된 용암은 아마존 전 지역을 1km 두께로 덮을 수 있을 정도로 대단했다. 이 중 많은 부분이 석탄층에서 분출되어 대기에 엄청난 양의 이산화탄소와 메탄을 내뿜었다. 열대 바다는 27°C에서 36°C까지 온도가 올라가면서 서식하던 산호초와 전 세계 해양생물의 92%가 죽었다. 결국 포식자가 거의 없었던 남세균이 바다의 주요 생산자가 되었다. 이 세균은 너무 작아서 빨리 가라앉지 않아 바닷물 속에 오래 머무를 수 있었고, 이들을 잡아먹었던 호기성 생물들로 인해 바다는 산소가 부족해지고 황 성분으로 가득 차게 되었다. 이 해안 근처에는 남세균이 스트로마톨라이트[4]를 형성했다. 오늘날에도 스트로마톨라이트가 만들어지고 있는 호주 서부의 샤크만에서처럼, 선캄브리아시대 이후 스트로마톨라이트를 아주 드물게나마 만들었던 남세균 포식자들은 이런 뜨거운 물속에서 살 수 없었다. 육지 동물과 식물도 멸종했다. 이것은 지난 5억 년 중 최악의 멸종이었다. 대부분의 육지식물이 죽어서 균류는 비할 데 없이 풍부한 먹이감을 얻은 셈이 되었다. 열대 지방은 수백만 년 동안 더운 상태를 유지했기 때문에 물고기와 나무는 더 높은 위도로 이동하게 되었으며, 다시 회복되는 데 긴 시간이 걸렸다.

지구가 다시 식고 난 후, 현대의 산호초를 만든 돌산호가 진화하여 약 2억 1천 5백만 년 전부터 황록공생조류[5]와 공생을 시작하면서 산호초를 형성하기 시작했다. 2억 년 전쯤 트라이아스기가 끝났을 때, 새로운 용암들이 분출하여 지구가 다시 따뜻해졌고, 바다에는 또 다시 산소가 결핍되어 황화현상이 일어났으며 식물의 생산성은 붕괴되었고, 새로운 멸종이 진행되면서 산호초를 포함하여 많은 생물들이 사라졌다. 하지만 시간이 흘러 결국 산호

4) 남세균(혹은 남조류) 집단에 의해 만들어진 퇴적층. 화석 기록으로 남아 있는 가장 오래된 생명의 흔적으로, 약 35억 년 전에 형성된 것으로 추정된다.

5) 무척추동물의 체내에 공생하는 갈색, 황갈색, 황금색 등의 단세포체의 총칭명이다.

초는 회복되었다. 1억 년 전 백악기 중엽에는 물이 다시 오늘날보다 따뜻해졌다. 하부 판에 의해 바다 밑에 부착된 조개는 이 하부 판이 좁고 길어진 형태의 '루디스트'로 진화하였다. 이들의 상부 판은 뚜껑으로 공생조류를 지지하도록 설계되었다(그림 6.5). 처음에 이 루디스트는 산호초를 만들었던 산호와 공존하다가 후에 산호를 대체하였다. 6천 5백만 년 전 대멸종으로 이때 공룡을 포함하는 많은 생물들뿐만 아니라 루디스트도 사라졌다. 돌산호의 기원에서부터 루디스트들이 그들을 대체할 때까지, 산호 집단은 점차적으로 더 통합되었다. 이러한 멸종 후 몇백만 년이 지난 뒤, 오늘날 우리가

[그림 6.5] 루디스트(*Durania* sp). 루디스트는 광합성 조류를 유지하기 위하여 상부판(모자)이 변형된 조개이다. 산호초가 살기에 물이 너무 뜨거웠을 때 산호초를 점령하였으며, 이때는 아직 공룡이 살았던 시기였다.

알고 있는 산호초들이 다시 나타났다.

지구의 생물 집단은 후에 발생한 거대한 용암 흐름에는 더 잘 적응했다. 그린란드는 약 5천 6백만 년 전에 600만 km^3의 용암 분출로 영국으로부터 분리되기 시작하였다. 지구 온도는 1만 년도 채 되지 않아 5~8℃ 상승했지만, 대멸종은 커녕 미국 중부의 다코타 주에서는 숲의 다양성이 증가하였고, 해충의 압박도 커졌으며, 포유류는 알래스카를 거쳐 그린란드와 아시아를 거쳐 아메리카와 유럽을 오가며 활발히 교류하였다.

초식동물의 상리공생: 초원과 초식동물의 공진화

식물과 그 소비자 간에 유착 관계가 만들어지면서 초원은 진화하게 되었다. 숲속의 나무는 초식동물에 의한 피해를 줄이기 위한 구조를 가지고 있다. 나무의 목재는 그다지 영양가가 높지 않고 강해서 이를 먹이로 이용할 수 있는 치아, 턱, 소화기 계통을 가진 동물은 거의 없다. 하지만 흰개미의 장에는 소화 능력을 향상시키는 미생물을 가진 원생생물이 있어 흰개미는 먹은 죽은 나무를 소화시킬 수 있다. 나무를 먹을 수 있는 생물이 진화하기 전까지는 많은 죽은 나무들이 축적되어 석탄이 되었다.

많은 동물들이 나뭇잎을 먹는다. 그러나 질기고 다 자란 잎은 소화가 잘 되지 않기 때문에 잎을 먹는 동물들은 대부분 연하고 영양가가 많은 어린 잎을 좋아한다. 대부분의 나무들이 상록수인 파나마에서는 식물의 잎이 완전한 크기에 도달하고 질겨서 먹기 힘든 상태로 변하는 한 달 동안에 평균적으로 잎의 70%가 초식동물에 의해 피해를 입는다. 살아남은 상록수의 잎은 오래 붙어 있어 광합성을 통해 보상받지만 성장기가 7개월 이하인 낙엽성 숲에서는 잎의 수명이 짧아서 그렇게 할 수 없다. 온대 지방에서는 나뭇잎이 완전히 자란 후에 평균적으로 각 잎의 70%가 피해를 입는다. 인간의 사냥으로부터 살아남은 코끼리들이 살고 있는 인도 남부의 마른 숲은 습하고 계절적인 변화가 덜한 숲보다 $1km^2$당 몇 배나 더 무거운 코끼리를 먹여 살린다. 열대 건조림에서는 초식동물이 자라나는 묘목이나 어린 나무를 먹어 버려 초원이 발달하게 되었다. 초원은 초식동물을 다루는 방법에 있어서 숲과 근본적으로 다르다. 숲은 대체로 초식동물에 의한 피해를 최소화하기 위해 진화했지만, 초원은 경쟁자인 나무를 배제하기 위해 초식동물을 허용하는 쪽으로 진화했다는 것이다. 왜 그럴까?

풀은 초원이 나타난 7천만 년 전보다 훨씬 이전에 출현하였다. 초기의 현화식물처럼 풀은 초식동물에 대처하는 새로운 방법을 갖추고 탈출 대신에 방어를 완벽하게 해냈다. 풀잎은 땅 밑의 덩굴줄기로부터 새싹 끝이 지상부로 올라와서 자랐으며, 폭이 좁고 규소질이 풍부한 풀잎은 초식동물이 먹기 어려웠고, 맛도 없었다.

화석 토양을 연구하는 미국 오리건 대학의 레탁락(Gregory Retallack)은 오리건, 몬태나, 네브래스카의 건조한 지역에 있는 초원과 방목지가 지난 4천만 년 동안 어떻게 공진화했는지를 보여주었다. 화석 토양은 헐벗은 언덕인 '불모지'에 다양한 색깔층으로 보존되어 있으며, 각 층은 서로 다른 토양을 나타낸다(사진 6.13). 이 토양은 식생과 기후에 대해 많은 것을 알려준다. 뿌리 흔적, 토양 구조, 그리고 동물이 파놓은 굴을 통해 그곳의 식생이 숲인지, 세이지 관목인지, 초원인지 알 수 있다. 방해석이나 백운석의 결절은 연평균 강우량이 적은 지역의 표층 토양 가까이에 나타난다. 이러한 결절을 포함하는 토양층의 두께는 강우량이 계절에 따라 얼마나 다른지 보여준다. 도양의 화학적인 분석을 통해 연평균 강우량을 추정해볼 수 있고, 대략적인 연평균 기온도 알 수 있다. 레탈락은 이러한 정보를 이용하여 화석 토양의 기후를 추론하였다.

풀을 효율적으로 뜯어먹는 동물과 관리 동물이 등장하면서 초원은 3단계

[사진 6.13] 미국 아리조나주의 페트리피드 숲 국립공원에 있는 연속적인 화석 흙층으로부터 형성된 배드랜드.

를 거쳐 성공적으로 진화하였다. 3천만 년 전에 나타난 거대한 초식동물인 큰 코뿔소(*Titanotherium*), 원시 말(*Mesohippus*)은 이빨을 가져 나뭇잎을 씹거나 잘게 찢을 수 있게 되었다. 비록 그들은 나무와 관목의 넓은 잎을 좋아했지만 이빨 덕분에 규소질이 풍부한 풀도 먹을 수 있었다. 1년에 200~400mm의 비가 내리는 삼림지대는 나무를 쓰러뜨려 잎을 먹을 수 있는 거대 초식동물이 나타남으로써 마침내 나무숲이 다발 풀[6] 초원으로 바뀌었다. 이 풀은 빛을 풍부하게 받을 수 있었기 때문에 비싼 대가를 지불하면서 방어하기보다는 빠른 생장 쪽으로 방향을 틀었을 것이다.

약 2천만 년 전 짧은 풀 대초원이 다발 풀 초원을 대체하는 동안 아프리카, 아시아, 북아메리카에서는 특화된 풀을 뜯는 동물이 출현하였다. 다발 풀 초원과는 달리 짧은 풀 초원에서는 40cm 미만의 풀뿌리가 연속적인 풀 매트를

6) 다발 풀은 하나의 뿌리에서 수많은 줄기가 올라와 다발을 형성하는 풀을 말한다.

형성하는데 이것은 마치 잔디밭에 심기 위해 말아 올린 잔디 매트처럼 생겼다. 케냐의 포트 테르난(Fort Ternan)에 있는 짧은 풀 초원의 토양화석은 현대 세렝게티 초원의 토양을 매우 닮았다. 이곳에는 호주와 라틴 아메리카의 건조한 숲의 초본과 관련된 초본화석이 있는데, 이 초본의 조상들은 마른 숲이나 가시나무 밑에서 자랐을 것이다. 말은 진화를 통해 높은 치관을 가진 이빨을 가짐으로써 초원의 규소질이 풍부한 풀을 먹을 수 있게 되었다. 이러한 초원에서 더 큰 초식동물은 숨을 곳이 없었기 때문에 그들은 포식자들을 물리치거나 피하기 위해 사향소처럼 무리를 지어야 했다. 말, 낙타, 그리고 다른 초식동물들은 오늘날 영국의 경주마나 아랍의 경주 낙타들처럼 빠르게 달릴 수 있는 능력을 발전시켰다. 빠른 속도로 도망가는 초식동물을 잡아먹기 위해 포식자도 진화를 거쳐 같은 능력을 갖게 되었다. 개처럼 무리를 지어 사냥하는 포식자들이 새롭게 나타남으로써 초식동물들은 무리를 지어 살게 되었고, 더 많은 개체들이 빠르게 포식자를 발견할 수 있게 되었으며, 더 많은 구성원들이 포식자의 공격에 대항할 수 있게 되었다. 1천 9백만 년 전, 미국의 네브래스카에는 가장 오래된 초식동물 무리인 17마리의 낙타 무리가 살았다. 토끼의 똥과 같은 알갱이 형태가 아닌 쇠똥과 같은 케이크 형태의 똥을 싸는 초식동물도 출현하였다. 지렁이, 단백질이 더 풍부한 풀, 더 큰 쇠똥구리들은 쇠똥을 먹이나 퇴비로 활용하였다. 쇠똥은 토끼나 사슴 알갱이 똥보다 숲에 더 좋은 퇴비가 되었으며, 초원을 훨씬 더 비옥하게 만들었다. 초식동물 무리들은 맛이 있든지 없든지 땅바닥까지 풀을 뜯어 먹고 이동하기 전에 그곳에 똥을 쌌다. 어떤 사람들은 목초지를 유지하고 소를 기르기 위한 좋은 방법으로 충분한 소를 울타리 있는 목초지에 하루 동안 가둬서 방목하고 소가 배설물을 쏟아낸 후에 다음 목초지로 이동해서 그 과정을 반복할 것을 권고하였다.

마침내 **C4 광합성**이라는 새로운 광합성 기작이 나타나 700만 년 전에 키가 큰 풀의 대평원이 진화하였으며, 현재는 옥수수나 대부분의 열대 개간지 초본들이 C4 광합성 방법을 이용한다. C4 광합성은 **C3 광합성**보다 증산작용을 통해 빠져나가는 물 1g당 더 많은 탄수화물을 생산하기 때문에 이러한 변화는 따뜻한 기후에서 생산성을 높여 주었다. 연간 강우량이 700mm 미만인 지역에서는 키 큰 풀 초원이 건조림으로 대체되었는데, 호주에는 짧은 풀 초원이 출현한 적이 없으며, 대신 연간 강우량이 500~600mm인 지역에서 '살아있는 화석'인 말리 삼림이 자라고 있다. 키 큰 풀 초원이 진화하면서 초식동물은 크고 단단한 발굽을 가지게 되어 빨리 달리고 포식자를 세게 걷어찰 수 있게 되었다. 초원은 새롭고 생산적인 서식지였다. 초식동물에 의해 나무가 없어진 곳은 새로운 종, 특히 포유류와 새들의 삶의 터전이 되었다.

가장 유명한 초원 생태계인 동아프리카의 세렝게티에는 150만 마리의 야생동물 떼와 많은 다른 초식동물들이 살고 있다. 초식동물은 세렝게티의 지상 풀 생산량의 66%를 소비하는 반면, 척추 초식동물들은 바로콜로라도 섬의 잎 생산량의 3%만을 소비한다. 방목은 흙이 촉촉하게 유지되는 한 생장에 필요한 신선한 영양분을 새롭게 제공하기 때문에 방목하지 않은 지역보다 세렝게티 지역의 초원 생산량을 평균 86% 증가시킨다. 방목은 초본의 종자 생산을 90% 감소시키지만, 식물의 영양생식[7])을 증가시킨다. 초식동물은 다른 생태계가 따라올 수 없을 만큼 영양가 있는 식량을 공급받기 위해 초원을 찾지만 세렝게티 초원에서는 나무를 제거하기 위해 코끼리와 다른 초식동물도 필요하다(그림 6.6). 따라서 초원은 초식동물과 그들의 먹이인 식물 간에 상리공생이 이루어진 최초의 생태계라고 할 수 있다.

7) 식물이 씨앗이나 포자를 이용하지 않고 잎, 줄기, 뿌리와 같은 영양기관을 이용해서 번식하는 방법이다.

[그림 6.6] 아프리카 코끼리(*Loxodonta*)와 같은 포유류는 동아프리카의 생산적인 초원에서 나무를 제거한다.

고립 상태는 어떻게 경쟁, 다양성 및 상호의존성을 감소시키는가?

한 생태계의 기능이 얼마나 철저하게 이웃과 다른 지역들 사이의 상호의존에 달려 있는지는 새로 건설된 저수지로 인해 숲이 고립되어 섬이 된 곳에서 벌어진 현상을 볼 때 명확해진다. 파나마 운하의 일부를 만들기 위해 파나마의 샤그레스 강을 막아 댐을 만들었는데 이로 인해 1~1,500ha가량의 작은 섬이 만들어졌다.

댐공사로 만들어진 1,500ha 정도의 가장 큰 섬인 바로콜로라도 섬에서 일부 동물들은 멸종하였다(그림 6.7). 이 섬은 보통 100마리 이상이 무리를 지어 사는 흰입술페커리(멧돼지의 일종)를 부양하기에는 너무 작았다. 이 페

[그림 6.7] 고립화는 멸종의 원인이 되었다. 바로콜로라도 섬에서는 밤원숭이(*Aotus*)가 멸종되었다.

커리는 1931년 과일 기근 때 멸종되었다. 그곳의 피그미 다람쥐는 어린 숲이 만들어질 때 멸종되었고, 또한 밤원숭이와 4개의 눈을 가진 주머니쥐를 잃었다. 고립된 지 16년 후인 1930년에 이 섬에는 200여 종의 육지 조류가 서식했지만, 1996년엔 135종만 살아남았다. 신생 숲에 살던 30종의 어린 새들은 숲이 노화되면서 멸종되었다. 또한 이 섬은 눈알 무늬가 있는 개미잡이새를 포함하여 숲의 하층에서 곤충을 먹고 사는 35종의 새들을 잃었는데, 이 개미잡이새는 병정개미 떼를 습격하여 홍조를 띤 곤충에 대한 지배적인 경쟁자로 알려져 있다. 실험 결과, 이 곤충을 먹는 포식자들은 개방된 물 위로 100m를 비행할 수 없기 때문에 어떤 이주자도 멸종된 섬 구성원을 대체하지 못했으며, 생존한 개체군에 다양성을 제공해 주지 못했다.

한편, 바로콜로라도 섬의 숲은 섬과 본토 사이를 날거나 헤엄칠 수 있는 동물들 덕분에 본토 숲과 거의 닮아 있다. 과일을 먹는 많은 박쥐들은 섬에서 적절한 과일을 찾을 수 없을 때 주변 본토에서 해결한다. 2012년 이전에는 푸마, 재규어와 같은 최상위 포식자들이 먹이를 찾아 섬을 방문했다. 본토에서 헤엄쳐 온 이주자들은 오셀롯, 맥, 타만두아, 원숭이 등의 유전적 다양성을 다시 증가시켰다. 일부 곤충의 개체 수는 식량 부족이나 극심한 가뭄으로 인해 그 수가 크게 줄어든 후에 본토 이민자들에 의해 회복되었다. 북아메리카에서 번식하는 송버드(노래하는 새)는 이 섬으로 날아와 겨울을 보낸다. 바로콜로라도 섬의 박쥐와 새들 중 일부는 계절적 식량 부족을 피해 다른 열대 서식지로 이주한다(사진 6.14). 1969년의 과일 기근 때 앵무새와 투칸들은 바로콜로라도 섬을 집단으로 떠났다가 기근이 끝난 후에 돌아왔다. 이러한 움직임 중 어떤 것이라도 막히면 섬의 다양성이 줄어들 것이다.

1ha보다 작은 섬들은 훨씬 더 큰 변화를 겪었다. 이 섬들은 너무 작아서 육지 포유동물을 부양하거나 다른 곳에서 이주자들을 끌어들이지 못했다. 포유류의 죽음으로 인해 몇몇 상호의존적인 관계들이 붕괴되었다. 사라진 동물들 중에는 푸른다이커영양과 같은 아프리카의 소형 영양을 닮은 약 3kg짜리 설치류인 아구티도 있었다(사진 6.15). 아구티는 씨앗을 묻고, 식량이 부족하면 다시 파내서 먹는다. 많은 나무 종은 아구티를 이용하여 씨앗을 땅에 묻어 보호함으로써 곤충의 공격으로부터 피할 수 있었다. 그러나 아구티가 없는 작은 섬에서는 이 나무 종들이 감소했다. 큰 씨앗을 가진 나무 종은 씨앗을 땅에 묻지 않아도 생존할 수 있었다. 그중 두 종의 프로티움(*Protium*), 두 종의 카타록스(*Swartzia*), 그리고 야자나무과의 오에노카르푸스 마포라(*Oenocarpus mapora*)와 아티레이 부티라세이(*Attalea butyracea*) 등은 이 작은 섬들에 흩어져서 씨앗을 매장해야만 살아남는 나무들을 대체하였다. 섬의 고립으로 나무와 수분매개자, 씨앗 분산자 사이의 관계가 중단되었기 때문에, 작은 섬의 나무의 다양성은 크게 줄어들었다. 본토로부터 고립된 지 76년이 지난 지금, 두 섬 각각에 직경 10cm 이상의 줄기를 가진 400그루의 나무 중 절반

[사진 6.14] 상호의존성. 계절에 따라 이동하는 박쥐(*Artibeus lituratus*). 이 박쥐들은 바로콜로라도 섬에서 과일이 부족한 계절이 되면 다른 서식지를 찾아간다.

[사진 6.15] 가시야자(*Astrocaryum* standleyanum)를 먹고 있는 설치류 아구티(*Dasyprocta punctata*). 아구티는 많은 나무 열매를 묻어 곤충의 피해로부터 이들을 보호한다. 먹이가 부족하면 묻은 열매를 캐내어 먹기도 하지만 이 열매로부터 새롭게 싹이 나와 나무가 될 수도 있다. 섬이 너무 작아서 아구티가 살 수 없는 곳에서는 이러한 과정을 활용할 수 없어 일부 나무 종은 멸종하였다.

이상이 프로티움(*Protium*)이라는 하나의 속에 속한다. 그래서 바로콜로라도 섬의 어떤 나무의 속도 우위에 있는 속은 존재하지 않는다.

가장 작은 섬에는 가장 적은 수의 초식동물이 살고 있다. 바로콜로라도 섬에서는 본토 숲과 마찬가지로 가장 흔한 종이 해충으로부터 가장 큰 피해를 입는다. 그럼에도 불구하고, 프로티움 파나멘세(*Protium panamense*)가 매우 드물게 나타나는 바로콜로라도 섬보다는 이 나무가 섬의 절반을 차지하는 1ha보다 작은 섬에서 곤충의 애벌레에 의한 프로티움 파나멘세 잎의 손상과 피해가 더 적다. 실제로 1,500ha의 바로콜로라도 섬과 10ha의 섬, 1ha의 섬에서 공통적으로 나타나는 4종의 나무, 즉 프로티움 2종과 하층에 서식하는 2종의 나무에서 애벌레에 의해 손상된 나뭇잎의 비율을 비교하면 1ha의 섬에서 가장 낮았고, 이들 종들이 가장 드물었던 바로콜로라도섬에서 가장 높게 나타났다. 게다가 손상된 나뭇잎들은 가장 작은 섬에서 가장 적게 나타났다.

작은 섬에서는 경쟁에 덜 민감한 것처럼 삶의 속도도 훨씬 더디다. 2ha의 섬에 사는 가시쥐인 프로히미스(*Proechimys*)는 더 많은 포식자와 마주쳐야 하는 육지 쥐보다 더 오래 살며, 더 늦은 나이에 번식을 하고 번식 횟수도 더 적다. 15ha 이하의 섬에는 곤충을 먹는 새가 거의 없는 반면에 곤충을 잡아먹고 신진대사율이 낮은 도마뱀이 더 많은데 이는 도마뱀 포식자가 적기 때문이다. 심지어 1ha보다 작은 섬들에도 무화과 과즙을 마시는 박쥐와 같은 활동적인 동물들이 살고 있는데, 이 박쥐들은 연안 섬에 둥지를 튼 바다 새들처럼 포식자로부터 벗어나기 위해 그곳에 둥지를 튼다.

생태계 진화를 제한하는 요인은 무엇인가?

새로운 저수지가 만들어지면서 숲이 쪼개져 섬으로 고립화되면 다양성이

쇠퇴하고 상호의존성이 흐트러지며 삶의 속도가 느려진다. 마찬가지로, 우리가 다루었던 섬보다도 훨씬 더 많이 고립된 자연 섬의 생태계에서는 본토에서 나타나는 다양성, 생산성, 경쟁의 강도, 상호의존성 수준의 진화가 일어날 수 없다.

다양성을 제한하는 것

레유니온(Réunion)은 마다가스카르에서 동쪽으로 800km 떨어진 $2,510km^2$의 열대 섬으로, 200만 년 전에 바다 위로 솟아오른 거대한 화산섬이다. 섬에서 가장 높은 산은 3,070m 정도 된다. 서식지는 저지대 사바나와 열대 우림에서 부터 운무림과 알프스 산록의 초원까지 다양하게 나타난다. 그러나 유럽인들이 도착하기 전에 레유니온에는 단지 33종의 육지 조류만 살고 있었다. 하지만 이 섬보다 훨씬 작은 $15km^2$의 바로콜로라도 섬에는 100여 종이나 되는 새가 살고 있다. 또한, 레유니온에는 660종 미만의 자생 현화생물이 살고 있다. 바로콜로라도 섬은 충분히 크고, 새로우며, 본토에 가까워서 1914년 본토에서 분리된 이후 식물 종을 거의 잃지 않았고, 현재 1,000종 이상이 살고 있다. 게다가 레유니온의 저지대 습지 숲에서는 몸통의 직경이 최소 10cm인 나무 1,000여 그루가 약 40여 종만으로 이루어진 것에 비해, 바로콜로라도의 계절 숲에서는 120종 이상이, 말레이시아 사라왁(Sarawak)에서는 300종 이상이 발견되었다.

경쟁의 강도와 삶의 속도를 제한하는 것

경쟁은 작고 고립된 섬에서 가장 약하다. 1만 km^2에 달하는 하와이 '빅 아일랜드'의 열대우림은 열악한 토양에 있는 대륙에 비해 생산성이 절반 정도이며, 빛의 경쟁 지표인 목재 생산량은 특히 낮다. 작은 섬에 사는 초식동물과 육식동물은 크기가 작기 때문에 경쟁의 주요 요소인 초식동물과 포식자 압력이 더 낮다. 로스앤젤레스에 있는 캘리포니아 대학의 두 생리학자 버네스(Gary Burness)와 다이아몬드(Jared Diamond), 그리고 호주의 포유동물학자 플래너리(Tim Flannery)는 크기가 다른 육지의 땅덩어리에서 살고 있는 가장 큰 초식동물과 육식동물의 무게를 측정했다(그림 6.8). 그리고 비교적 최근에서야 사람들이 정착한 호주, 아메리카, 마다가스카르 및 태평양 섬에서는 화석을 이용하여 사람이 정착하기 전에 살았던 가장 큰 초식동물과 육식동물의 무게를 추정하였다. 2가지 모두, 땅덩어리의 가장 큰 종들의 무게는 대략 그 지역

[그림 6.8] 육지 땅덩어리가 클수록 더 큰 초식동물을 지지해준다. 5t이나 되는 아프리카 록소돈타 코끼리는 키가 3m이며, 19kg의 도도새는 키가 90cm 정도 된다. 사람이 정착하기 전에는 도도새가 모리셔스섬에서 가장 큰 초식동물이었다.

면적의 제곱근에 비례했다. 사람들이 정착하기 전, 마다가스카르에서 동쪽으로 1,000km 떨어진 1,900km^{2}의 해양 섬인 모리셔스에서 가장 큰 초식동물과 육식동물은 19kg의 도도새(*Raphus*)[8]와 600g의 매였던 반면, (프랑스 면적보다 큰) 58만 7천 km^{2}에 달하는 오랫동안 고립된 열대 섬인 마다가스카르에서는 400kg의 피그미 하마와 몽구스과의 고양이를 닮은 17kg의 포사(*Cryptoprota*)가 살고 있었다. 그러나 아프리카는 5,500kg의 코끼리와 200kg의 사자가 진화를 할 수 있을 만큼 큰 땅덩어리였다.

하와이에서는 초식동물의 압박이 매우 낮기 때문에 거의 토종 독성 식물이 없다. 박물학자 칼퀴스트(Sherwin Carlquist)가 관찰한 대로 하와이 민트들은 민트 맛을 잃었고 하와이 쐐기풀은 가시를 잃었다. 큰 잎을 먹는 오리나 거위를 막기 위해 일부 하와이 식물에서 가시덤불이 등장했지만 돼지들이 이들을 먹어 해치웠다. 유입된 초식 포유동물로 인해 극심한 피해를 입었지만, 하와이의 숲은 유입된 곤충으로 인한 피해를 거의 입지 않았다. 거대한 초식성 모아(멸종된 새)에 오랫동안 노출되었음에도 불구하고 뉴질랜드의 식물은 본토에 비해 초식 척추동물에 훨씬 더 취약했다. 마다가스카르에서는 청산가리를 함유한 대나무와 청산가리 섭식에 내성을 가진 여우원숭이 사이에 화려한 무기 경쟁이 일어났다(그림 6.9). 게다가 비록 많은 풀들이 하와이에 도달했지만, 마다가스카르보다 작은 어떤 섬에서도 저지대 초원이 나타나지 않았다. 그래서 호주에서는 잔디 초원이 나타나지 않았고, 다발 풀 초원만 출현하였다. 초원이 진화하려면 초식동물의 압박이 강해야 한다. 마다가스카르에서는 아프리카에서 이주해 온 하마를 방목했던 것이 초원의 진화를 유도했었을 수 있다.

먹이가 감소하면서 생물들은 여러 면에서 섬 생활에 영향을 받았다. 고립

8) 지금은 멸종한 날지 못하는 큰 새다.

[그림 6.9] 초식동물 압력이 낮은 하와이 제도와는 달리, 마다가스카르에서는 잎을 먹는 초식동물을 피하기 위해 독을 사용하는 식물들 사이에서 치열한 무기경쟁이 벌어진다. 청산가리 저항성을 가진 여우원숭이(*Prolemur simus*)가 청산가리를 가지고 있는 *Cathariostachys madagascariensis*의 죽순을 먹는다.

된 섬에 사는 동물들은 더 오래 살고 더 천천히 번식한다. 하와이의 토종 나무 달팽이인 아차티넬라(*Achatinella*)와 파르툴리나(*Partulina*)는 6~7살이 될 때까지 새끼를 낳지 못하며, 그 후 1년에 새끼를 6~8마리만 낳는다. 이와는 대조적으로 이들을 잡아먹는 유입된 달팽이 유글란디나 로제아(*Euglandina rosea*)는 1년이 지나기 전에 600개의 알을 낳는다. 6천 5백만 년 전 호주와 남극대륙에서 분리되었던 뉴질랜드는 길고 느리게 번식하는 동물들로 악명이 높다. 뉴질랜드의 고유종인 갈색의 두바울셀도마뱀붙이(*Hoplodactylus*)는 알려진 도마뱀 중에서 가장 오래 살며, 가장 느리게 번식한다. 뉴질랜드의 유명한 '살아있는 화석' 파충류인 투아타라(*Sphenodon*) 암컷은 성체의 무게가 1.2kg이나 되는 파충류로 13세 때 처음 번식해 4년마다 20개 미만의 알을 낳는다. 반면 바로콜로라도 섬의 암컷 녹색 이구아나는 성체 무게가 3kg 미만으로 2~8세 때 알을 처음 낳고 매년 또는 2년에 걸쳐 평균 41개의 알을 낳는다. 수명이 길어지고 생식이 느리면 다른 결과가 생긴다. 플로리다 대학교의 생리학자 맥냅(Brian McNab)은 1,000km^{2}의 남해 섬에서 살고 있는 비둘기, 과일 박쥐, 레일 등의 대사율이 10만 km^{2}가 넘는 생태계의 상대 동물보다 현저히 낮다는 사실을 밝혀냈다.

상호의존성은 작고 고립된 자연적인 섬에서 더 약하다.

마다가스카르에서 유명한 앙그라이쿰(*Angraecum*) 난초는 꿀을 빨아먹는 매우 긴 주둥이를 가진 나방에 의해서만 수분된다. 앙그라이쿰 꽃은 과즙을 빨아먹는 나방의 주둥이가 바닥까지 닿기 딱 좋은 깊고 좁은 용기에 과즙을 넣어 보관함으로써 수분매개자를 선택한다. 꽃가루가 나방의 특정 부위에 붙어 이동하며, 나방이 방문하는 다음 꽃의 암술머리에 꽃가루가 떨어져 수분이 일어난다. 다윈은 과즙이 들어 있는 30cm 깊이의 관을 가지고 있는 마다가스카르의 앙그라이쿰 세스퀴페달레(*Angraecum sesquipedale*)라는 난초 꽃을 관찰하게 되었다. 그는 이 과즙에 닿을 만큼 긴 주둥이를 가진 스핑크스 나방이 있을 것으로 예측했다. 실제로 그런 생김새의 나방인 크산토판박각시나방(*Xanthopan morganii praedicta*)이 1903년에 발견되었지만 1997년까지도 앙그라이쿰 세스퀴페달레를 수분시키지는 않은 것으로 나타났다. 마다가스카르의 많은 난초들은 꽃에 특이적인 수분매개자들에 의해 수분이 일어난다.

마다가스카르의 몇몇 다른 앙그라이쿰 종은 마다가스카르에서 800km 떨어진 훨씬 작은 섬인 레유니온에 대규모로 서식한다. 그들의 후손들은 레유니온의 덜 경쟁적인 조건에 다양한 방식으로 적응했다. 관의 길이가 9cm 넘는 꽃을 가진 레유니온의 앙그라이쿰은 원래 수분매개자인 나방을 유인하기 위해 꿀을 담고 있었는데, 지금은 어떤 동물의 도움도 받지 않고 수분한다. 마다가스카르에는 앙그라이쿰 아족의 난초는 거의 없지만, 레유니온에 자생하는 3분의 1은 자체 수분한다. 마다가스카르에서 온 앙그라이쿰이 스핑크스나방보다 먼저 레유니온에 안착했을 수 있는데 현재 그곳에는 3종의 후손이 있다(그림 6.10). 입이 넓고 깊이가 1.2cm에 불과한 관에 과즙을 가지고 있는 무취의 앙그라이쿰 스트리아텀(*Angraecum striatum*)의 꽃은 개체수가 꽤 많은 작은 흰 눈 토종새인 조스터롭스 보르보니카(*Zosterops borbonica*)에 의해서만 수분된다. 이 새는 과즙뿐만 아니라 과일, 씨앗, 곤충을 먹는다. 원래 마다가스카르에 살았던 이 난초의 조상은 꽃에서 강한 향기를 내뿜어 나방을 유인함으로써 수분이 일어났으며, 그 나방은 그 난초에 특화된 수분매개자였다. 또 다른 난초인 앙그라이쿰 브락데오섬(*Angraecum bracteosum*)은 꽃향기가 없고, 단지 0.8cm 깊이의 관을 가지고 있으며, 많은 종류의 꽃에서 과즙을 모으는 조스터롭스 올리바세우스(*Zosterops olivaceus*)에 의해 수분된다. 세 번째 난초인 앙그라이쿰 카데티(*Angraecum cadetii*)는 날개가 없는 어리여치(*Glomeremus* sp.)에 의해서만 수분된다. 이 난초의 꽃은 0.6cm의 짧은 과즙 관을 가지고 있다. 어리여치는 씨앗, 꽃가루, 다른 식물성 물질, 그리고 몇몇 절지동물과 과즙을 먹는다. 이 곤충은 날지 못하기 때문에 멀리까지 날아가 조상 난초를 수분시켰던 스핑크스나방보다 덜 효과적이었지만 훨씬 쉽게 활용되었다.

실제로 작은 섬에서 다양성이 낮아지면 상호의존의 기회가 감소하는 반면, 경쟁할 필요가 줄어든다. 작은 섬에서는 곤충이 비교적 드물고 초식동물 압박도 낮다. 특정 종의 식물들은 곤충의 공격을 피하기 위해 드문드문 흩어져 있을 필요가 없기 때문에 수분매개자도 굳이 꽃을 찾아 먼 곳까지 여행할 필요가 없다.

실제로, 작은 섬에 사는 많은 곤충류는 다양한 식물 종을 가리지 않고 꽃가루를 옮겨 수분시키는 슈퍼 수분매개자들이다. 토착 식물들은 본토 식물

[그림 6.10] 넓은 땅덩어리에서는 난초의 수분을 위해 아주 효율적인 수분매개자가 필요하지만, 식물 특이적인 해충의 영향이 크지 않은 작은 섬에서는 더 짧은 거리를 이동하는 일반 수분매개자에 의해 난초가 수분된다. 그림에서 맨 오른쪽에 있는 마다카스카르에 살고 긴 관을 가진 앙그라이쿰 세스퀴페달레는 왼쪽 상단에 있는 크산토판박이 각시나방에 의해 수분되고 있는데, 이 나방은 다윈이 난초의 긴 관을 보고 예측하였던 수분매개자다. 중앙의 그림은 레유니온에 있는 앙그라이쿰 브락테오섬이고, 수분매개자는 중앙 왼쪽에 있는 일반 과즙을 먹는 마다가스카르의 흰 눈 조스터롭스 올리바세우스이다. 아래쪽은 또 다른 레유니온 난초인 앙그라이쿰 카데티로 수분매개자인 어리여치는 날지 못한다.

보다 작고, 칙칙한 색깔이면서 무취의 꽃을 가지고 있을 가능성이 더 높다. 섬에 사는 식물들은 꽃가루를 얻기 위하여 곤충 수분매개자를 두고 심하게 경쟁하지 않는다. 앞에서 보았듯이, 몇몇 식물은 새나 날지 못하는 곤충을 수분매개자로 이용하고, 다른 것들은 바람에 의해 수분된다. 섬의 식물들은 해충과 질병에 대처하기 위한 유전적인 다양성을 덜 필요로 했기 때문에 섬의 식물은 본토 식물에 비해 타가수정, 즉 같은 종의 다른 식물에 의한 교배가 덜 일어나고, 자신의 꽃가루에 의해 수정되는 '자가수분'을 방지하는 기작이 부족하다. 실제로 지난 1억 년 동안 섬 식물에서는 해충과 질병에 대처하기 위한 현화식물의 진화가 일어나지 않았다.

고립은 어떻게 경쟁을 약화시키고 외래종들의 침입을 쉽게 하는가?

다윈은 고립된 작은 섬들의 저지대에는 본토에서 사람들이 들여온 잡초가 주로 살고 있다는 것을 알았다. 그는 해양 섬들, 특히 작은 섬들에서 경쟁의 강도가 낮아지면서 저지대의 잡초는 섬으로 유입된 동물과 식물들에 의해 아주 취약해진 반면, 본토의 조상 잡초는 많은 경쟁자 및 포식자들과의 상호작용으로 생존하였다고 주장했다. 다양한 개미가 사는 뉴칼레도니아에서는 우연히 남미에서 유입된 작은 불개미가 마주치는 토종 개미를 죽이고 이를 대체하고 있다. 이 불개미들은 토종 개미들보다 먹이를 더 빨리 찾고, 적으로부터 자신들을 방어하기 위하여 다른 개미들을 빠르게 불러들인다. 하와이 제도, 레유니온, 모리셔스 같은 고립된 해양 섬에서는 침입성 식물이 토종 식물보다 빛과 영양분을 더 효과적으로 이용한다. 토착 포식자가 무능하면 고립된 섬으로 유입된 외래종의 침략과 파괴에 더 취약해진다. 고립된 섬에서 생장 속도가 느린 식물들은 본토에서 유입된 활동적이고 적응력이 뛰어나며 왕성하게 번식하는 동물들에 의해 빠르게 퇴출된다. 유라시아의 쥐들은 뉴질랜드의 주요 섬들로 1~2세기 만에 빠르게 퍼졌고, 큰 토종 개구리, 도마뱀, 뉴질랜드 큰도마뱀, 큰 장수 달팽이와 메뚜기류와 같은 성장이 느린 생물들을 제거하거나, 쥐들이 결코 도달하지 못하는 해안 섬에 그들을 고립시켰다. 2천만 년 전에 아프리카에서 건너온 몽구스로부터 진화한 육식동물이 서식하고 있는 더 크고, 덜 고립된 마다가스카르로 유입된 쥐는 훨씬 느리게 퍼져나갔으며, 멸종되는 생물 종의 수도 훨씬 적었다. 유입된 쥐들은 육식동물의 침해를 받지 않은 신열대우림에는 침입할 수 없으며, 그들은 오직 인간의 거주지에서 편리공생하는 정도로만 살아남는다. 대학원생이었던 킴세이(Robert Kimsey)가 바로콜로라도 섬의 실험실에 들끓는 쥐에게 질려 그들을 모두 가두어 놓았어도 주변 숲에서 이주하여 정착한 쥐는 한 마리도 없었다.

유입된 생물들 사이에 형성된 상호의존성은 이들의 성공적인 정착을 더욱 강화시킨다. 유입된 동물들은 종종 유입된 식물의 확산을 가속화한다. 예를 들면, 하와이 제도에서는 유입된 새와 돼지가 마찬가지로 유입된 관목인 맛있는 딸기구아바를 먹고 씨앗을 퍼뜨렸다. 아프리카 동쪽의 섬나라인 모리셔스에서는 유입된 돼지와 사슴이 딸기구아바와 다른 많은 유입된 식물들을 위한 공간을 제공해준다. 모리셔스에 있는 블랙리버 협곡(Black River Gorges) 국립공원은 빽빽한 구아바 덤불로 덮여 있어 개 한 마리도 줄기 사이로 빠져나가기 어려울 정도다(사진 6.16). 살아남은 토종 나무 몇 그루가 이 덤불 위에 우뚝 솟아 있기는 하지만, 오래된 바닥은 묘목이 살아남기에는 너무 어둡다. 하지만 레유니온에서는 유입된 포유류가 사라지거나 또는 개체 수 증가가 제한되어 훨씬 더 많은 토착 숲이 남아 있다.

호주와 남아메리카만큼 큰 대륙도 오랜 고립으로 인해 크고 덜 고립된 대륙에서 온 경쟁에 강한 침입자들에게 취약했다. 개와 큰 고양이 같은 태반을 가진 포식자들이 북미에서 파나마 지협을 건너 남아메리카로 이동한 후 남아

[사진 6.16] 경쟁적인 침입자가 작은 섬에 미치는 영향. 마다가스카르의 숲 속 빈자리에 침입한 왜래종 딸기구아바(*Psidium cattleyanum*)의 울창한 모습. 이렇게 빽빽하게 자라는 딸기구아바는 모리셔스와 같은 작은 섬에서 그늘에 잘 견디지 못하는 토종 식물들을 밀어낸다.

메리카의 유대류 육식동물을 제치고 우점하게 되었다.

마찬가지로, 6천 년 전 동남아시아로부터 호주로 유입된 들개인 딩고는 호주 남동쪽의 태즈메이니아(Tasmania) 섬에 살던 느리게 움직이고 좀 처지는 유대류 육식동물인 주머니늑대(*Thylacinus*)와 이 섬의 악마로 불리는 태즈매니아데빌(*Sarcophilus*)을 제치고 우점하게 되었다. 이 유대류들은 딩고들이 도저히 도달할 수 없었던 태즈메이니아 섬 근처에서만 살아남았다. 유대류 포식자들은 신진대사율과 활동 수준을 제한하는 신체적 구조의 한계 때문에 태반성 동물과 경쟁할 수 없었다. 하지만 고립이 되면서 이들 유대류는 태반 동물로부터 자신들을 보호할 수 있었다. 이 민첩한 육식동물들에게 대항할 준비가 전혀 되어 있지 않았던 키 큰 초원의 포유류는 전멸하였다. 하지만 간헐적으로 유입되는 이주자들에 의해 침입자들의 피해를 줄이기도 한다. 2천만 년 전

마다가스카르로 유입되었던 태반성 몽구스 때문에 고양이, 쥐, 개들의 개체수가 조정되어 더 고립되고 땅덩어리가 큰 호주 대륙에서보다도 마다가스카르의 동물상이 피해를 덜 입었다. 외부의 침입자들에 대항하는 데 필요한 높은 생산성과 경쟁력의 기초가 되는 경쟁의 강도를 높이고 상호의존적 관계를 발달시키기 위해서는 자연 경제 규모가 커야 하고, 적어도 간헐적으로라도 다른 자연 경제와도 연결되어야 한다.

이 장은 개체 간의 상호작용, 사회적 협력, 종의 다양화, 자원을 위한 경쟁, 지역 내 혹은 지역 간 상호의존성, 그리고 서로 다른 종의 구성원들 간의 협력이 파괴적인 침략에 저항하면서 생산적이고 다양한 자연공동체를 어떻게 이끌어냈는지 보여주었다. 이 과정들은 큰 땅덩어리에서 더 효과적이었다. 자연 생태계에서도 인간경제와 마찬가지로 자급자족은 생산성과 다양성을 감소시키는 적이다. 무엇이 이러한 발전을 이끌었는가? 이에 대한 답으로, 우리는 자연선택이 어떻게 작용하는지, 그리고 자연선택이 어떻게 나무나 인간 같은 복잡한 유기체들이 진화할 수 있도록 유전 시스템을 조정해 가는지 보여줄 것이다.

07장

유전형질의 전달, 자연선택 그리고 진화

다윈은 자연선택으로 인해 생존과 번식에 더 적합한 개체들에서 더 많은 자손이 태어나고 또 그 자손이 번식하여 적응이 촉진된다고 제안하였다. 한마디로 자연선택은 더 잘 적응한 개체가 자손을 더 많이 생산하기 때문에 일어난다는 것이다. 따라서 다윈이 제안한 것처럼 자연선택이 진화에 어떤 영향을 미치는지 알기 위해서는 부모의 형질이 어떻게 자식에게 전달되는지를 알아야 한다.

그러나 자연선택이 항상 자기 자식의 생산만 촉진하는 것은 아니다. 가위개미나 병정개미 군락의 일개미는 자신은 불임이면서 한 마리의 생식 가능한 여왕개미를 위해 일한다. 이러한 현상을 자연선택으로 어떻게 설명할 수 있을까? 첫 번째 힌트는 우리에게 익숙한 전래 동화에서 찾아볼 수 있다. 의붓자녀를 잘 돌보는 새엄마와 새아빠도 많지만, 전래동화에서는 의붓 자녀를 괴롭히는 계모가 등장하기도 하고, 종종 의붓 자녀를 학대하는 부모에 대한 이야기가 뉴스에 등장하기도 한다. 자기 가족이나 일족의 이익을 위하여 다른 사람에게 위해를 가하는 일들이 종종 발생하기 때문에 '족벌주의(nepotism)'라는 용어가 생길 정도이다. 유전의 원리를 잘 살펴보면 이러한 족벌주의가 만연할 수밖에 없는 이유를 이해하게 된다.

친척을 돕는 동물 집단들이 있다. 가위개미 집단의 일개미들은 생식 기능이 없으며, 본능적으로 어미인 여왕개미를 먹이고 그녀의 알을 키운다. 꿀벌 집단에서 일벌 역시 여왕벌의 생식 능력이 끝날 때까지 번식을 돕는다. 어떻게 이런 일이 벌어지는가는 자연의 불가사의 중 하나이다. 꿀벌 사회가 잘 작동하는 이유는 일벌들이 가까운 친척을 위해 먼 친척의 죽음까지 감수하기 때문이다. 일부 일벌은 여왕을 돕지 않고 교미 없이 알을 낳는다. 여왕벌은 짝짓기 비행에서 많은 수펄들과 교미하여 그들의 정자를 섞어 알을 낳는다. 이렇게 태어나는 일벌들은 아버지가 다른 이복 자매가 된다. 애벌레는 반드시 성충의 돌봄을 받아야 하지만 일벌들이 돌볼 수 있는 데는 한계가 있다. 알과 애벌레를 돌보는 일벌은 이복 자매의 알보다 여왕벌의 알과 유전적으로 더 가깝기 때문에, 일벌들은 여왕벌의 알만 돌보고 다른 일벌들의 알을 먹어 치우며, 자신의 알을 낳기보다 여왕벌의 생식을 도와 공동의 이익을 효과적으로 창출해낸다.

동물들은 왜 친척을 돌볼까? 더 가까운 친척을 돕고자 하는 경향은 자연선택이 추구하는 것에 대한 어떤 실마리를 제공해줄 수 있을까? 그 비밀은 유전자들이 어떻게 작용하는가에 달려 있다. 그렇다면, 부모와 자식의 유사점과 차이점을 결정하는 요소는 무엇일까? 동식물이 태어난 이후에 생긴 형질은 유전되지 않는다. 다시 말하면, 개가 태어난 후 꼬리를 자른다고 해서 후손의 꼬리가 짧아지지 않는다는 것이다. 실제로 유전되는 것은 완성된 동물의 청사진이 아니다. 컴퓨터 프로그램이 일련의 조작 명령을 통해 결과물을 보여주는 것처럼, 유전 정보는 하나의 수정란에서부터 시작되어 개체가 만들어지는 과정에 대한 일련의 지침과 같은 것이다. 적절한 환경과 자원, 자극이 주어지면 이러한 유전 정보의 작용으로 수정란으로부터 부모의 형태를 닮은 개체가 만들어진다. 어떻게 이런 유전정보가 부모로부터 자식으로 전달되는 것일까?

멘델은 어떻게 유전법칙을 추론하고 증명했을까?

체코의 수도사였던 멘델은 동식물의 유성생식[1]을 다음과 같이 유추하였다. (1) 각 기본 과정에 대한 지침은 특정 인자(후에 유전자로 명명됨)에 들어있다. (2) 하나의 개체는 각 과정에서 1쌍의 유전자를 가지며, 이 유전자들은 부계와 모계로부터 각각 1개씩 전달받는다. (3) 수컷에서 정자, 암컷에서 난자라는 생식세포가 만들어질 때 각 생식세포는 부모로부터 무작위적으로 하나의 유전자를 받는다. (4) 수정이 일어나면, 수정란은 부계와 모계로부터 각각 1개씩의 유전자를 받아 1쌍의 유전자를 갖는다.

멘델은 자신의 추측을 완두 실험으로 증명하였다. 그의 실험에서는 콩 색깔을 결정하는 기본 과정에 2가지 종류의 지침이 필요했다. 다시 말해, 멘델은 같은 과정에 두 종류의 대립유전자[2](alleles)가 작용한다고 가정했다. 그는 각 대립유전자는 눈에 보이는 특징에 대하여 대립되는 형질을 프로그램하고 있는 유전 정보라고 생각하였다. 완두로 실험했던 멘델은 "완두콩의 모양을 결정하는 하나의 대립유전자는 둥근 콩(R)을 프로그램하고 있고, 다른 하나의 대립유전자는 주름진 콩(r)을 프로그램하고 있다."라고 가정했다. 또한 완두 색깔에 대해서도 하나의 대립유전자는 노란색(Y)을, 다른 하나의 대립유전자는 녹색(y)을 프로그램하고 있다고 가정했다. 멘델은 자신의 생각을 검증하기 위해 먼저 순종의 둥글고 노란 완두(RRYY)를 순종의 주름지고 녹색인 완두(rryy)와 교배했다. 그는 이 교배로부터 얻어진 자손 개체(F1)는 잡종으로, 이들 콩은 둥근 모양을 결정하는 대립유전자 1개와 주름진 모양을 결정하는 대립유전자 1개를, 그리고 노란색을 결정하는 대립유전자 1개와 녹색을 결정

1) 암수 구별이 있는 두 세포가 만나 새로운 개체를 이루는 방법이다. 보통 정자와 난자가 만나 수정을 하는 생식 방법이다.

2) 한 쌍의 상동염색체를 이루며 다른 형질을 나타내는 한 유전자의 복사본이다.

하는 대립유전자 1개를 가질 것(RrYy)이라고 예상했다. 그러나 잡종 세대(F1)의 모든 완두는 둥글고 노란색이었다. 그렇다면 이것은 둥근 완두 대립유전자가 주름진 완두 대립유전자에 대해 '우성[3]'으로 작용한다는 것인가? 마찬가지로 노란색 완두 대립유전자가 녹색 완두 대립유전자에 대해 '우성'으로 작용한다는 것인가?

멘델은 이 궁금증을 F1 잡종 세대의 완두를 심어 같은 식물의 꽃가루에 의한 수정, 즉 자가교배를 통해서 해결했다. 만약, 잡종 세대(F1)로부터 만들어진 생식세포가 둥근 완두 대립유전자와 주름진 완두 대립유전자를 반반씩 운반한다면 둥근 완두 대립유전자를 갖는 꽃가루의 절반이 둥근 완두 대립유전자를 갖는 난세포와 수정하며, 나머지 반은 주름진 완두 대립유전자를 갖는 난세포와 수정할 것으로 가정했다(그림 7.1). 이것은 주름진 완두의 꽃가루도 마찬가지일 것이다. 따라서 F1 세대의 자가교배로부터 나온 $\frac{1}{4}$은 2개의 둥근 완두 대립유전자를, 또 다른 $\frac{1}{4}$은 2개의 주름진 콩 대립유전자를, 그리고 $\frac{1}{2}$은 둥근 완두 대립유전자와 주름진 완두 대립유전자를 각각 1개씩 가져야 한다고 생각했다. 이때 자손의 $\frac{1}{2}$을 차지하는 모든 완두가 둥근 완두 대립유전자 1개와 주름진 완두 대립유전자 1개를 갖는 잡종이라면 그 자손의 $\frac{3}{4}$(75%)은 둥근 완두가, $\frac{1}{4}$(25%)은 주름진 완두가 나올 것이라고 생각했다. 멘델이 F1 잡종을 자가교배하여 얻은 총 556개의 완두 중 423(76.1%)개가 둥글고 133(23.9%)개가 주름진 완두였다. 마찬가지로, 이들 총 556개의 완두 중 416(74.8%)개는 노란색이고, 140(25.2%)개는 녹색 완두였다. 멘델은 또한 F1 세대의 자손 중 $\frac{3}{4}$을 차지하는 노란 완두만 골라 자가교배를 하였을 때 그중 $\frac{2}{3}$는 노란색 완두와 녹색 완두를 생산하는 잡종(이형)이었으며, 나머지

---

3) 대립하는 두 형질이 있을 때, 한 개체에서 나타나는 둘 중 하나의 형질이다.

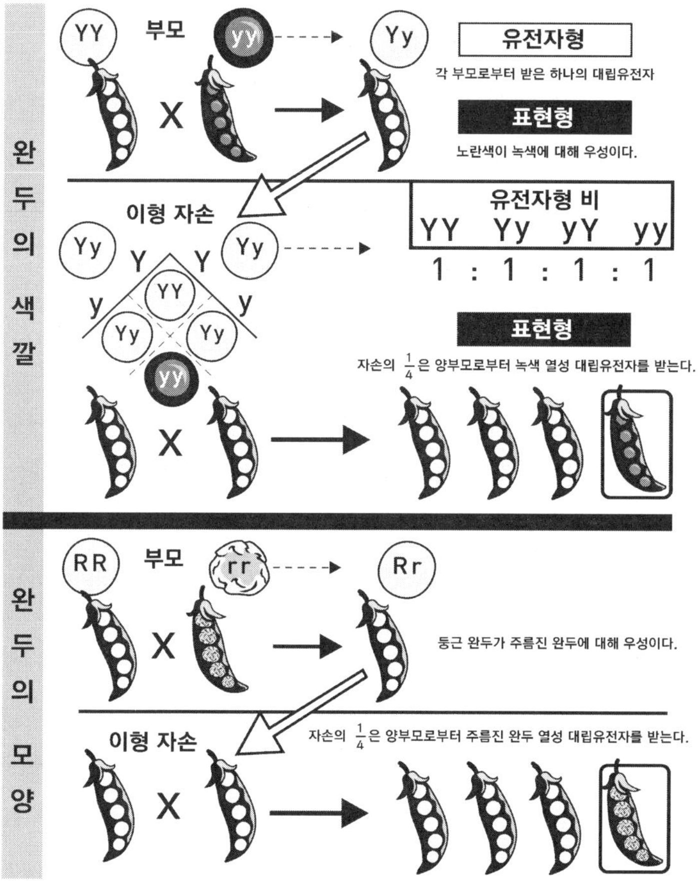

[그림 7.1] 멘델의 첫 번째 가정: 자손은 각 부모로부터 특정한 좌위에 대해 하나의 대립유전자를 물려받는다.
위쪽: 완두 색깔의 유전자 좌위. YY 동형접합자는 노란 완두만을 생산하며, yy 동형접합자는 녹색 완두만을 생산한다. 반면에 Yy 이형접합자를 자가교배하면 꽃가루(생식세포)의 반은 Y, 반은 y를 운반한다. 각각의 꽃가루는 난세포의 Y 또는 y와 동등한 확률로 수정한다. 이형자손의 자가교배에 의해 $\frac{1}{4}$의 확률로 YY 유전자형의 노란 완두가, $\frac{1}{4}$의 확률로 yy 유전자형의 녹색 완두가 만들어지며, 나머지 $\frac{1}{2}$은 Yy 이형접합자로 모두 노란 완두가 나온다.
아래쪽: 완두 모양의 유전자 좌위. RR 동형접합자는 모두 둥근 완두만을 생산하고, rr 동형접합자는 주름진 완두만을 만들어낸다. 반면에 Rr 이형접합자가 자가교배하면 $\frac{3}{4}$은 둥근 완두가, $\frac{1}{4}$은 주름진 완두가 나온다.

$\frac{1}{3}$은 노란색 완두만 생산하는 순종임을 발견하였다. 마찬가지로 F1 자손 중 둥근 완두를 자가교배 하였을 때 $\frac{2}{3}$는 둥근 완두와 주름진 완두를, $\frac{1}{3}$은 둥근 완두만 생산하는 것을 확인하였다. 이러한 실험 결과는 멘델의 가설을 뒷받침해주었으며, 우성형질의 존재를 확인시켜주었다. 즉, 노란색과 녹색 대립유전자를 함께 가진 완두가 노랗다면 노란색이 우성이며, 둥근 완두 대립유전자와 주름진 완두 대립유전자를 가진 완두가 둥글다면 둥근 것이 우성이라는 것이다.

한 개체가 모양과 색을 프로그래밍하는 유전자 좌위에 각각 서로 다른 대립유전자를 가진다고 해보자. 배우자들은 모양을 결정하는 대립유전자 둘 중 하나와 색깔을 결정하는 대립유전자 둘 중 하나를 동일한 확률로 받는다. 만약 생식세포가 만들어질 때 모양 결정 대립유전자를 받는 것이 색깔 결정 대립유전자를 받을 확률에 영향을 주지 않는다면, 잡종의 자가교배로부터 얻은 둥근 완두나 주름진 노란 완두의 비율은 모두 같은 $\frac{3}{4}$의 비율로 나타나야 한다(그림 7.2). 이러한 비율은 실제 교배 결과에서 동일하게 나타났다. 즉, 이들 잡종으로부터 생산된 둥근 완두의 $\frac{315}{423}$(74.5%)와 주름진 완두의 $\frac{101}{133}$(75.9%)가 노란색이였다. 따라서 멘델의 예측대로 유성생식을 통해 만들어진 개체들은 각 특징을 결정짓는 유전자를 부모로부터 각각 한 개씩 받아 두 개가 되며, 동일한 과정을 거쳐 다음 세대로 한 개의 유전자를 전달한 것이다. 또한, 멘델이 실험한 7가지 특징은 모두 한 특징[4]에 대한 대립유전자의 전달이 다른 특징과 관련된 대립유전자의 전달에 영향을 주지 않는 것으로 나타났다. 둥근 완두 유전자와 노란 완두 유전자가 독립적으로 유전되는

4) 특징은 눈의 색깔, 모양 등을 의미하며, 형질은 눈의 색깔이 흰색 혹은 빨간색인 것을 말한다.

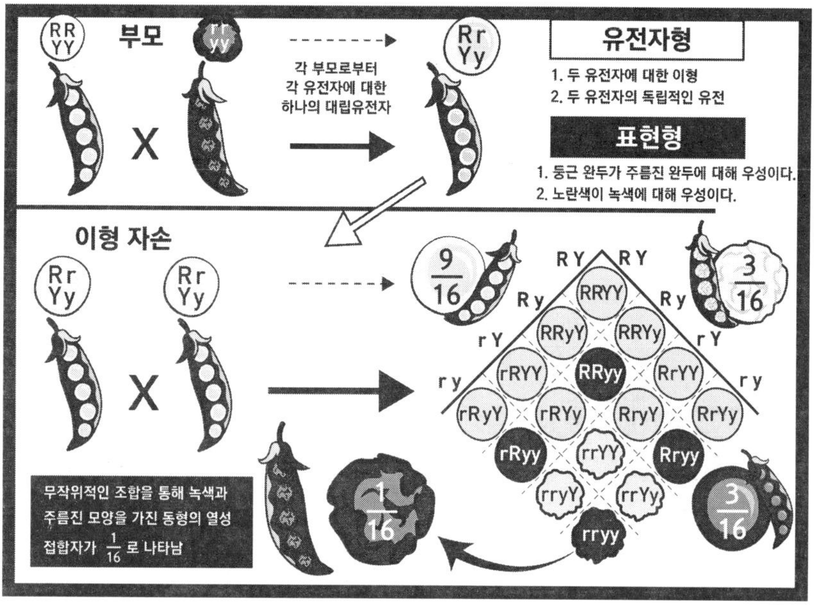

[그림 7.2] 멘델의 두 번째 가정: 다른 유전자 좌위는 독립적으로 유전한다.

것처럼 나머지 다른 특징을 결정하는 유전자들도 독립적으로 유전된다.

멘델은 둥글고 노란 RRYY 동형접합자를 주름지고 녹색인 rryy 동형접합자와 교배하면, 각각의 유전자 좌위에 대해 둥글고 노란 RrYy 유전자형의 이형접합자를 얻을 것이라고 가정했다. 특정 형질이 다른 형질에 영향을 미치지 않고 독립적으로 유전된다면 $\frac{1}{4}$RY, $\frac{1}{4}$Ry, $\frac{1}{4}$rY, $\frac{1}{4}$ry 유전자형의 꽃가루와 $\frac{1}{4}$RY, $\frac{1}{4}$Ry, $\frac{1}{4}$rY, $\frac{1}{4}$ry 유전자형의 난자가 만나 동등한 비율로 수정이 일어날 것이라고 생각하였다. 따라서 RrYy 식물을 자가교배했을 때, 자손의 $\frac{9}{16}$는 둥글고 노란 완두, $\frac{3}{16}$은 주름지고 노란 완두, $\frac{3}{16}$은 둥글고 녹색인 완두, $\frac{1}{16}$은 주름지고 녹색인 완두가 될 것이라고 예측하였다. 실제 멘델의 완두 실험 결과는 이러한 예측에 부합했다.

멘델의 연구 결과는 1866년에 논문으로 출간되었다. 그러나 1900년, 유전물질의 전달체인 염색체 개념이 제안될 때까지 그의 연구는 인정받지 못했다. 염색체는 진핵세포의 핵에서 쌍을 이루는 기다란 막대 모양의 물질이다. 일반적으로 같은 종이라면 생식세포를 제외한 모든 세포에 동일한 수의 염색

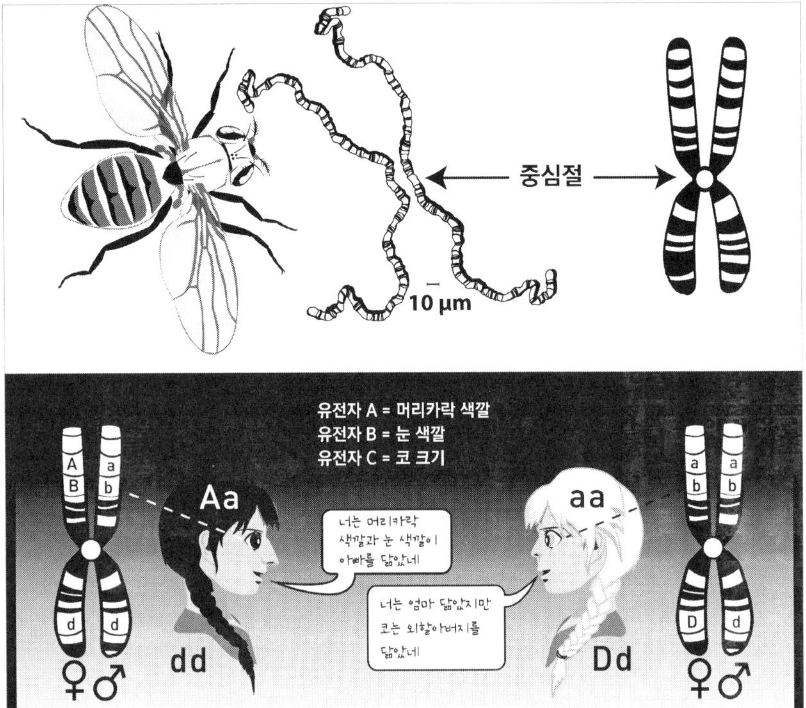

[그림 7.3] 유전자는 어디에 위치하는가: 초파리와 1쌍의 상동염색체에 대한 모식도. 염색체는 생명활동 과정들을 다스리는 일련의 유전자 좌위를 포함하고 있다. 사람은 23쌍의 염색체를, 초파리는 4쌍의 염색체를 가지는 것처럼 종마다 염색체의 수는 다르다. 상동염색체는 모계와 부계로부터 하나씩 물려받아 1쌍으로 구성된다. 서로 다른 유전자는 서로 다른 특징을 결정한다. 아래쪽: 부모로부터 다른 염색체를 물려받음으로써 두 자매는 서로 다른 머리카락 색깔, 눈 색깔, 코 크기를 프로그램하는 유전자형을 가진다. 자매는 상동염색체 중 하나를 엄마로부터 다른 하나를 아빠로부터 물려받기 때문에 유전자형이 다를 수 있고 결국 표현형이 달라질 수 있다.

체 쌍이 존재한다. 세포분열이 일어나기 직전에 각 염색체는 두 배로 복제된다. 체세포분열 과정을 통해 한 번의 분열로 만들어진 2개의 딸세포는 각 염색체들의 1개의 복사본만 갖는다. 따라서 체세포분열 결과, 원래처럼 1쌍의 염색체를 갖는다. 하지만 생식세포가 만들어질 때에는 두 번의 세포분열이 일어나고, 그 결과로 생긴 4개의 생식세포는 각각의 염색체 1쌍 중 무작위적으로 1개만을 갖는다. 요약하면, 감수분열 시기에는 각 염색체가 마치 멘델이 제시하였던 2개의 유전자 중 하나를 운반하는 것처럼 행동하며, 한 쌍의 염색체에 있는 유전자들은 같은 특징을 프로그램하고 있고, 다른 염색체 쌍에 있는 유전자들은 다른 특징을 프로그램하고 있다.

추가적인 연구에 의하면, 염색체는 일정한 순서로 배열된 선형의 유전자 배열을 가진다. 1쌍의 염색체는 동일한 기본 과정을 프로그래밍하는 유전자를 운반할 뿐만 아니라, 이 유전자들은 같은 순서로 배열되어 있다. 예를 들면, 침샘에서 분비되어 녹말을 엿당으로 분해하는 아밀레이스를 암호화하고 있는 유전자는 염색체 상에서 좌위(locus)라고 하는 특정한 위치를 차지한다(그림 7.3).

생명체는 어떻게 유전 암호를 풀어낼까?

유전자는 어떻게 유전자 발현 과정에 대한 정보를 저장할까? 1953년에 제임스 왓슨과 프랜시스 크릭은 모스 부호(Morse code)가 점과 선의 서열로 정보를 암호화하는 것처럼 유전자도 뉴클레오타이드들의 순서, 즉 "아데닌(A), 타이민(T), 구아닌(G), 사이토신(C)"의 서열로 암호화되어 있다는 것을 보여주었다. 단백질을 암호화하고 있는 기능적 유전자인 엑손에서 뉴클레오타이드 3개로 구성된 각 트리플렛 코돈은 하나의 아미노산을 암호화하고 있다. 예를 들면, 3개의 아데닌으로 구성된 코돈(AAA)은 라이신이라는 아미노산을 암호화한다. 트리플렛의 서열은 단백질을 구성하는 아미노산의 서열을 프로그래밍하며, 이 서열로부터 합성된 단백질은 자동적으로 접혀 기능을 수행한다(그림 7.4). 이러한 단백질들은 특정 생화학적 반응을 촉진하는 효소가 되기도 한다. 이 유전자의 다른 부분은 유전자의 발현을 조절하는 조절단백질들이 결합하는 부위로 유전자의 발현이 필요할 때에만 작동하도록 한다.

예를 들어, 어떤 유전자로부터 만들어진 효소는 우유 속의 당류인 젖당을 더 잘 활용할 수 있는 형태로 분해한다. 젖당이 없으면 이 유전자의 조절부위에 억제단백질이 결합하여 이 효소의 합성을 억제한다. 하지만 젖당이 존재할 때, 억제단백질은 젖당과 결합하여 더 이상 억제자로 작용할 수 없기 때문에 유전자로부터 젖당분해효소가 합성된다. 따라서 이 효소는 젖당이 있을 때에만 합성된다. 다른 예로, 특정 아미노산 합성 효소를 암호화하는 유전자를 억제하는 억제단백질을 들 수 있다. 이 억제단백질은 결과물인 아미노산과 결합하여 효소의 반응을 억제할 수 있다. 따라서 박테리아가 주변에서 아미노산을 섭취한다면 이 아미노산과 억제단백질이 결합하여 효소 합성이 억제된다. 각 유전자에 따라 다른 억제단백질이 관여하여 유전자들의 발현을 조절한다.

촉매 반응은 다양한 효과를 발휘할 수 있다. 나비의 비행 근육에 에너지를 공급하기 위해 포도당을 분해하는 첫 단계는 인산포도당이성질화 효소[5](phosphoglucose isomerase, PGI)에 의해 촉매되는 반응이다. 나비의 PGI 유전자는 나비가 날 수 있는 시간, 땅으로부터 이륙할 수 있는 최초의 시각, 날 수 있는 체온의 범위, 더운 날씨에서의 생존에 영향을 미친다. 장시간 비행이 가능해지면 수컷은 구애에 성공할 확률이 높아지고, 암컷은 알을 낳을 수

---

5) 인산포도당이성질화 효소(phosphoglucose isomerase/phosphoglucoisomerase, PGI)는 포도당 6-인산 이성질화효소(glucose 6-phosphate isomerase, GPI)라고도 부른다.

있는 더 좋은 장소를 찾을 수 있다. 또한 암컷과 수컷 모두 생존에 필요한 꿀을 더 오랫동안 찾을 수 있으며, 갑작스러운 날씨 변화에도 대처할 수 있다. 또한 암수 모두 힘차게 날 수 있을 때 포식자로부터 더 탈출하기 쉽다. 요약하면, PGI라는 하나의 효소에 의해 촉매된 화학 반응이 나비의 생존과 번식에 크게 영향을 미친다는 것이다.

생물학자들은 하나의 개체를 구성하는 모든 세포가 동일한 유전체를 가지고 있음에도, 어떻게 동물 세포들 간에 다양한 차이를 만들어내는지 오래전부터 궁금해해왔다. 학자들은 초파리를 이용한 연구에서 이 실마리를 찾았다. 초파리 암컷이 난자를 만들 때 발생에 매우 중요한 어떤 한 물질은 앞쪽에 높은 농도로 존재하고 뒤쪽 방향으로 갈수록 옅어지는 농도구배를 형성한다. 다른 물질은 반대 방향으로 농도구배를 형성하고, 또 다른 물질은 배쪽(腹面)에서 등쪽 방향으로 농도구배를 형성한다. 이러한 농도구배는 수정란이 세포분열을 할 때에도 유지되어 배아에서 세포가 존재하는 위치에 따라 각 물질들의 농도가 달라진다. 특정 조절 유전자는 단백질들의 특정 농도구배에서만 발현한다. 따라서 배아 내 세포의 위치에 따라 다양한 단백질의 농도구배가 만들어져 이들 조합에 의해 서로 다른 유전자들이 발현된다. 발현된 유전자는 해당 부위에서만 작용하여 그 위치에 적절한 발생 과정이 일어나도록 한다. 특히 이러한 유전자들은 하위 단계에서 눈, 심장, 손과 발의 발달을 촉진하는 스위치 유전자(switch genes)가 작용하는 위치를 결정한다. 스위치 유전자는 불을 켜고 끄는 스위치 같이, 다른 유전자들의 발현을 활성시키거나 억제한다. 좌우대칭형의 모든 동물들은 공통적으로 이 스위치 유전자들을 가진다. 초파리의 눈 형성에 관여하는 유전자에 이상이 생기면 눈이 만들어지지 않는다. 눈이 없는 돌연변이 초파리에 생쥐의 눈 형성 유전자를 주입하면 초파리의 겹눈이 복원된다. 앞서 기술한 단백질의 농도구배, 위치에 따른 조절 유전자, 스위치 유전자들의 작용으로 동일한 유전체로부터 다양한 조직과 기관을 갖는 생명

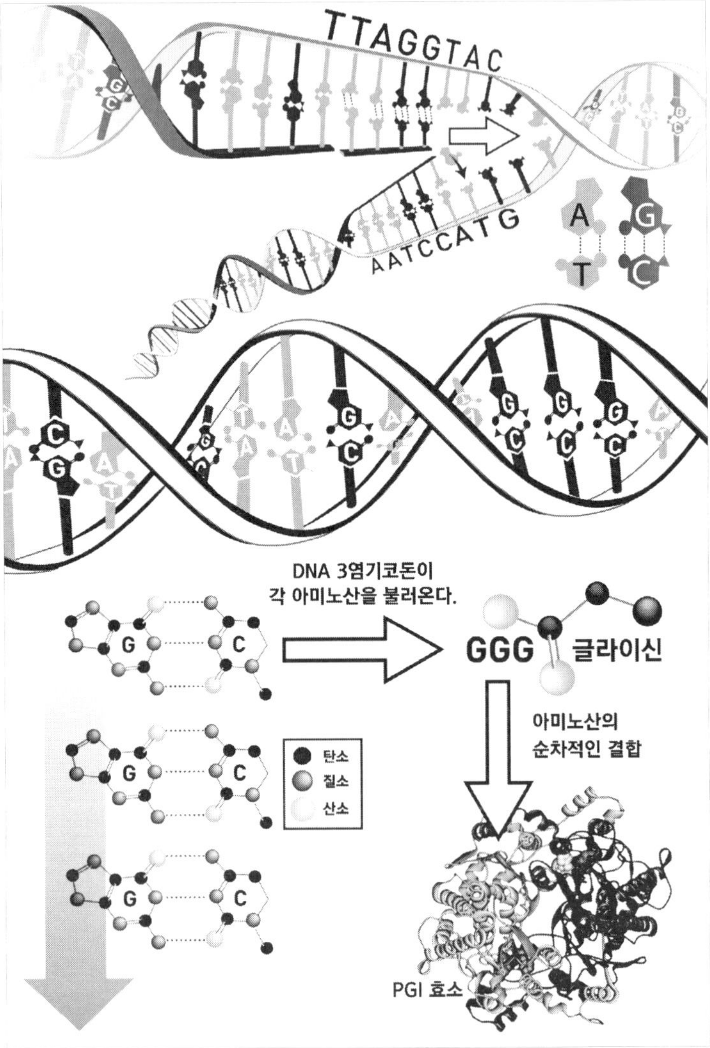

[그림 7.4] DNA 복제 모식도. DNA 이중 나선 가닥이 분리되며 각 가닥으로부터 상보적인 염기서열이 만들어진다. 각 염기는 상보적인 다른 염기와만 결합할 수 있기 때문에 기존 DNA 가닥은 새롭게 만들어지는 가닥의 염기서열을 지정한다. DNA 복제는 다양한 효소들에 의해 촉진된다. 아래 그림은 효소를 암호화하고 있는 DNA로, 2개의 코돈(각 코돈은 3개의 뉴클레오타이드, 트리플렛으로 되어 있으며, 한 아미노산을 불러옴) 중 글라이신에 대한 코돈을 상세하게 보여준다. 유전 암호는 4개의 염기인 아데닌(A), 타이민(T), 구아닌(G) 및 사이토신(C)의 염기서열로 되어 있다.

체가 만들어지는 것이다.

유전자의 염기서열은 아미노산 서열을 지정하여 단백질을 만들고, 이 단백질은 스스로 접혀 특정 기능을 하는 효소가 된다. 왼쪽 아래의 PGI 효소는 에너지를 비행 근육으로 방출하는 반응을 촉매한다. 이 효소는 555개의 아미노산으로 된 2개의 사슬로 구성되어 있다.

우리가 장난감을 안내 매뉴얼에 따라 조립하는 것과 달리, DNA 염기서열을 읽는 것으로 유전자가 어떤 기본 과정을 프로그램하는지 알 수는 없다. 하지만 소설가 베르나노스(Georges Bernanos)에 따르면 "우리와는 너무 다른 지성을 가지고 있어서 언어와 작문에 대해 아는 것이 전혀 없는 문맹인 사람도 인쇄물의 대칭성을 보고 전율하게 될 수도 있다."는 존재라는 것이다. 마치 이것이 어떤 생각을 나타내는지 전혀 알지 못하지만 제한된 문자로 항상 살아 있고 자유로운 사고를 하는 것과 같다는 것이다.

우리가 DNA 염기서열의 의미를 직접적으로 알 수 없어도 왓슨과 크릭이 발견한 DNA 구조는 DNA를 이해하는 데 큰 영향을 미쳤다. 무엇보다도 모든 생명체의 유전자가 동일한 코드를 사용하여 기본 과정을 프로그램하는 것은 그들이 공통 조상으로부터 유래하였다는 강력한 증거를 제시해준다. 서로 다른 생명체에서 동일한 과정을 프로그램하는 유전자들의 염기서열을 비교하면 여러 종들에 대한 '계보'를 알아낼 수 있다. 또 다른 특징으로는 유전자의 복제 오류 등으로 생긴 염기서열의 변화, 즉 돌연변이가 다음 세대로 전달된다는 것이다. 조상으로부터 거리가 멀어질수록 물려받은 유전자의 변이가 많아진다. 따라서 더 밀접한 관계에 있는 종들 사이에는 더 적은 유전적 변이가 존재한다(그림 7.5).

특정 과정을 프로그램하는 유전자가 어떤 종에서 좀 더 유사한 염기서열을 가지고 있다면 이들 종들은 좀 더 최근의 공통 조상으로부터 분기된 것이다. 앞서 언급한 바와 같이 아리스토텔레스는 고래가 어류보다 육지의 포유류

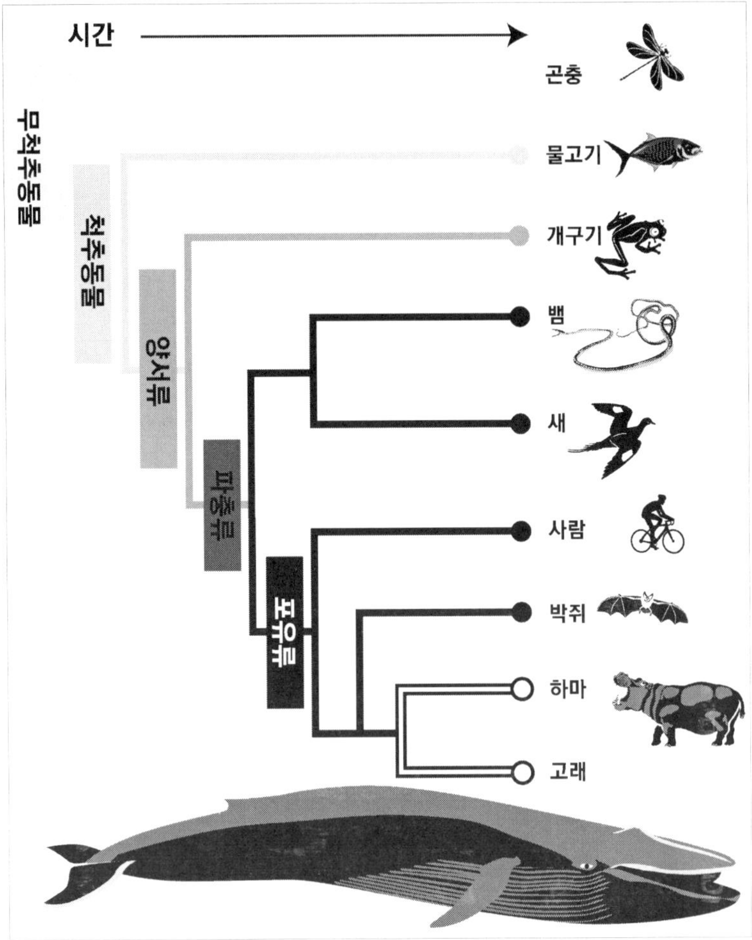

[그림 7.5] 두 집단이 갈라진 시기가 더 오래될수록 각각에서 유전자 변이가 일어날 확률이 더 커지고, 염기서열에서 차이가 더 커진다. 그림은 다른 그룹들의 동물들이 분기된 순서를 보여주는 계통수다. 이 순서는 각각의 그룹으로부터 추출한 DNA 염기서열의 차이를 추론하든, 비교해부학이나 화석 기록을 통해 추론하든 동일하게 니디난디. 고래는 DNA 염기서열이 가장 유사한 하마와 함께 그룹을 이룬다. 고래와 물고기가 바다에서 헤엄치며 산다는 사실은 박쥐와 곤충이 날 수 있다는 사실보다 적은 연관성을 가진다. 반면에 고래와 사람은 폐를 가진 온혈동물이며 태반에서 자란 새끼를 낳는다는 사실은 보다 최근의 공통 조상을 가진다는 것을 보여준다.

와 더 밀접한 관련이 있다고 결론지었다. 화석 기록은 어류에서 포유류가 갈라진 것보다 훨씬 더 최근에 육지 포유류에서 고래가 갈라졌다는 것을 보여준다. 게다가 특정 유전자는 고래와 물고기 사이보다 고래와 인간에서 훨씬 더 유사한 염기 서열을 가지고 있다. 보존된 화석으로부터 추론한 가계도는 일반적으로 동일한 기본 과정을 프로그램하는 유전자 사이의 유사도로 추론한 가계도와 일치한다.

요약하면 후생동물의 세포가 증식할 때, 각 세포는 동일한 두 세트의 유전자를 가지게 된다. 배우자가 만들어지기 전에 각 염색체 쌍은 재조합(교차)이라는 과정을 통해 같은 유전자에 해당하는 부분을 교환한다. 배우자에서 각각의 염색체는 멘델의 예견대로 기본적 과정에 대해 하나의 유전자만 가지게 된다.

진화, 자연선택, 그리고 유전체 공동의 이익

종의 대립유전자가 번식을 통해 퍼질 때, 일부 대립유전자들은 다른 것들을 희생시키며 진화한다. 특정 환경에서 생존과 번식의 가능성을 높일 수 있는 기본 과정을 프로그램하는 유전자가 널리 퍼지면, 진화적 적응이 일어난다. 유전자는 기본 과정을 프로그램하거나 조정하는 코드를 암호화하고 있다. 자연선택이란 같은 기본 과정을 암호화하는 대립유전자 중에 생존과 번식에 좀 더 우수한 프로그램을 암호화하는 대립유전자를 선호하는 기계적인 선택이다. 종들이 가진 대립유전자 중 어떤 것이 퍼지는가에 따라 다른 대립유전자는 도태되며 종이 진화하기 때문에, 종종 유전자들은 최후의 이기적인 단위라고 불린다. 그러나 이 유전자들은 자기 이익을 인식하지 못한다. 또한 컴퓨터 프로그램이 잘 작동하기 위해서는 제대로 된 컴퓨터와 잘 다룰 수 있는 사람이 모두 필요하듯이 유전체가 적절한 유전자들로 구성되어 있고 유전체 내 모든 유전자들이 잘 작동할 때 비로소 유전자 프로그램도 제대로 작동한다. 따라서 이러한 최후의 이기적인 단위는 실재로 상호의존적이다. 결국 자연선택이 선호하는 것은 생명체 내 유전자들의 공동의 이익이 되어야 한다는 것이다. 이것을 어떻게 알 수 있을까?

이형접합자의 두 대립유전자가 생식세포로 나뉘어 들어가는 과정은 복권 추첨과 같이 세상에서 가장 공정한 과정 중의 하나이다. 만약, 자연선택이 감수분열 과정에서 특정 대립유전자를 생식세포에 포함시키는 편향적 '사기꾼' 대립유전자를 퍼뜨린다면 이형접합체의 생식세포 대부분이 사기꾼 대립유전자를 보유하게 되어 적응 진화가 일어나지 않을 것이다. 시험에서 부정행위로 높은 점수를 받는 것처럼, 생식세포에 사기꾼 대립유전자가 포함되는 편향적인 감수분열은 부정행위자들에게 경쟁자보다 '불공정한' 이점을 제공한다. 일부 몇몇 종에서는 사기꾼 대립유전자가 자신의 몫 이상으로 생식세포에 들어가 확산되도록 하는 유전자를 가지고 있다. 그러나 시험에서 부정행위자의 높은 점수가 실제의 지식을 반영하지 않는 것처럼, 감수분열이 대부분의 유전자 좌위에 편향적일 경우 이러한 대립유전자의 확산은 보유자의 적응이나 진화의 적합성에 별로 기여하지 못할 것이다.

생식세포에게 대립유전자를 할당하는 감수분열 과정은 복권 추첨처럼 매우 공정하다. 이 과정은 특정 대립유전자를 보유할 경우 생존과 번식 능력이 향상되는 이점을 가질 때에만 특정 대립유전자의 확산을 보장함으로써 생명체 내 유전자들의 공동 이익에 기여한다. 특히 이러한 공정성은 다른 유전자의 활동을 조정하여 생존과 번식에 더 유리한 대립유전자를 보유한 개체가 자연선택되어 더 많이 번식하도록 해주었다.

개체의 유전자들이 추구하는 공동의 이익은 종종 대립유전자를 불균형적으로 가지고 있는 혈족을 선택하는 방향으로 나타난다. 따라서 가까운 친척의 생식을 도움으로써 결국 자신이 가지고 있는 유전자의 공동의 이익에 기여하는데, 이러한 행위는 그것이 자신의 생존이나 생식을 어렵게 하는 상황이 아닐 때에나 가능한 일이다. 이것은 르네상스 시대의 교황이 친척에게 권력을 부여했던 것처럼, 꿀벌 내 일벌 집단이 자신과 유전적으로 좀 더 먼 관계의 알을 희생하면서 더 가까운 관계의 알을 돌보는 것에서 볼 수 있으며, 다른 현상에서도 많이 관찰된다.

요약하면, 부모가 자손에게 전달하는 형질들에 대한 지침은 유전자에 암호화되어 있다. 유전자는 염색체의 특정한 위치에 있으며, 고유한 과정을 프로그램하여 개체의 생장 혹은 행동에 영향을 준다. 같은 유전자 좌위에 다른 버전의 작업을 프로그램하고 있는 유전자를 대립유전자라고 한다. 한 개체의 유전자는 각 좌위마다 부모로부터 하나씩 물려받은 1쌍의 대립유전자로 구성된다. 공정한 규칙을 통해서 부모로부터 자식에게 유전자가 전달되기 때문에 유전자에 대한 자연선택은 개체의 적응과 종의 다양성을 이끌어내는 동력이 된다. 유전자의 확산이 어떻게 개체의 생활 방식을 적응시키는지 다음 장에서 살펴보자.

08장

적응적 진화를 위한 유전자의 조직화

생존하고 번식하는 데 필요한 것을 조달할 수 있는 능력은 생명체의 가장 뚜렷한 특징이다. 진화가 어떻게 작용하는지 알기 위해서는 두 가지 질문에 대한 설명이 필요하다. 첫째, '이기적 유전자'에 의하여 자연선택이 일어나 적응한 개체가 어떻게 출현할 수 있었을까? 둘째, 현미경으로나 관찰 가능한 작은 생명체로부터 어떻게 무수히 다양한 형태의 생명체들이 출현하였을까?

자연선택의 사례들

먼저, 자연선택을 통해 더 잘 적응한 개체가 출현한 예를 보자. 자연선택은 하나의 대립유전자가 번식 능력을 향상시켜 다른 대립유전자를 대체하여 확산될 때 일어난다.

예를 들어, 돌연변이로 모기 살충제에 저항성이 높은 대립유전자가 생기면 살충제가 살포되었을 때 이 대립유전자는 더욱 확산된다. 생존이 유리한 개체는 자연선택을 통해서 살아남을 수 있다. 즉, 살충제 저항성 대립유전자를 갖고 있는 모기들은 살충제를 사용하는 환경에서도 생존하여 번식할 수 있다. 살충제를 살포하면, 살충제 저항성 대립유전자가 없는 모기는 죽어 사라지고, 저항성이 있는 모기들만 살아남아 살충제에 대한 내성을 가지게 된다. 다른 비슷한 예로, 결핵이나 폐렴을 일으키는 세균들이 항생제에 저항성이 높은 대립유전자를 가진다면, 환자가 이 항생제를 복용하더라도 세균이 죽지 않고 살아남아 빠르게 확산되어 결국 저항성을 가지는 대립유전자가 확산될 것이다. 앞선 모기나 세균의 예처럼, 저항성을 가지는 돌연변이 대립유전자는 이전에 살충제나 약물로 인해 개체가 죽어 유전자가 확산되지 못했던 개체가 살아남도록 해 유전자를 발현하게 해줌으로써 이들 대립유전자의 확산을 가능하게 하였다. 우리는 종종 신약에 저항성을 가지는 새로운 대립유전자, 즉 DNA 복제 오류에 의한 연속적인 돌연변이를 발견하기도 한다. 예를 들어 어떤 세균은 페니실린과 그와 유사한 약물인 베타락탐(β-lactams)을 더 이상 독성이 없는 성분으로 분해시켜버리는 베타락타메이즈(β-lactamase) 효소를 만들어내도록 진화하였다. 진화한 세균을 억제하기 위해 베타락탐계통 약물인 세포탁심(cefotaxime)을 처리하면 세균의 베타락타메이즈가 약을 분해하는 속도가 매우 느려져 결국 세균은 죽는다. 하지만 다시 세균의 베타락타메이즈를 암호화하는 유전자에 5개의 뉴클레오타이드가 바뀐 돌연변이가 출현하였고, 돌연변이 세균은 다시 세포탁심에 대한 저항성을 갖게 되어 같은 항생제를 처리하여도 매우 빠르게 증식하였다. 결과적으로 이 돌연변이 세균은 세포탁심에 대한 저항성을 10만 배 증가시켰다. 이 과정에서 알아낸 항생제에 대한 내성 진화의 각 단계는 먼저 DNA 서열의 변화가 일어나고, 자연선택 되어 살아남은 개체들이 세포탁심항생제 내성을 가지게 되었다는 것이다. 이러한 슈퍼박테리아의 출현은 인간의 과학 발전에 대응한 세균의 진화 과정을 보여준다.

[그림 8.1] 주변의 배경색과 유사한 동물들은 새들의 포식활동으로부터 더 잘 살아남는다. 검은 배경 환경에서의 검은 색깔의 나방과 흰 색깔의 나방.

환경 변화는 가시적인 진화를 일으키기도 한다. 영국의 후추나방(*Biston betularia*)은 보통 낮에는 이끼로 덮인 나뭇가지 아래에 숨어 휴식을 취하며, 후추나방의 얼룩무늬는 후추나방이 사는 환경과 매우 유사하다(그림 8.1). 1800년대 영국의 산업 혁명시기에 늘어난 공장에서 이산화황과 그을음이 포함된 매연을 뿜어내 이끼가 죽고, 숲의 나무줄기와 가지가 검어졌다. 몸과 날개를 검게 하는 대립유전자를 가진 나방들은 이러한 그을음이나 어두운 배경과 유사한 색깔의 날개를 가지고 있어서 포식자로부터 살아남아 검은 나방의 수가 크게 늘었다. 하지만 청정공기법이 제정되고 숲의 이끼가 복구되면서 검은 나방들은 포식자의 눈에 잘 띄게 되었고, 다시 밝은 색의 얼룩무늬 후추나방들이 우점하게 되었다. 실험에 따르면 새들은 환경과 유사한 색을 가진 나방을 잘 찾지 못해 먹기 어려웠다는 것이 밝혀졌다. 따라서 나방을 먹는 새에 의한 나방 개체수 조절이 자연선택으로 작용하여, 오염이 확산되면 검은 나방도 확산되고, 오염이 줄어들면 검은 나방도 줄어들었다. 우리는 여기서 두 가지 교훈을 얻을 수 있다.

첫째, 새로운 대립유전자로 인해 유전자 발현에 차이가 있는 새로운 프로그램이 나타나고, 이것이 집단 내 다른 구성원보다 생존과 번식에 유리하게 작용할 때 적응이 일어난다. 둘째, 다른 조건이 같다면, 자연선택은 포식자로부터 몸을 숨기는 데 도움이 되는 대립유전자를 선호한다.

그러나 복잡한 유기체가 자연선택되어 적응하기 위해서는 사전에 많은 일이 일어나야만 한다. 적응 진화가 일어나기 위해서는 유전자가 어떻게 조직되어야 할까? 이러한 유전자 조직은 어떻게 진화할 수 있을까?

유성생식은 왜 진화를 했으며, 어떻게 일어났을까?

우리가 아는 대부분의 동물들은 암컷과 수컷, 2개의 성으로 이루어져 있다. 암컷의 난자는 수컷의 정자에 의해 수정될 때에만 발생이 시작되며, 마찬가지로 식물의 난세포는 꽃가루에 의해 수정되어야만 생식 가능한 씨앗이 된다. 동물과 식물 모두에게 유성생식을 통한 발생은 삶의 궁극적인 목표이다.

유성생식은 감수분열을 전제로 하며, 감수분열에 의해 2배체(2n, diploid)의 세포는 반수체의 생식세포를 생성한다. 감수분열은 부모에게서 물려받은 한 쌍의 유전자 중 한 개만 생식세포에게 물려주는 정교한 절차를 거치며, 이는 마치 우아한 춤을 추는 것처럼 진행된다(그림 8.2). 상동염색체는 쌍을 이루어 유전자 좌위별로 배열되며, 생식세포가 각 상동염색체 쌍으로부터 하나의 염색체를 받기 전에 상동 부분에서 교차에 의한 재조합이 일어난다. 감수분열의 정교한 절차는 유성생식이 질서정연하게 일어나도록 한다. 진정세균이나 고세균은 반수체 유전체를 복제하여 2배가 된 후 나누어져 다시 반수체가 된다. 진핵생물만이 감수분열의 정교한 절차를 거친다. 그렇다면 진핵생물이 유성생식으로부터 얻는 이득은 무엇일까?

유성생식이 치루어야 할 비용

식물의 수분이나 동물의 수정 시 정자를 제공받는 과정은 종종 어려움에 봉착하게 된다. 꽃을 피우는 많은 식물들은 꽃이 아주 크거나, 화려하거나, 기이한 모양이거나 혹은 강한 향을 내뿜어 동물들을 유혹함으로써 동물이 같은 식물 종의 다른 개체로부터 꽃가루를 묻혀와 자신을 수분시키도록 한다. 많은 종류의 수컷 동물들은 짝을 얻기 위해 다른 수컷과 싸우거나 경쟁해야 한다. 다윈은 이 과정을 뚜렷한 선택의 형태, 즉 성 선택으로 보았는데, 이 과정에서 승자는 홀로 암컷을 독차지하는 이득을 얻는다. 다윈은 성 선택이 항상 집단의 생활 적응력을 향상시키는 방향으로 일어나는 것은 아니라고 생각했다. 사실, 짝을 차지하기 위해 경쟁하는 것은 유성생식이 치러야 할 대가(代價) 중 하나이다.

수컷이 짝을 독차지하기 위해 다른 수컷과 자주 싸운다는 다윈의 견해에 반대하는 사람은 거의 없다. 실제로 숫양이나 사슴처럼 뿔을 가진 많은 종의 수컷은 라이벌과 싸울 수 있는 훌륭한 구조를 가지고 있다. 기능은 수컷이 짝짓기 철에는 뿔을 키우고 짝짓기가 끝나고 나면 제거하는 사슴에서 이러한 구조의 기능을 가장 두드러지게 볼 수 있다.

그러나 진화론의 공동제창자인 월리스(Alfred Russel Wallace)는 수컷이 암컷을 유혹하기 위해서 경쟁한다는 것에 의구심을 가졌다. 실제로 암컷이 다른 수컷들 간의 매력을 비교할 수 있을까? 1980년에 대학원생이었던 라이언(Michael Ryan)은 자연에서의 짝짓기 성공에 암컷의 선호도가 영향을 미친다는 것을 밝혔다. 라이언은 특징적인 울음소리를 따라 이름 지어진 퉁가라개구리

(túngara frogs, *Engystomops pustulosus*) 암컷이 울음소리의 '가라(túngara 중 gara)' 부분을 더 깊은 톤으로 노래하는 수컷에 더 매력을 느낀다는 것을 발견했다. 실제로 우리 주변의 눈이나 귀를 가지는 동물들은 암컷의 선호도가 짝짓기에 중요하다는 간접 증거를 보여준다. 수컷 매미는 암컷을 부르는 짝짓기 소리로 숲을 진동시키며, 수컷 공작이나 낙원의 새들은 아름답고 화려한 외모로 암컷을 유혹한다(사진 8.1). 무희새(manakins)나 바우어새(bowerbirds)는 수컷이 탈진할 정도의 구애 의식을 거친 후에야 교미한다. 암컷 무희새는 수컷이 빠르고 활력 넘치며 절묘한 균형과 조화를 이루는 멋진 춤을 잘 추어야 교미에 응한다. 암컷 바우어새는 크고 눈에 잘 띄는 나무 둥지를 만들어 놓고 기다리는 수컷에게만 반응한다. 이러한 암컷의 선호도를 만족시킬 만한 활력과 체력을 갖춘 수컷만이 자신의 유전자를 자손에게 전달할 수 있다. 진화는 현대의

[사진 8.1] 성 선택. 태국에 있는 수컷 공작은 긴 현란한 색상의 날개를 가지고 암컷을 유인하여 교미를 한다. 인간도 이러한 공작의 수컷 날개를 아름답게 생각한다. 다윈은 암컷 공작이 아름답게 느끼는 것이 우리와 같다고 하였다.

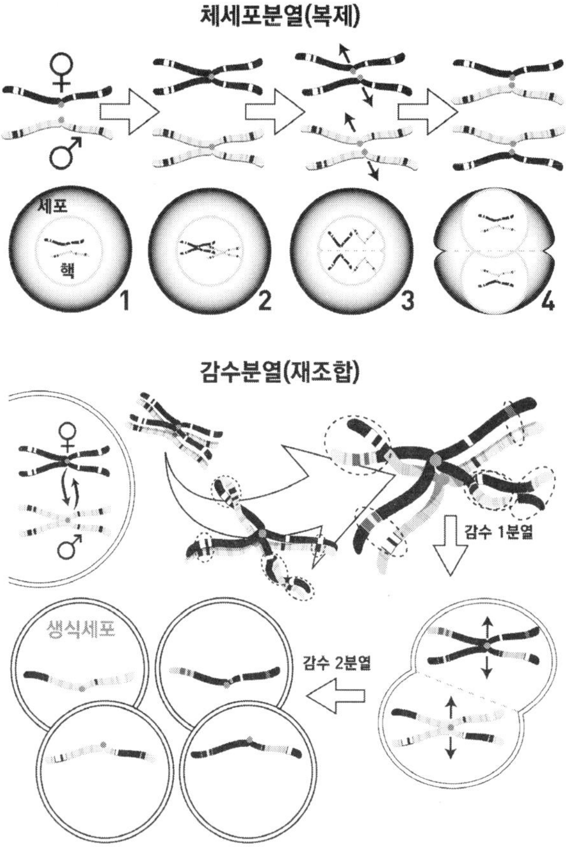

[그림 8.2] 개체의 생장과 유지를 위한 체세포분열 과정은 정자와 난자 같은 생식세포를 만드는 감수분열 과정과는 매우 다르다. 체세포분열에서는 부계와 모계로부터 받은 각 염색체가 복제되며, 딸세포는 각 염색체로부터 복제된 사본 하나를 물려받는다. 모식도에는 한 쌍의 상동염색체와 이러한 염색체 내 1,000개 이상의 유전자 중 몇 개만 똑같은 유전자 좌위 순서의 상동염색체를 부계로부터 받은 염색체는 밝은 색으로, 모계로부터 받은 것은 어두운 색으로 나타냈다. 다세포 생물의 수정란에서는 체세포분열이 연속적으로 일어나 유전적으로 동일한 세포들이 만들어진다. 감수분열은 각 유전자 좌위에 2개의 유전자를 갖는 2배체(2n)의 생명체가 반수체(n) 생식세포를 만드는 과정으로 수컷으로부터 정자가 암컷으로부터 난자가 만들어지며, 각 유전자 좌위에 하나의 유전자만 갖는다. 여기서 각 염색체는 분열 전에 먼저 복제된다. 모계 염색체는 동일한 유전자 좌위의 부계 염색체 쌍에 부착하고 유전자 재조합 과정(교차)에 의해 상동 부분을 교환한다. 재조합 결과, 동일한 세트의 유전자 좌위를 가지면서 새로운 조합의 대립유전자를 갖는 염색체가 만들어진다. 그 후 이루어지는 2번의 연속적인 세포분열로 각각 반수체의 염색체를 가진 생식세포가 만들어진다.

경제학자들과는 달리 항상 유익하거나 이익이 되는 것에 얽매이지 않는다. 암컷이 종종 수컷의 아름다움에 반하여 성 선택을 하는 것을 보면, 다윈의 결론이 옳았음이 틀림없다.

심지어 곤충은 교미 중에도 수컷이 암컷을 가볍게 치거나, 노래하거나, 애무하거나, 혹은 다른 수컷의 정자를 몸 밖으로 배출하도록 하여 자신의 정자로 알을 수정시킨다. 수컷은 교미 중에 카마수트라[1](Kama Sutra) 기술을 사용하여 암컷을 달래면서 교미를 하려고 하는 반면에 암컷은 강요된 교미에 의한 생식을 줄이기 위해 자손의 수나 질을 감소시킨다.

진화적인 관점에서는 유성생식이 간절히 필요해보이지만, 유성생식은 역설적이기도 하다. 첫째, 유성생식을 하는 모든 생명체는 1개의 세포로 시작되는 반면, 식물이나 산호, 해면동물들에서 관찰되는 영양 번식은 절편에 의한 무성생식의 일종으로 새로운 개체가 더 크고 안전하게 출발하도록 한다. 둘째, 유성생식 과정 중에는 50%의 유전자를 잃어버리는 비용이 발생한다. 자가수분하는 식물은 자신의 꽃가루에 의해 수분되기 때문에 자손은 모든 유전자를 어미로부터 물려받는다. 타가수분이나 자가수분이나 어미의 비용은 똑같이 들지만, 타가수분으로 만들어진 자손은 어미의 유전자를 절반만 받는다. 그렇다면 왜 그렇게 많은 식물들이 자가수분을 하지 않을까? 이와 유사하게 대부분의 유성생식을 하는 동물에서, 암컷은 새끼를 낳고 기르지만 수컷은 유전자만 제공한다. 출산과 돌봄은 오롯이 어미의 부담이지만, 새끼는 어미 유전자의 절반만을 물려받는다. 그렇다면 왜 암컷은 유성생식을 하는 것일까? 다른 유전자가 추가되면 어미가 자신의 유전자를 퍼트리는 데 도움이 되는 것일까?

---

1) 카마(성애)와 수트라(경전)의 합성어로 성애에 관한 인도의 성 철학서이다.

유성생식의 장점

유성생식은 대체로 적응 진화를 선호한다. 개체의 발생이나 기능 수행을 위한 프로그램은 유전자에 암호화되어 있다. 열대식물학자 코너(E.H.J. Corner)는 2배체 유전자를 한 쌍의 축구팀에 비유했다. 축구에서 11개의 모든 포지션에 대해 특별하게 훈련된 각각의 선수가 있는 것처럼, 각 반수체 염색체에는 수천 개의 유전자 좌위가 있으며, 각 좌위마다 하나의 유전자가 각각 다른 기능을 수행한다. 유성생식으로 번식한 2배체는 부계와 모계로부터 반수체 염색체를 하나씩 상속받는다. 난자든 정자든 상관없이 생식세포를 만들 때 2배체의 염색체는 좌위별로 쌍을 이룬다. 감수분열 과정은 각 생식세포의 반수체 유전체를 구성하기 위해서 각 좌위에 있는 2개의 유전자 중 하나를 마치 복권 추첨하듯이 무작위로 선택한다. 다음 장에서 설명하겠지만, 이 과정은 아마도 손상되지 않은 DNA 염기서열이 손상된 DNA 염기서열과 짝을 이루어 손상 부위를 복구할 수 있도록 진화되었을 것으로 추측된다. 즉, 유성생식의 주요한 목적은 염색체의 다른 조합, 다시 말해 다른 유전체에 있는 유전자를 테스트하는 과정으로 서로 다른 유전자의 조합 중 어떤 것이 다른 것보다 나은지 확인하는 것이다. 코너는 "감수분열과 수정은 마치 축구에서 선수를 섞어서 새로운 팀을 짜는 것과 같은 역할을 한다. 그중의 어떤 조합은 다른 조합보다 더 좋은 결과를 가져와 삶의 게임에서 더 잘 성공할 수도 있는 반면, 약체 팀은 게임에서 패할 뿐만 아니라 사라질 수도 있다. 따라서 생식세포 집단에서 일어나는 유성생식 과정은 자연선택을 통해 한 종의 생존 능력을 향상시킬 수 있는 수단을 제공한다."고 말했다.

무성생식에서는 돌연변이를 제외한 개체의 모든 자손이 동일한 유전자형을 물려받는다. 계급사회에서 부모의 지위가 개인의 능력보다 성공에 더 큰 영향을 미치듯이, 새롭게 출현한 대립유전자의 운명은 이 대립유전자가 개체의 생식보다 대립유전자를 포함하고 있는 유전자형이 얼마나 빠르게 퍼지는가에 달려 있다. 유성생식은 재조합을 통해 한 유전자의 후손들을 여러 유전자형으로 섞는다. 따라서 대립유전자의 운명은 그것이 처음 나타났던 유전자형의 질보다, 이 대립유전자가 보유자의 생존 적합성에 미치는 영향에 따라 결정된다. 코너가 언급한 섞기(재조합) 과정은 실력이 좋은 선수로 가득한 더 좋은 팀과 실력이 부족한 선수가 모인 나쁜 팀이 만들어지고, 승률이 높은 팀에 더 좋은 선수들이 합류하고 실력이 떨어지는 선수들은 더 빨리 제외되는 것과 유사하다. 마찬가지로 유성생식에 의해 좋은 유전자를 가진 후손은 많은 자손을 낳는 반면에, 유전자 결함이 많은 후손은 자손 없이 죽는다. 유성생식은 공정한 경쟁을 통해 각 대립유전자들의 장점을 테스트하여 좋은 대립유전자와 그렇지 못한 것을 효과적으로 구분한다. 유성생식을 하는 효모 변종이 무성생식을 하는 효모 변종보다 새로운 환경에 더 빠르게 적응한다는 실험 결과는 유성생식을 통해 재조합이 일어난 대립유전자들이 개체의 생존과 번식에 기여한 경우, 더 많이 퍼질 수 있다는 것을 보여준다.

이러한 유성생식의 장점이 소모 비용보다 더 클 경우, 유성생식은 대립유전자가 생명체 내 유전자들의 공동의 이익에 도움이 되는지 유전체의 적합성에 미치는 영향을 시험한다. 대립유전자가 일부 유전자형에는 이롭고 다른 유전자형에 해롭다고 할지라도 마찬가지다. 하지만 유성생식 생물의 자연선택은 유전자 재조합의 결과로 갖게 된 다양한 유전자형 중에서도 생식을 증가시키는 '훌륭한 재조합 유전자형'을 선호한다. 자연선택은 모듈형 유전 시스템을 선호하기 때문에 일부 유전자는 다른 유전자와 거의 독립적으로 작동한다. 더욱이 유전 시스템은 신체의 한 체절이나 부분이 다른 부분과 거의 독립적으로 변형될 수 있는 모듈 시스템으로 구성되어 있다. 이 모듈형 유전 시스템은 다양한 곤충에서 앞날개를 분화시키는 데 거의 동일한 서열로 유지되는 '특징 인식 네트워크'와 각 곤충의 날개 형태를 특성화하는 유전자들을 포함한다.

예를 들면, 딱정벌레에서 속날개를 가리는 겉날개의 프로그래밍, 쌍시류에서 모기가 나는 데 사용하는 날개의 프로그래밍 등을 볼 수 있다. 모듈화를 통해 선택을 하면 다른 기능에 영향을 주지 않고 한 가지의 기능만 변경이 가능하다. 이것은 특히 복잡한 유기체에서 적응 진화가 훨씬 쉽게 일어나게 한다. 질서정연하게 진행되는 유성생식은 좋은 대립유전자와 나쁜 대립유전자를 더 쉽게 구별하고, 적응 진화를 더 빨리 일으키는 유전적 시스템을 선호하였다.

유성생식의 장점은 1mm 길이의 예쁜꼬마선충을 이용한 실험에서 확인되었다. 한 변종에서는 암수한몸인 선충이 자가 수정으로만 번식했고, 다른 변종에서는 선충이 암수 교배로만 번식했다. 돌연변이 발생률을 4배 높인 화학물질에 선충을 노출시키면, 자가 수정한 선충의 자손은 유해 돌연변이가 누적되면서 생식률이 크게 떨어진 반면, 암수 교미의 결과로 생긴 자손들의 생식률은 변하지 않았다. 또한 질병을 일으키는 세균에 노출되었을 때, 암수 교미로 태어난 선충은 경우 40세대 안에 질병에 대한 저항성을 획득하였지만 자가 수정한 선충은 그렇지 못했다. 결국 환경에 변화가 있을 경우, 재조합이 일어나는 생식 과정이 자가 수정보다 훨씬 더 잘 적응하여 생존할 수 있게 해주었다. 사실, 유성생식은 진화의 전환점이었다. 다세포 동물과 식물, 곰팡이 같은 진균류들은 모두 유성생식을 하는 조상으로부터 출현하였다.

유성생식의 유사 형태를 세균에서 찾는다면 아마도 형질전환(transformation)이라고 부르는 과정일 것이다(그림 8.3). 세균이 물속을 떠다니는 DNA 가닥을 흡수하면, 흡수된 DNA와 세균의 유전자는 상동부위에서 쌍을 이루고 유전자를 교환한다. 이때, 세균의 염색체 일부는 흡수된 DNA에 의해 형질전환되고, 형질전환은 개체에 적응력을 부여한다. 일부 세균은 관련 균주의 DNA 가닥만 흡수하지만, 진화의 초기 단계에서 진정세균과 고세균은 서로의 유전자를 대규모로 교환했다. 이러한 '수평적 유전자 전달'은 세균이 강력한

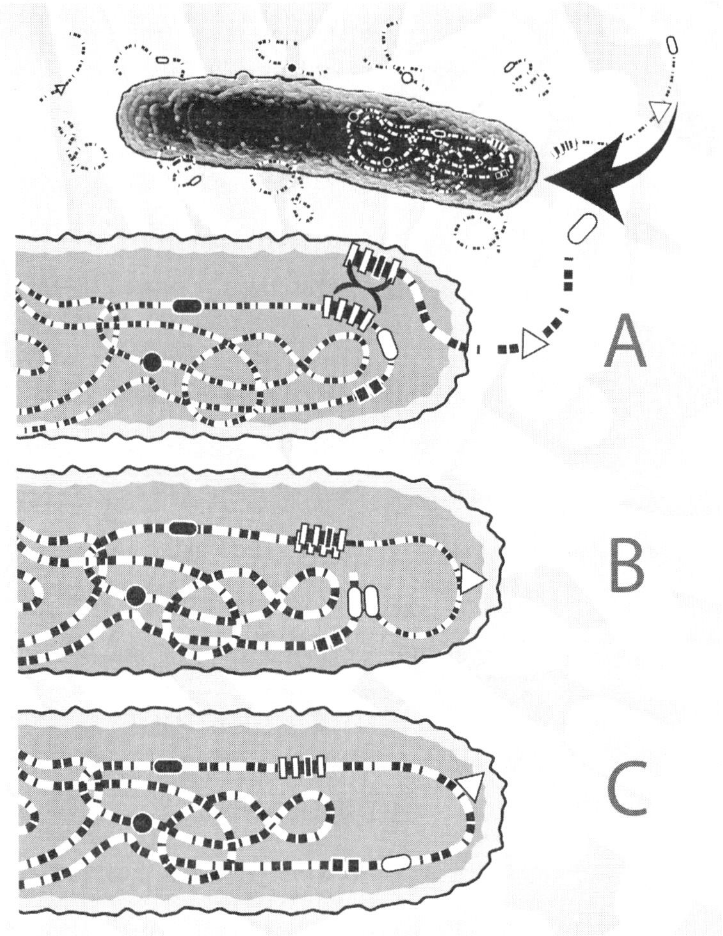

[그림 8.3] 세균은 주변의 물속에 부유하는 유전자를 흡수하여 재조합의 이점을 얻는다. 세균이 흡수한 DNA는 세균의 염색체 부위와 상동 서열을 교환할 수 있다. 이 과정은 때로는 매우 다른 새로운 유전자를 세균에 도입할 수 있다. 이를 수평적 유전자 전달이라고 한다. 여기에서 부유하는 DNA의 한 부분이 세포로 들어가고 그 한쪽 끝이 세균의 염색체에 있는 상동유전자와 짝을 이루어 이 염색체를 자른다(A). 새로 들어간 DNA 조각의 다른 쪽 끝은 세균 염색체의 자유 말단과 상동성을 가지며 말단과 쌍을 이룬다(B). 침투한 DNA 조각은 이제 세균 염색체에 통합된다(C).

약물에 대하여 빠르게 내성을 가지도록 해주었으며, 이는 세균이 화학물질에 탁월하게 대응하게 하는 요인으로 볼 수 있다. 진핵생물의 감수분열에서도 형질전환처럼 유전자의 상동성이 매우 중요한 역할을 한다. 이것은 진핵생물의 조상이 미토콘드리아의 조상이었던 세균을 세포 내에 정착시켰을 때 진화한 것으로 보인다. 감수분열은 유전자 좌위별로 상동염색체끼리 쌍을 지어 이루어지기 때문에, 동일 품종의 교배 집단 내에서 염색체에 동일하게 배열된 유전자 좌위 세트를 선호하여 유전자의 수평적 전달 기회를 크게 감소시킨다. 원핵생물은 생화학적인 적응 다양성으로, 그리고 진핵생물은 형태적인 적응 다양성으로 잘 알려져 있다. 수평적인 유전자 전달은 생화학적인 적응 다양성으로 강화시키면서 한편으로는 형태적인 적응과 다양성을 방해하는 것일까?

공동의 이익과 자연선택

감수분열은 유전자 전달 과정에서 부정행위의 기회를 제공하기도 한다. 생식세포에 유전자를 할당하는 것은 복권 추첨과 같이 매우 공정한 과정으로, 배우자는 동등한 확률로 각 좌위의 부계와 모계의 유전자를 물려받는다. 멘델의 법칙은 감수분열이 얼마나 공정하게, 즉 무작위적으로 일어나는지 보여준다. 그의 예측이 실험결과와 맞아 떨어진 것은 실제로 감수분열이 무작위적으로 일어났다는 것을 의미한다. 만약, 둥근 대립유전자와 주름진 대립유전자를 가진 이형 접합 완두에서 둥근 대립유전자를 가진 꽃가루가 주름진 대립유전자를 가진 개체를 죽인다면, 둥근 대립유전자가 있는 이형의 개체가 죽는 일이 생기더라도 둥근 대립유전자가 집단에서 우위를 차지할 것이다. 부정행위로 얻은 시험 점수는 그 사람이 가지는 지식과는 상관이 없는 것처럼, 대립유전자의 부정행위로 인해 사기꾼 대립유전자가 개체에 도움을 준다고

해서 이 사기꾼 대립유전자가 빨리 퍼지는 것은 아니다.

실제로 사기꾼 대립유전자가 존재한다. 그들은 수컷을 속여서 일반적으로 필요한 것보다 사기꾼 유전자를 갖는 훨씬 더 많은 정자를 만들도록 한다. 예를 들어, 생쥐는 꼬리 길이를 조절하는 3가지 종류의 대립유전자가 있다. 첫째, T^+ 대립유전자에 대한 동형접합자는 정상의 긴 꼬리를 가지며, 둘째, T 대립유전자는 T^+에 대해 우성으로 TT^+ 이형접합자와 TT 동형접합자 모두 짧은 꼬리를 가진다. 셋째, t 대립유전자는 다른 대립유전자를 운반하는 정자를 죽여 자신만 생식세포에 들어가는 감수분열 편향성을 가지지만, 암컷에서는 이러한 편향성이 나타나지 않는다(그림 8.4). Tt 이형접합자는 꼬리가 없으며 Tt 수컷에서 만들어진 정자의 95%가 t를 가지고 있다. 대조적으로, T^+t 이형접합자는 긴 꼬리를 가지고 있지만 T^+ 수컷이 생산하는 정자의 95%도 t를 가지고 있다. 수컷의 이러한 편향된 감수분열은 Tt 수컷과 T^+T^+ 암컷을 교배하여 확인할 수 있다. t와 T가 각 정자에 들어갈 기회가 같으면 자손의 절반은 짧은 꼬리 T^+T이고, 절반은 긴 꼬리 T^+t여야 한다. 그렇지만 실제로는 자손의 95%가 긴 꼬리 T^+t이다. 만약 감수분열이 무작위적으로 공정하게 진행된다면 T^+t 수컷과 T^+T 암컷을 교배하였을 때 새끼들 사이에서 $\frac{1}{4}$은 긴 꼬리 T^+T^+, $\frac{1}{4}$은 짧은 꼬리 T^+T, $\frac{1}{4}$은 긴 꼬리 T^+t 및 $\frac{1}{4}$은 꼬리 없는 Tt 생쥐가 나올 것으로 예상된다. 이론상이라면 비정상적인 꼬리를 갖는 생쥐, 즉 '짧은 꼬리를 가지는 생쥐'와 '꼬리가 없는 생쥐'는 같은 비율로 나타나야 한다. 하지만 실제로는 새끼의 95%는 꼬리가 없는 Tt로, 5%는 짧은 꼬리를 가지는 T^+T로 나타났다. 마찬가지로 동일한 비율이 예상되는 긴 꼬리를 갖는 새끼의 유전자형도 95%는 T^+t, 5%는 T^+T^+이다. 따라서 Tt와 T^+t, 수컷 모두에서 대부분의 정자는 t를 가지고 있음을 알 수 있다. 그러나 tt 동형접합자는 출생 전에 죽거나 불임이기 때문에, 사기꾼 대립유전자는 확산되지 않는다.

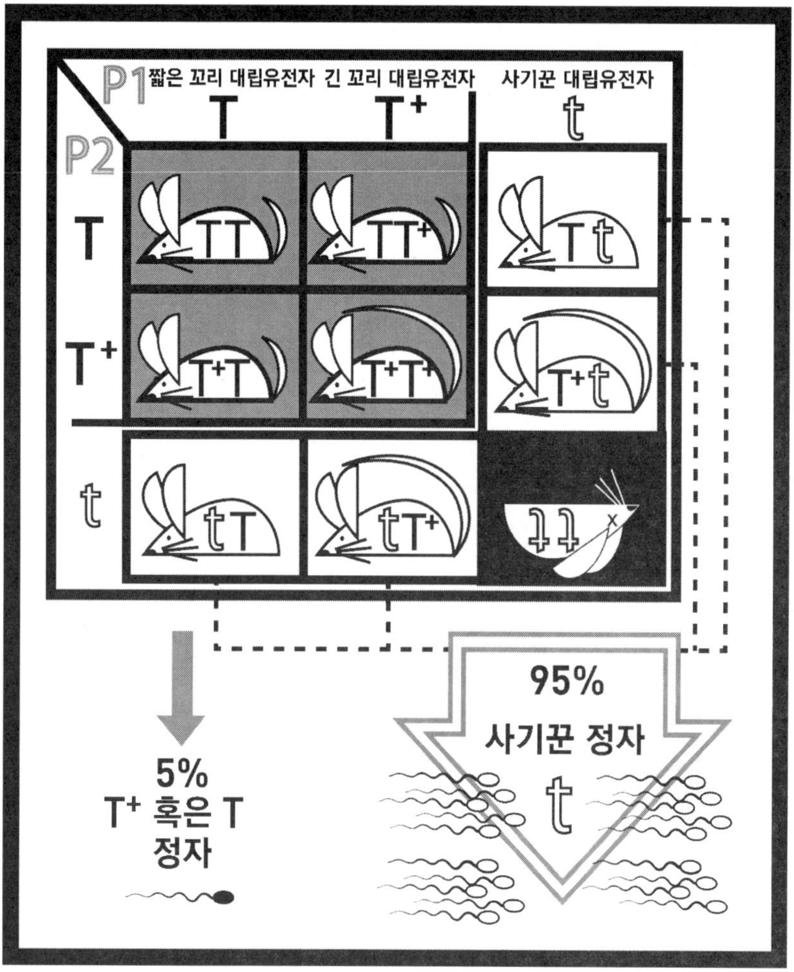

[그림 8.4] 일부 유전자는 수컷 이형접합자에서 '자신에게 유리한 편향적 감수분열'에 의해 전파된다. 실제로 이런 '사기꾼' 대립유전자는 다른 대립유전자를 운반하는 정자를 비활성화시켜 '편향적 감수분열'이 일어나도록 한다. 감수분열이 편향적으로 일어난다면 집단 내에 결함을 유발하는 대립유전자가 퍼질 수 있다. 사각형은 T 유전자 좌위의 3가지 대립유전자로 구성된 수컷의 유전자형을 보여준다: T^+ (정상) 긴 꼬리를 만드는 유전자, T 짧은 꼬리를 만드는 유전자, t 사기꾼 대립유전자. tt 동형접합자 수컷은 불임이거나 죽기 때문에 세대에 유전자를 제공하지 않는다. t 대립유전자에 대해 이형접합인 모든 수컷에서는 정자의 95%가 t를 가지므로, 만약 편향된 감수분열을 줄이지 않고 자연선택이 일어난다면 종종 진화는 부적응을 낳을 것이다.

따라서 t 대립유전자는 집단 내에 많이 존재할 수 없다.

편향적인 감수분열의 결과로 특정 대립유전자가 쉽게 확산될 수 있지만, 실제로 이런 부정행위는 매우 드물다. 생쥐의 t 대립유전자의 예처럼 현재까지는 사기꾼 대립유전자의 동형이 죽거나 불임으로 인해 대립유전자가 확산되지 못하는 감수분열 편향성만이 관찰되었다. 이런 부정행위들이 생물학자들이 알아차릴 정도의 속도로 집단 속으로 퍼짐에도 불구하고 유전자의 부정행위가 이렇게 드문 이유는 무엇일까?

멘델의 법칙에서는 공정한 감수분열이 두 유전자들의 공동의 이익을 추구한다고 추론한다. 여기서 공정한 감수분열이란, 2개의 유전자 각각이 동등한 확률로 생식세포에 들어가는 것을 의미한다. 다른 무작위적 돌연변이와 마찬가지로 부정행위에 의한 표현형 변화는 대부분 개체에 해롭다.

사기꾼 대립유전자는 개체에 결함을 야기하므로 결국 모든 유전자 좌위에 있는 대립유전자들이 영향을 받는다. 하지만 사기꾼 대립유전자가 있더라도 생식세포로 들어갈 확률에 영향을 받지 않는, 독립적으로 분류되는 유전자들은 이러한 부정행위의 영향을 받지 않는다. 따라서 부정행위를 방지하고 공정한 감수분열을 복원한다면, 독립적으로 유전되는 대립유전자들은 후손의 일부를 사기꾼 대립유전자의 해로운 영향으로부터 분리할 수 있는 혜택을 받게 된다. 사기꾼 대립유전자 동형접합자의 사망으로 사기꾼 대립유전자의 확산이 멈추면, 감수분열의 공정성을 복원하고 복원된 대립유전자가 개체군에 퍼져 사기꾼 대립유전자가 사라지게 될 것이다. 공정한 감수분열이 복원되면 사기꾼 대립유전자와는 독립적으로 유전되는 유전자 좌위의 모든 유전자가 이익을 얻게 되므로 공정한 감수분열은 유전자들의 공동 이익을 반영한다.

1. 개체는 부계와 모계로부터 각 유전자 좌위의 대립유전자를 하나씩 상속받는다.

2. 하나의 유전자는 다른 기본 과정에 관여하는 유전자와 대부분 독립적으로 분리된다.
3. 사기꾼 대립유전자는 기본 과정에서 도움이 되기보다는 해로운 변화를 확산시킬 가능성이 높다.

이 공동의 이익이 효과적일까? 공동의 이익은 추진 가능하며 결국 실행될까? 이것을 알아내기 위해서는 논리적 추론 이상의 것이 필요하다.

최종 답변은 사기꾼 대립유전자가 어떻게 작동하는지, 어떻게 억제되는지에 대한 자세한 연구를 필요로 하지만 이것의 대부분은 아직 수행되지 않았다. 우리는 이 책에서 다음과 같은 공정한 감수분열이 공동의 이익에 효과적이었다라고 가정하였다.

1. 일부 대립유전자는 생식세포에 편향적으로 들어가 빠르게 확산될 수 있지만, 대부분의 유전자 좌위에는 이런 사기꾼 대립유전자가 존재하지 않는다. 생식세포 내로 편향적으로 진입할 수 있고 대립유전자를 효과적으로 전파할 수 있는데도 불구하고 무엇 때문에 사기꾼 대립유전자는 훨씬 더 자주 나타나지 않을까?
2. 공정한 감수분열, 즉 무작위적인 감수분열은 적응 진화의 전제조건이며, 적응은 실제로 생명체의 가장 놀라운 특성이다.

공정한 감수분열을 보장하여 유전자의 공동 이익을 보호하는 것은 진화의 가장 놀라운 성과 중 하나이다. 공정한 감수분열을 시행한 결과는 마치 스미스(Adam Smith)의 이상적인 경제학을 닮은 것 같다. 두 경우 모두 공정성 규칙을 따르는 경쟁은 공익에 도움이 되는 반면, 이러한 규칙을 위반하는 불공정 경쟁은 공익을 해친다. 유전체든 사회든, 집단은 불공정을 식별하고 억제해야 한다. 공정한 감수분열이 널리 퍼진 점으로 미루어 판단하건데 유전자는 인간 사회보다 훨씬 더 효과적으로 공정 경쟁 규칙을 시행해 왔다. 그러나 공정한 감수분열은 자연선택, 즉 무의식적이며 의도하지 않는 기작으로부터 나오는데, 이 기작에 따르면 잘못된 정보를 암호화하고 있는 대립유전자는 그 돌연변이체가 생존하고 번식하는 데 얼마나 도움이 되는가에 따라 확산되거나 사라진다. 이러한 기작은 계획하거나 예견할 수 없다. 적응 진화에 토대가 되는 '도덕적 규범', 즉 공정성의 규칙을 생성하고 시행할 수 있다는 사실은 실로 자연의 경이로움을 반영한다. 또한 도덕적 행동의 주요 동인은 지능이 아니라 상호의존성에 있다는 것을 보여준다.

암수가 모두 2배체이고 짝을 선택할 수 있는 종에서는 새끼를 키우는데 암수가 동등한 노력을 기울여 공동 이익 실현에 기여한다. 이것은 일부일처제의 새뿐만 아니라 소수의 크고 사나운 수컷이 모든 짝짓기를 독점하는 바다사자에게도 마찬가지다. 소, 닭, 인간을 포함한 모든 개체군에서 각 개체는 한 쌍의 부모로부터 태어나므로 성공적인 정자는 성공적인 난자만큼 미래 세대에 많은 유전자를 남긴다. 동등한 이익을 얻기 위해서는 동등한 노력이 필요하기 때문에 암수 자손을 키우는 데 동일한 노력이 들어간다. 인간도 마찬가지로 아들이나 딸을 키우는 데 동일한 노력을 해야 한다.

초파리는 4쌍의 염색체를 가지고 있다. 3쌍의 염색체는 암수 서로 같지만, 나머지 1쌍에 대해서는 수컷은 X와 Y 염색체를, 암컷은 2개의 X 염색체를 가지고 있다. X와 Y 염색체를 성염색체라고 하며, 다른 3쌍을 상염색체라고 한다. 정자는 동일한 확률로 X와 Y 염색체를 가지고, 모든 난자는 X 염색체를 가진다. 따라서 약 절반의 자손들은 X와 Y 염색체를 하나씩 가지고 있는 수컷이며, 나머지 절반은 2개의 X 염색체를 갖는 암컷이다. 오직 수컷에서만 나타나는 Y 염색체는 수컷 편향적인 성비를 프로그램하여 그들 자신을 퍼뜨릴 수 있다. X 염색체와 Y 염색체는 형태적 차이가 있고, Y 염색체는 수컷만을 통해 다음 세대로 전달됨으로써 상염색체만이 공정한 감수분열로 공동의 이익을 공유하는 것처럼 보인다. 대부분의 유전자가 상염색체에 있기 때문에 이론적인 예측치와 같이 초파리 실험에서도 성비가 수컷 편향적이라면 상염색체 돌연변이를 통해서 성비를 균형 있게 한다는 것을 알 수 있다. 이러한 '유전체 내 갈등'에도 불구하고 성비는 거의 균등하다. 더 일반적인 것은 감수분열은 거의 공정하게 이루어진다는 것이다.

온도에 따라 성비가 달라지는 종에서도 균등한 성비를 이루려는 노력은 유전체 공동의 이익에 효과적이라는 것을 보여주었다. 대서양의 한해살이 은줄멸 물고기인 메니디아(*Menidia menidia*)는 온도가 낮은 물에서는 대부분 암컷으로 태어나고, 따뜻한 물에서는 대부분 수컷으로 태어난다. 온도에 따라 성비가 달라지는 방식은 위도의 영향을 받지만, 모든 위도에서 보면 이 물고기는 상염색체 유전자 공동의 이익에 따라 비슷한 숫자로 어린 암컷과 수컷이 태어난다.

코노버와 부르히(D. Conover and D. Van Voorhees)는 이 물고기의 유전자에 대한 공동 이익이 그들의 성비를 바꿀 수 있는지 궁금해했다. 그들은 한 수조는 대부분 수컷이 태어날 수 있을 만큼 충분히 따뜻하게, 다른 수조는 대부분 암컷이 태어날 수 있을 만큼 시원하게 유지했다. 몇 세대 후 따뜻한 물과 시원한 물 모두에서 암수가 비슷하게 태어났다.

8장은 개체에게 이익을 제공하여 이들이 확산되고, 환경에 더 잘 적응한 개체들이 개체군으로 발달하도록 해주는 대립유전자 이야기로 시작하였다. 그러나 복잡한 생물의 적응을 촉진하는 방향으로 유전자의 자연선택이 이루어지기 위해서는 다양한 방식으로 구성되어야 한다. 이러한 방식으로 유전자가 조직된 것은 진화가 이루어낸 뛰어난 업적 중 하나이다. 이 장에서는 진핵생물의 두 가지 핵심적인 발전, 즉 질서정연한 유성생식으로 인한 진화와 공정한 감수분열로 인한 진화에 대해 논의하였다. 유성생식은 '공정한 경쟁'의

장을 만들어 나쁜 대립유전자로부터 좋은 대립유전자를 쉽게 선별하도록 해 주었다. 돌연변이를 통해 우연히 만들어진 유전자형보다는 특정 대립유전자를 가지고 있는 개체의 생존과 번식 적합성에 대립유전자의 기여도를 시험함으로써 선별이 가능했다. 게다가 유성생식은 유전자 재조합을 통해 모든 유전자형의 적합성을 향상시킨 우수한 "잡종 대립유전자군"의 출현을 촉진시킴으로써 다른 특성은 변경시키지 않고 하나의 특성만을 변경시키는 것이 가능한 '모듈형' 조직이 출현하게 되었다. 어떠한 변화라도 그동안 받아왔던 수많은 특수한 이익을 침해하기 때문에 필요한 변화를 입법할 능력이 없는 정부에 대해 아는 사람이라면 중앙 모듈형 조직이 복잡한 동물에서 어떻게 적응 진화를 촉진시키는지 알 것이다. 마지막으로, 유전자가 자기 이익을 추구하는 최종 목표는 자신이 선택되어 후손에게 유전자를 전달하는 것이므로, 이 대립유전자로 인해 보유 개체가 혜택을 받는 경우에 대립유전자의 확산을 허용함으로써 유전자의 공동 이익에 기여하게 하는 유전자 관점의 "도덕적 규칙"을 강화시켰다.

적응 진화를 촉진한 유전체는 진핵생물이 진화할 때 함께 진화했다. 그러나 급속한 적응 진화와 다양화는 이로부터 약 10억 년 후에나 가능하였는데, 그 이유는 산소가 부족해서가 아니라 유전적 시스템을 정확하게 조정할 수 있는 능력이 없었기 때문이었다.

이 장에서는 자연선택이 어떻게 작동하는지, 자연선택이 어떻게 유전체 공동의 이익을 선호하는지, 그리고 자연선택이 어떻게 적응 진화에 유리하도록 유전적 시스템을 조직화하는지 보여주었다. 다음 장에서는 자연선택이 어떻게 다양화되고, 사회적 협력 관계를 가지며, 공동의 이익을 위해 다른 종들의 대조적인 능력을 상호주의로 수렴되게 했는지를 보여줄 것이다. 마지막으로 이러한 과정 간의 상호작용이 어떻게 진화에서 가장 놀랍고 혁신적인 성과를 가져왔는지 보여줄 것이다.

09장

진화의 과정

"진화로 인한 적응은 집단화와 개별화, 크게 두 가지 방식으로 이루어졌다. 개별화는 히드라-지렁이-개구리-인간에 이르는 변화처럼 개별적인 개체 단위로 개선되는 것이다. 집단화는 수많은 개체가 모여 초대형 단위를 형성하는 것으로, 예를 들면 산호 폴립이 모여 산호초 군체를 형성하는 것을 들 수 있다. 이러한 집단화는 종종 여러 단위들 사이에 분업을 일으키는데, 초대형 단위의 개별화가 시작되면 집합체들의 역할이 구별되고 공유하며 하나의 개체로 발전한다."

할데인(J.B.S. Haldane) & 헉슬리(J.S. Huxley), 1927

개별화는 개체가 가지는 점진적인 적응 과정이다. 집단화는 꿀벌의 진화처럼 집단생활을 하는 같은 종에서 이루어지거나, 진핵생물의 진화처럼 다른 종과 협력하고 조정하여 이루어진다. 자연선택은 어떻게 다양화, 사회적 협력, 그리고 상리공생을 선호하게 되었을까? 이러한 과정에서 이루어지는 상호작용은 어떻게 주요한 진화적 변화를 가져왔을까?

진화적 발산과 종의 기원

다음의 두 경우는 한 종이 두 종으로 나누어진 것으로 볼 수 있다. 하나는 한쪽의 구성원이 다른 쪽 구성원과 짝짓기를 할 수 없을 정도로 짝을 선정하는 기준이 바뀌었을 때이다. 또 다른 하나는 두 집단 모두에서 양립할 수 없는 대립유전자가 생성되어, 각 집단의 교미를 통해 생긴 잡종 개체가 생존이나 생식이 불가능할 때이다. 어떻게 이런 일이 일어날 수 있을까?

종은 때때로 '우연히' 생겨난다. 우발적인 종 분화는 보통 느리게 일어난다. 300만 년 전 대륙이동으로 인해 파나마 지협이 남북 아메리카 대륙을 연결하면서 카리브해가 태평양으로부터 분리되었고, 동시에 해류 또한 분리되면서 많은 해양 동물들이 나누어졌다(그림 9.1). 바다가 분리되기 전에는 동일한 생물종이었지만, 바다가 분리된 후에는 대부분 별개의 생물종이 되었다. 파나마 지협에 의해 분리된 일부 딱총새우 종은 파나마 지협의 다른 쪽에서 온 딱총새우를 교미의 상대로 인식하지 못하기 때문에 서로 다른 종으로 살고 있다. 긴 가시를 가지는 성게의 사례도 마찬가지다. 태평양 쪽 성게는 보름달 직후 단기간에 알을 낳고, 캐리비안 해의 성게는 초승달 직후에 산란하기 때문에 두 지역의 성게를 함께 키워도 잡종의 자손을 낳지 못한다. 한편, 연안 지대의 물고기인 망둥어와 일부 다른 성게들은 파나마 지협에 의해 나누어졌지만 여전히 교미에 성공하여 자손을 낳을 수 있다. 남북 아메리카가 연결된 후 중앙아메리카와 멕시코지역으로 이동한 고함원숭이들은 서식지의 형태는 유사하지만 서로 교미하지 않아 2개의 종으로 분리되었다. 이 두 종은 서식지의 차이가 거의 없음에도 불구하고, 서로의 영역을 침범하지 않는다.

서로 다른 서식지에서는 서로 다른 능력이 요구되어 각 지역에 서식하는데 적합한 특정 능력이 강화되는데, 이때 한 능력을 강화시키는 대가로 다른 능력을 약화시키는 현상이 일어날 수 있다. 그 결과 서로 다른 지역에 서식하는

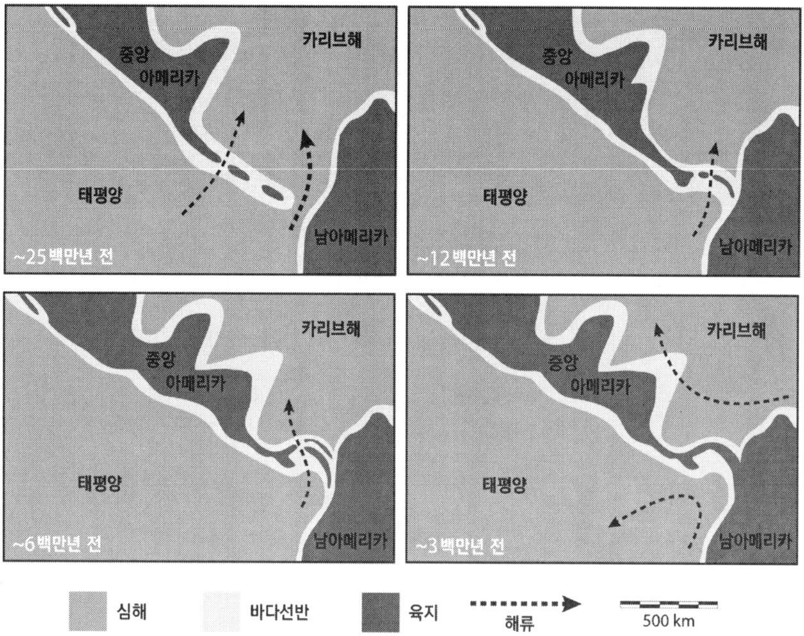

[그림 9.1] 파나마 지협의 연속적인 발달 단계. 지협의 발달로 양쪽에 살던 생물들은 물리적으로 분리되어 만날 수 없게 되었다.

종들은 각기 다른 능력을 갖게 되고, 결과적으로 한 종이 서로 다른 두 종으로 나뉘는 종 분화가 일어난다. 결국, 서식지와 생활 방식의 차이로 인해 두 집단 간에 교미가 이루어지지 않는 자연선택이 일어나면 종 분화가 일어난다.

같은 생활 방식을 갖는 배우자 선택에 의한 종 분화

종 분화는 같은 방식으로 살고 있는 배우자를 선택함으로써 다른 삶의 방식을 가르는 것과 연관된다. 이런 일이 지속되면 쉽게 일어난다. 100만 년 전에 시계초(Passiflora)에서 꿀을 찾는 독성 나비 한 종이 둘로 갈라졌다. 검은 바탕에 붉고 노란 무늬를 갖는 멜포메네(*Heliconius melpomene*)(사진 9.1)가

앞날개에는 흰 줄이, 뒷날개에는 흰색의 여백이 있는 검푸른 시드노(*H. cydno*) 나비(사진 9.2)로부터 분기되었다. 멜포메네는 밝은 틈이 있거나 탁 트인 곳에서 산다. 이들은 유사한 장소에 살며 독성이 있는 에라토(*H. erato*)를 모방하여 포식자로부터 살아남는다. 멜포메네와 에라토의 애벌레는 다른 종류의 시계초에 살기 때문에 두 종의 나비는 공존이 가능하다. 숲 내부에서 서식하는 시드노는 에라토로부터(사진 9.4) 약 200만 년 이전에 분기된 사포(*H. sapo*)(사진 9.3)를 닮았으며, 한 종의 시계꽃에 특화된 애벌레 시기가 있다. 헬리코니우스 속에 속하는 나비는 대부분 같은 날개 색깔을 갖는 개체와 교미를 한다. 포식자는 날개 색깔이 돋보이는 잡종 헬리코니우스 나비를 잡아먹기 때문에 나비들은 유사한 날개를 가진 배우자를 선호하고 이러한 선택에 따라 종 분화가 일어난다. 서로 다른 서식지에서 생존에 적합한 날개 색의 차이 그리고 유사한 날개 색으로 교미 대상을 선택하는 것 사이의 연관성은 종 분화가 마법처럼 빠르게 일어나도록 만들었다.

식물의 종 분화는 종종 하나의 조상으로부터 이어진 유사한 유전형의 개체와 교배를 피하고, 새로운 서식지로 확장하면서 일어나기도 한다. 캘리포니아 시에라 네바다산의 2,000m보다 낮은, 저지대에서 자라는 붉은색의 물꽈리아재비인 카디날리스(*Mimulus cardinalis*)는 벌새가 수분시키는 초화류이다. 이들은 고지대에서 자라며 호박벌에 의해 수분이 이루어지는 핑크색의 물꽈리아재비인 레위시(*Mimulus lewisii*)로부터 분기되었다. 이 식물들은 어떤 고도에서 번성할 것인가를 서식지 경쟁을 통해 결정한다. 실험에 따르면, 겨울에 휴면하는 레위시는 카디날리스가 자라는 저지대에서는 자라지 못한다. 반대로, 카디날리스는 서리에 민감하고 꽃이 늦게 피며 겨울 전에 열매를 맺지 못해 레위시가 자라는 고지대에서는 자라지 못한다. 실험에 따르면, 카디날리스는 겨울에도 휴면하지 않기 때문에 휴면하는 레위시보다 저지대에서 살기 유리하다. 반면 서리에 강하고 열매를 빨리 맺는 레위시는 그렇지 못한 카디날리스보다

[사진 9.1] 에라토(*Heliconius erato*)를 닮은 멜포메네(*Heliconius melpomene*). 애벌레의 먹이가 되는 식물(*Passiflora menispermifolia*) 주변에서 비행 중인 모습이며, 이 식물의 잎은 이미 이 나비나 경쟁자가 낳은 작은 크기의 노란 알을 가지고 있다. 멜포메네와 시드노(*H. cydno*)는 100만 년 전에 갈라졌다. 에라토처럼 멜포메네는 넓은 평야에 사는 나비다. 만약 역한 맛이 나는 나비가 같은 경고 색깔을 가지고 있다면 둘은 포식자들을 가르치는 데 들어가는 희생을 줄일 수 있다.

[사진 9.2] 다른 서식지는 다른 색을 선호한다. 여기에 보이는 시드노는 사포(*Heliconius sapho*)를 닮았으며, 그늘진 곳을 좋아하는 나비다. 이들은 유사한 색깔의 나비와 교미하고자 하기 때문에 쉽게 특화되었다. 시드노와 사포처럼 에라토와 멜포메네도 매우 오래 전에 분기되어서 색깔은 비슷하지만 다른 이유로 서로 간에 교미를 하지 않는다.

[사진 9.3] 사진 속의 나비는 헬리코니우스 사포로 헬리코니우스 시드노를 닮았다.

[사진 9.4] 애벌레가 먹는 식물(*Passiflora biflora*) 위에 앉은 헬리코니우스 에라토.

고지대에서 겨울을 나기에 유리하다. 한 종의 꽃을 다른 종의 꽃가루로 수분시키면 건강하고 생식력이 있는 잡종이 태어나기도 한다. 두 종의 식물은 일반적으로 다른 서식지에 살며, 다른 수분매개자를 유인한다. 벌을 유인하는 꽃은 벌새를 배척할 수 있으므로 이종교배가 일어나지 않는다. 미국 워싱턴 대학의 솀스케(Douglas Schemske)와 브래드쇼(H. Bradshaw Jr.) 교수는 이 두 종을 교배해 잡종을 얻고, 다음 세대를 교배하여 잡종 2세대를 만들어냈다. 이 잡종 2세대 꽃들은 조부모 종의 특징인 색깔, 모양, 크기, 꿀 생산 등에서 가능한 모든 조합을 보여주었다. 두 교수는 이들 잡종을 호박벌과 벌새가 공존하는 산 초원에 심어서 어떤 꽃들이 어떤 수분매개자를 유인하는지 조사하였는데, 꽃이 좀 더 붉거나 더 많은 꿀을 생산하는 꽃은 더 많은 벌새를 끌어들인 반면에, 큰 꽃은 호박벌을 더 많이 유인하였다. 더구나 벌새가 꽃을 수분시키는 데 적합한 형태로 진화한 꽃 모양은 벌에게는 적합하지 않았으며, 그 반대의 경우도 마찬가지였다. 카디날리스는 레위시와는 독립적으로 벌새에 의한 수분에 적합하게 진화함으로써 좀 더 따뜻한 저지대에 적응할 수 있게 되었다.

요약하면, 서로 다른 수분매개자를 유인하는 두 물꽈리아재비 꽃은 매개자가 꽃을 인식하고, 잘 이용할 수 있도록 수분매개자에 의존적인 종 분화가 일어났다.

혁신, 잡종 불임과 종 분화

집단 사이에서의 다양성은 진정한 혁신을 가져왔다. 다양성에 의한 혁신의 예로 일부 남방노랑나비(*Clias*) 속에 속하는 나비들이 좀 더 따뜻한 저지대로 이동할 수 있었던 것을 들 수 있다. 날개의 색이 노랗고 오렌지색을 띄어 남방노랑나비라 불리는 이 나비는 여름에 북아메리카에서 흔하게 관찰된다. 초등학생 시절부터 이 나비에 흥미를 느꼈던 미국 스탠포드대학의 와트(Ward

Watt) 교수는 이 나비들은 먹이, 교미 상대, 산란에 적절한 식물을 찾기 위해 오랫동안 힘차게 날아야 한다는 것을 확인하였다.

앞서 말했듯이 이 나비의 유전자 중 하나는 인산 글루코스 이성질화 효소(phosphoglucose isomerase, PGI)를 암호화하고 있다. 이 효소는 비행 근육에서 에너지 공급을 조절한다. PGI 효소는 나비가 어떤 목적지를 향해 얼마나 오랫동안, 얼마나 힘차게 날 수 있는지에 영향을 준다. 대부분의 집단에서 PGI 효소는 2개의 공통 대립유전자를 가진다. 이 유전자의 순종(동형접합자)은 연료 공급 속도와 더위로부터의 생존, 둘 중 하나를 선택해야 하는 상황에 처한다. 연료를 더 빨리 공급하는 효소를 가진 개체는 더운 여름에 죽을 확률이 더 높다. 이 효소는 2개의 유사한 결합 부위를 가진 이량체로 존재한다. 잡종(이형접합자)의 PGI 효소는 각 대립유전자들의 가장 좋은 특성들만 가지고 있어 이를 보유한 개체는 효소의 기능 손실 위험을 최소화하며 넓은 온도 범위에서 오랫동안 날아다닐 수 있다. 에너지를 더 느리게 공급하고, 열에 내성이 있는 동형의 개체는 추운 조건에서는 에너지 공급이 느려져 경쟁에 취약하다. 잡종은 가장 오래 생존하고, 가장 빠르게 번식한다. 저지대의 남방노랑나비 잡종은 에너지를 더 빠르게 제공하는 동형보다 2배나 더 많은 자손을 생산하며, 따뜻한 날씨에 대해 10배 더 높은 저항성을 가진다. 이러한 잡종의 이점이 집단 내에서 두 대립유전자(혹은 일부 희귀유전자)를 유지시킨다. 북아메리카 남방노랑나비는 록키산맥이나 알래스카, 혹은 캐나다 북부의 높은 지대에 살았다. 높은 지대의 저온 서식지에서 사는 나비들은 날씨가 더워지면 일찍 날기 시작하여 서늘한 장소를 찾아 빠르게 이동할 수 있는 능력을 선호한다. 이 나비들은 날개를 접고 앉아 넓은 부분을 태양 쪽으로 향하게 하여 몸의 온도를 높인다. 이 나비의 뒷날개는 석탄으로 색칠한 듯 검은데, 특히 날개의 아래쪽과 날개가 닫힐 때 몸에 가장 가까운 안쪽 가장자리 부위가 특히 검어서 태양에 의해 더 빠르게 예열된다.

[그림 9.2] 단일 돌연변이가 새로운 삶의 방식과 종 분화를 촉진하는 방법.
유황나비 메디(*C. meadii*)는 콜로라도의 고지대 나비로 검은 색을 띠고 있어 열을 빠르게 흡수해 좀 더 쉽게 예열할 수 있으며, 유황나비 유리세메(*C. eurytheme*)는 같은 속에 속하는 저지대 나비로 밝은 색을 띠고 있어 열을 덜 흡수한다.
PGI 효소는 나비의 비행에 필요한 에너지를 공급하는 당 분해 과정의 첫 단계 화학 반응을 촉매한다. 이 효소는 동일한 두 개의 단백질이 복합체를 형성하여 작용한다. 동형접합자로부터 만들어진 효소는 촉매 작용이 빠르게 일어나지만, 고온에 민감하다. 이형접합자로부터 만들어진 효소를 구성하는 단백질 중 하나는 빠른 촉매작용을, 다른 하나는 열에 대한 저항성을 가지고 있다. 두 개의 염기서열이 바뀌면서 아미노산 한 개가 치환된 PGI 돌연변이 효소가 의외로 고온에서 훨씬 더 기능을 잘함으로써 이 대립유전자를 보유한 개체들이 더운 저지대로 이동하는 데 결정적인 역할을 했을 것으로 생각된다.

50만 년 전 유황나비의 PGI 효소를 암호화하고 있는 유전자에 돌연변이가 일어나 하나의 아미노산이 바뀌어 더운 날씨에도 잘 견딜 수 있게 되면서, 대평원과 저지대로 서식지를 넓혀갔다(그림 9.2). 저지대의 유황나비는 날개색이 밝아 태양으로 인한 과열 위험을 줄일 수 있다. 저지대 유황나비와 고지대 유황나비는 실험실에서도 교미가 잘 이루어지지 않고, 만약 교미를 통해 알을 낳아도 살아남기 어렵다. 이 두 나비는 서로 다른 장소에서 살아 마주칠 가능성이 낮고, 만나도 교미하지 못하거나 알이 생존하지 못하여 서로 다른 종이 되었다.

행동 변화로 야기되는 종 분화

300만 년 전, 우리 조상은 **오스트랄로피테쿠스**라고 불리는 아프리카 사바나와 삼림 지대를 배회하는 두 다리를 가진 채식주의 유인원이었다. 그들은 침팬지와 뇌 크기가 유사했으며, 우리보다 나무를 훨씬 더 잘 탔다. 약 260만 년 전, 오스트랄로피테쿠스의 한 그룹은 도구를 만들어 큰 동물을 사냥하고 자르는 방법을 익혔다. 230만 년 전쯤에는 채식을 하는 오스트랄로피테쿠스와는 달리 도구를 이용하여 육식을 하고, 긴 팔과 원숭이 같은 얼굴을 가진 새로운 종이 출현하였다. 이 육식동물은 채식 조상과 키는 별 차이가 없었지만, 뇌는 2배나 컸다. 일부 생물학자들은 큰 뇌가 그들을 인간에 가까워지게 했다고 생각하고, 도구를 사용하는 능력이 있는 인간이라는 뜻으로 호모 하빌리스(*Homo habilis*)라고 명명했다.

인간과 더 가까운 호모 에렉투스(*Homo erectus*)는 약 180만 년 전에 호모 하빌리스에서 분기했다. 그들은 우리처럼 걷고 달릴 수 있었다. 호모 에렉투스의 뇌는 우리보다는 작았지만, 호모 하빌리스보다는 컸고 입과 턱, 이빨은 우리처럼 호모 하빌리스나 유인원보다 훨씬 작았다. 침팬지의 두개골 정상부에는 크고 강력한 턱 근육이 부착되는 뼈 부위가 있어서 질긴 날 음식을 먹을 때 턱과 근육을 사용하였다. 호모 에렉투스는 작고 약한 턱 근육이 두개골 윗부분이 아닌 측면에 붙어 있었기 때문에, 이러한 뼈 부위가 없었다.

하버드 인류학자인 리처드 랭햄(Richard Wrangham) 교수는 호모 에렉투스의 작은 턱과 이빨, 약한 턱 근육으로는 질기고 소화가 잘 되지 않는 날 음식만으로는 살 수 없었을 것으로 추론했다(그림 9.3). 날 음식은 소화를 위해 훨씬 더 미세하게 만들어야 하므로, 조리된 음식을 씹을 때보다 5배는 더 오래 씹어야 한다. 그럼에도 불구하고 날 음식은 동일한 양의 익은 음식에 비해 50~65% 정도의 에너지만 제공하며, 날 음식을 아주 잘 씹는다 해도 소화시키는 데 더 많은 에너지가 필요하다. 현대인은 날 음식을 인근 시장에서 살 수 있지만, 호모 에렉투스는 사바나를 지나 하루 종일 산책하며 사냥을 해야 했다. 그럼에도 불구하고 생식(날 음식) 생활 방식은 대부분 임신을 어렵거나 불가능하게 했다.

랭햄 교수는 호모 하빌리스가 불을 발견하고 음식을 조리하기 시작했을 때, 호모 에렉투스가 진화하기 시작했다고 추론했다. 불은 포식자를 효과적으로 위협할 수 있었기 때문에 이전에 포식자를 피하기 위해 나무를 오르던 능력은 불을 사용하면서 감소했다. 유산소 호흡과 마찬가지로 불로 조리하는 것은 음식으로부터 많은 에너지를 더 빨리 추출하여 호모 에렉투스가 더 기발하고 창의적인 방식으로 뇌를 사용할 수 있는 여지를 제공하였다. 그러나 인간의 두뇌와 손의 공진화는 호모 사피엔스에게 너무나 넓은 범위의 능력을 허용하여 다른 종의 인간과 공존할 수 없었다.

많은 사람들은 진화가 종종, 아마도 항상 새로운 행동에 의해 이루어진다고 생각한다. 육지 척추동물들은 물고기 조상이 먹이를 찾기 위해 종종 육지로 기어 올라가면서 진화하기 시작했다. 고래의 진화는 특정 포유류가 물고기를

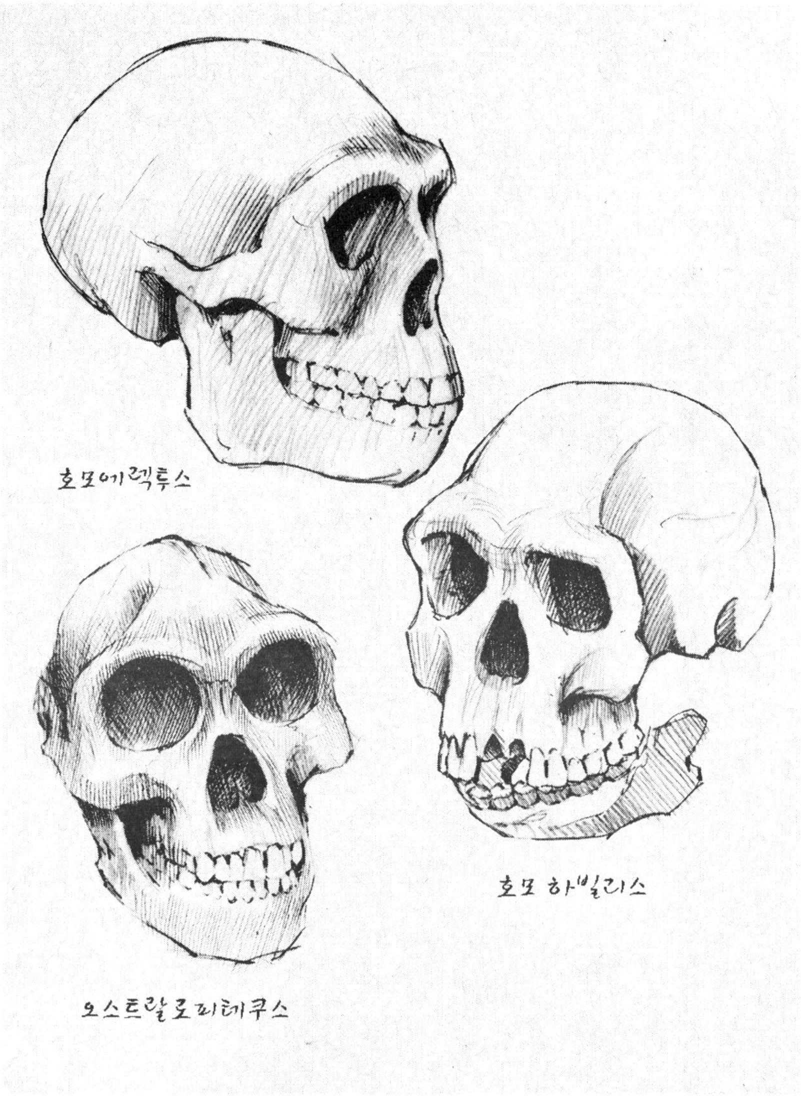

[그림 9.3] 오스트랄로피테쿠스, 호모 하빌리스, 호모 에렉투스의 두개골. 호모 에렉투스는 불을 사용하여 음식을 조리함으로써 음식을 더 쉽게 씹을 수 있게 되었다. 조리한 음식은 이가 작고 턱 근육이 약하더라도 훨씬 더 잘 소화할 수 있었다.

찾기 위해 얕은 물에서 잠수를 하면서 시작되었을 것이다. 새로운 행동이 진화를 유발하는 것은 인간에게서 가장 분명하게 나타난다. 도구를 만들고 사용하는 방법을 배우면서 고기를 먹는 호모 하빌리스가 채식의 오스트랄로피테쿠스 조상과 분리되어 공존할 수 있었다. 또한 호모 에렉투스는 불로 조리한 음식을 먹게 되면서 호모 하빌리스에서 떨어져 나와 독립적인 생활을 하였고, 결국 그들의 후손이 전 세계로 퍼져나갈 수 있게 되었다.

집단생활의 장점

많은 동물들은 단체생활로 이익을 얻는다. 열대 우림의 땅속 곤충을 먹는 새들은 '혼합 무리'에 합류하여 먹이를 찾는다. 무리는 다가오는 포식자를 더 쉽게 알아차릴 수 있기 때문이다. 원숭이는 포식자를 탐지하고 처리하며 다른 무리로부터 보호받기 위해 집단생활을 한다. 또한 병정개미는 집단생활을 통해 개미가 새끼를 보호하고 다른 개미 무리를 함께 습격하고, 식량을 집으로 가지고 올 수 있다. 개미 혼자서는 이러한 생활을 유지할 수 없다. 그러나 집단생활의 문제는 '어떻게 하면 집단 구성원 대부분 또는 전체가 공동 이익에 기여하여 협력하게 할 것인가'이다.

군집 생활에서의 도전: 사기꾼에 대처하는 방법

집단생활을 하는 사회적 동물들은 자신이 속한 집단의 구성원들이 먹이, 짝짓기, 휴식을 취할 장소를 두고 경쟁하는 가장 가까운 경쟁자들이다. 이러한 경쟁이 각 구성원들에게 "누가 더 잘 속일 수 있을까?"로 전락하지 않도록 하면서도 이러한 경쟁 속에서 나타나는 장점들을 유지할 수 있게 하는 방법은 무엇일까? 구성원들의 협력을 통해 이익을 얻을 수 있게 하는 요인과 상황은 무엇일까? 구성원들의 부정 행위는 집단생활을 통해 얻을 수 있는 이익들을 소멸시킬 수 있기 때문에 이를 막아내는 것은 사회적 행동에 있어서 가장 핵심적인 문제이며, 집단생활을 하는 모든 동물들이 풀어야만 했던 문제이다. 또한 이 문제는 모든 수준의 생물학 심지어 그 이상의 것에서도 비슷하게 나타난다.

예를 들어, 크기가 작은 파리나 크기가 큰 코끼리와 마찬가지로, 우리 모두는 스스로 증식할 수 있는 세포들로 구성되어 있다. 우리 모두는 분열을 통해 세포 수를 늘려가는 수정란으로부터 시작된다. 매우 정교한 방식으로 일어나는 세포의 증식을 통해 인체를 구성하는 모든 종류의 세포, 조직, 기관들은 적절한 위치에서 적절한 기능을 수행할 수 있다. 우리가 숨쉬고, 움직이고, 먹고, 생각하고, 행동하는 것은 세포들의 조화로운 활동 덕분이며, 이는 벌집에 살고 있는 꿀벌들의 매우 복잡하면서도 조화로운 활동을 훨씬 뛰어 넘는 수준이다. 그러나 일부 악성 세포들이 때때로 조화 속에서 벗어나 사람을 죽음으로 이끌 수 있는 암과 같은 질병을 일으키기도 한다. 그렇다면 인간이나 다른 동물들은 이러한 암으로부터 어떻게 벗어날 수 있을까?

사람을 구성하는 세포들이 서로 얽혀 조화롭게 작동하는 것처럼, 인간 또한 사회적 동물로서 수없이 많은 방식으로 서로 의지하며 살아간다. 아리스토텔레스는 이미 우리가 사회를 벗어나서는 살 수 없다는 사실을 알고 있었다. 그러나 인간의 경제 활동은 상호의존적으로 얽혀 있으며 동시에 경쟁의 장이기도 하다. 우리는 제한적으로 공급되는 자원을 두고 경쟁한다. 플라톤과 아리스토텔레스의 시대부터 철학자, 경제학자, 정치학자들은 한 개인이 가지고 있는 욕구와 개인이 속한 사회의 선(善)이 서로 조화를 이룰 수 있는 최선의 방법이 무엇인지 알기 위해 계속해서 노력해왔다.

공유지의 비극

인간 사회에서 어떤 한 사람이 다른 사람들보다 더 많은 이익을 얻고자 하는 행위를 하고, 이로 인해 모두가 그 사람과 동일한 행동을 하게 될 때 '공유지의 비극'이 발생한다. 예를 들어, 목동들이 목초지를 공용으로 사용하고 있는 마을에서 한 주민이 보통 때보다 더 많은 양들을 길러서 이익을 얻게 되는 상황이 있을 수 있다. 이로 인해 모든 목동들이 이 사람과 똑같이 행동하기 시작한다면, 공동의 목초지는 결국 황폐해질 것이고, 결과적으로 모두에게 고통을 주게 될 것이다. 다시 말해, 모두가 정직한 사회에서 어떤 한 사람이 계약을 어긴다면 그 사람은 짧게나마 이익을 얻을 수 있을지도 모르지만, 계약이 무의미해진 사회는 더 이상 정상적인 기능을 할 수 없게 되는 것이다. 이러한 비극은 지금도 전 세계적으로 일어나고 있다. 더 많은 에너지를 소비함으로써 인간의 삶은 이전보다 편해지고 쾌적해졌다. 그러나 이러한 에너지 소비로 인해 이산화탄소가 배출되어 지구온난화가 일어나 빙하들이 녹았고, 이로 인해 고도가 낮은 지역에서 홍수가 일어나기도 했다. 결과적으로, 우리 모두가 고통을 받고 있는 셈이다.

스스로 규범을 만들어 지켜나가는 전통 마을에서는, 이러한 비극을 피하기 위하여 공동의 목초지에 기를 수 있는 동물의 수를 서로 합의하여 지켜왔다. 이러한 규범이 만들어지려면 주민들이 어떠한 규칙을 고안하고 이에 대해 소통할 수 있는 능력을 가지고 있어야 하며, 합의된 내용에 대해 실행하고자 하는 의지도 필요하다. 또한 목초지의 지속적인 이용을 위해 공동의 합의에 동의하지 않는 외부인들은 공유지를 사용할 수 없도록 하였다.

집단의 규모가 크고 정부에 의한 통제가 잘 이루어지는 사회에서 계약은 법적으로 강제력을 가지며 이를 위반할 시 처벌받는다. 그럼에도 지역사회의 단체 행동, 국가의 법적 권력, 혹은 국제 협약 등을 통해 공동의 이익을 보호하고자 하는 것은 여전히 위험성과 불확실성을 갖고 있다. 정부는 마을 사람들로부터 공유지를 관리하고 외부인들을 배척할 수 있는 권한을 빼앗을 수도 있으며, 이로 인해 과도한 개발이나 비거주민에 의한 마을 장악이 일어날 수 있다. 국가의 권력은 영향력 있는 사람에 의해서 이용될 수 있으며, 국회에서 법을 제정하는 사람들은 공익을 위한 것이 무엇이고, 어떻게 실행해야 하는지에 대해서 잘 모를 수도 있다. 국가들은 공익을 위해 부담을 나누는 방식에 동의하지 않을 수 있다. 실제로, 이산화탄소의 배출을 감소시키기 위해서 감내해야 하는 불편이 미래에 대한 염려보다 중요하게 인식되어 이산화탄소의 배출량을 줄여야 한다는 목소리가 호응을 얻지 못하는 것처럼 말이다. 그렇다면 사람이 아닌 다른 동물들은 집단생활에서 발생하는 문제와 위험에 어떻게 대처하고 있을까?

친족과의 협력: 혈연 선택

몇몇 사회적 동물들은 오직 친족들과만 협력한다. 벌집을 만들어 그 안에서 오랫동안 생활하는 말벌과 꿀벌의 사회에서 각 개체들은 때때로 어미의 벌집에 머물면서 어미 벌 혹은 자매 벌들이 낳은 새끼들에게 먹이를 주고 돌보는 일을 한다. 직접 새끼를 낳는 것보다 친족의 번식을 돕는 것이 더 많은 자신의 유전자 복사본을 다음 세대로 전달해 줄 수 있다면, 친족들의 성공적인 번식을 돕는 편이 개체가 지닌 유전자의 입장에서 더 나은 선택일 수 있다. 꼬마꽃벌과의 한 야행성 꿀벌 종은 야간 활동에 특별하게 적응된 자신들의 눈을 이용해 해가 진 후와 해가 뜨기 전 각 한 시간 동안 꽃가루를 수집하는데, 이들에게서 가장 단순한 형태의 사회생활을 살펴볼 수 있다. 이 꿀벌은 보통 혼자서 집을 짓지만, 자신이 낳은 새끼 꿀벌에게 먹이를 덜 주어 굶주리게 함으로써 두 마리로 구성된 가장 작은 사회를 만들기도 한다. 굶주린 새끼 꿀벌은 자신의 유전자를 다음 세대에 남기기 위해서 어쩔 수 없이 집에 머물면서 어미를 도울 수밖에 없다. 새끼 꿀벌은 꽃밥을 모아 어미가 더 많은 알을 낳을 수 있도록 하고, 자신들을 호시탐탐 노리는 개미들로부터 벌집을 보호하는 역할을 수행한다. 흥미로운 점은 이러한 벌들이 혼자 살면서 만들어 내는 새끼의 수와 자신의 새끼들을 생식에 참여하지 않는 일벌로 만든 후 낳는 새끼의 수가 서로 동일하다는 것이다.

열대 지방에 서식하는 붉은종이말벌에게 사회생활은 성공을 위한 필수 조건이다(그림 9.4). 이들의 벌집은 버려진 건물의 처마 밑이나 자연림의 나뭇가지에서 발견된다. 벌집에는 육각형 모양의 여러 방들이 있는데 각 방에는 유충과 어린 벌들이 있고, 성체는 근처에서 벌집을 지키는 역할을 담당한다. 성공적인 군락의 형성은 수정된 알을 품고 있는 한 마리의 암컷 벌로부터 시작된다. 이 군락은 수 백 마리의 말벌들로 구성된 사회로 성장하게 되는데, 이 벌집 군락에는 생식 능력을 갖는 여왕벌(큰 벌집은 둘 이상의 여왕벌을 가지기도 한다), 먹이를 구해오는 벌, 벌집을 보호하는 벌, 새끼들을 돌보는 벌 등이 있다. 한 마리의 암컷 벌로부터 다양한 역할을 담당하는 말벌들로 구성된 군락이 형성되는 과정은 하나의 수정란이 다양한 종류의 세포로 구성된 동물로 발생해 가는 과정과 닮아 있다. 한편, 포식자들이 나타나 군락의 어린 새끼들을 모두 죽이는 일이 발생하곤 하는데, 이때 일벌들은 자신들의 유전자를 퍼트리기 위해 자신들과 혈연관계가 가까운 여왕벌의 벌집으로 이동한다. 사실 압도적인 무력은 말벌 군락을 단합시키는 데 도움이 된다. 벌집을 지키는 역할을 수행하는 말벌들은 로마 왕국의 장군들이 가끔 반역을 일으켜 황제를 제거하고 다른 왕을 추대하는 것처럼 그들의 여왕벌을 죽이고 다른 여왕벌로 교체할 수도 있다. 그러고는 다른 말벌들에게 먹이를 찾아오게 하는 등의 일을 시킬 수도 있다. 그러나 군락의 말벌들 사이의 협력과 역할 분담은 궁극적으로 일벌들이 어미 벌이나 자매 벌들의 생식을 도와 자신들의 유전자

[그림 9.4] 사회적 복잡성의 새로운 단계: 붉은종이말벌의 벌집과 말벌들. 이 집단은 여왕벌이 강제적으로 일을 분담하여 시키기에는 그 규모가 너무 크다. 따라서 일벌들은 그들과 혈연관계가 있는 벌들을 도움으로써 이익을 얻을 수 있어야 한다.

를 다음 세대로 퍼뜨리고자 한다는 사실에서 비롯된 것이다.

꿀벌들은 여왕벌의 번식을 돕기 위한 복잡한 분업 체계를 통해 효과적으로 벌집을 지키고 먹이를 찾을 수 있다. 일벌들은 자신들이 일찍 죽더라도 여왕벌을 도움으로써 여왕벌과 공유하고 있는 자신의 유전자를 퍼뜨릴 수 있기 때문에 집단생활로부터 이익을 얻을 수 있다. 그렇다면 꿀벌들은 군락에 어떠한 도움도 되지 않는 무임승차자들이 생기는 것을 어떻게 막을 수 있을까? 여기에는 혈연 선택이 핵심적인 역할을 한다. 1만 마리당 1마리 정도의 일벌들은 수컷 자손을 낳으면서 자신의 어미인 여왕벌의 번식을 돕기 위해 아무 일도 하지 않는다. 여왕벌은 그러한 속임수를 쓰는 벌들을 관리하기 위해서 자신에게 도움을 주는 일벌들이 함께 얻을 수 있는 이익을 만들어준다. 여왕벌은 16마리에서 20마리 정도의 수컷들과 교미를 하고 교미를 통해 얻은 정자를 완전히 섞어 버린다. 일벌들은 다른 일벌들이 낳은 알을 먹어치우는데, 이는 자연 군락에서 일벌들이 낳은 자손들은 일종의 이복동생이므로, 자신의 어미인 여왕이 낳은 알보다 혈연적인 관련성이 적기 때문이다. 3만 5,000마리의 벌 중에 3~4마리 정도의 일벌들이 전체 미수정란의 7% 정도에 해당하는 알을 낳는데, 다른 일벌들이 이러한 미수정란의 99%를 먹어 치우므로 1,000마리 중 1마리 정도의 수컷 벌만이 일벌 어미를 갖는 셈이다. 이러한 상호감시 활동으로 인해 일벌들은 여왕벌을 도울 수밖에 없게 된다. 그리고 이것은 매우 효과적이어서 꿀벌 집단이 엄청나게 복잡한 사회로 발전할 수 있도록 하였고, 꿀벌들 사이의 협력을 통해 그들이 마주한 문제를 해결하고 기회를 차지하면서 훌륭하게 적응할 수 있게 되었다.

서로 관련이 없는 동물들이 공동의 이익을 위해서 어떻게, 왜 협력하게 될까?

'도덕적 규범'의 진정한 모체는 인지 능력이 아니라 상호의존성이다. 각 유전자들의 재생산은 자신이 아닌 다른 모든 것들의 기능에 의존하기 때문에, 유전체 내의 유전자들은 감수분열이 공정하게 일어나도록 하는 데 공통적으로 관심을 갖고 있으며, 이러한 과정 속에서 유전체에 이익이 될 때 대립유전자들은 확산될 수 있다. 결과적으로 유전자들에게 있어서 공정한 감수분열은 도덕적 규범의 근간이며, 자연선택이라는 어떠한 목적성을 띠지 않는 방법을 통해서 퍼져나가고 유지되어왔다.

2천여 년 이전에 플라톤은 '국가론'에서 "도둑 무리가 성공적으로 도둑질을 하기 위해서 서로 힘을 합치지 않으면, 되려 모두 처형될 것이다."라고 하였다. 이와 같이 정의롭지 않은 일을 하는 도둑들도 서로에게는 정의로워야만 효과적으로 함께 일할 수 있다. 200년 뒤에 중국의 철학자도 비슷한 생각을 나타냈었다.

> 예전에 '치'라는 도둑 무리의 우두머리에게 그의 추종자들이 도둑들에게도 지혜와 도덕심이라는 것이 쓸모가 있는지에 대해 물었다. 치는 이에 다음과 같이 말하였다. "다른 사람들처럼 우리에게도 분명 지혜와 도덕심이 필요하다. 낯선 집에서 자신의 위치를 알고 또 보물이 어디에 있는지를 알기 위해서는 반드시 영감이 필요하다. 다만, 가장 먼저 집으로 들어가기 위해서는 용기가 필요하고, 가장 마지막으로 나올 때에는 책임감이 필요하다. 그리고 불가능한 것을 시도하지 않기 위해서는 지혜가 필요하며, 공정하게 분배하기 위해서는 정의로움이 필요하다. 이러한 덕목들을 갖추지 못한 사람 중에 대도둑이 된 사람도 없고, 될 수도 없을 것이다."

많은 조류와 포유류들은 무리를 구성하는 동료들로부터 도움을 받아 포식자와 경쟁자들을 피할 수 있다. 바로콜로라도 연안 근처에는 뻐꾸기과에 속하는 크고 검은 큰애니(*Crotophaga major*)가 무리를 지어 둥지를 틀고 서식한다. 한 쌍만으로는 포식자로부터 알과 새끼들을 보호할 수 없기 때문에, 이들은 둘 혹은 그 이상의 새들이 모여 한 둥지에 알을 낳는다. 이는 안전하게 둥지를 틀 만한 곳이 부족하고, 부모가 많을수록 둥지를 지키기 쉽기 때문이다. 진화생태학자 리엘(Christina Riehl)은 대학원생일 때 한 둥지를 공유하는 새들은 모두 비슷한 수의 새끼들을 기르고 있다는 사실을 발견하였다. 암컷들은 번식 성공률을 다른 새들과 동등하게 만들기 위해 자신이 알을 낳기 전까지는 둥지에서 다른 암컷들의 알을 제거하다가 알을 낳기 시작한 후에는 이러한 행동을 멈춘다. 마지막 암컷이 알을 낳기 시작하면, 이제 알을 제거하는 행동이 모두 중단되고 암컷들은 차례차례 알을 낳기 시작한다. 그리고 모두가 알을 낳은 후에는 알 품기가 시작된다. 이러한 행동을 통해 각 쌍의 번식이 동등하게 이루어질 수 있고, 알이 부화하는 시기도 동일하게 맞출 수 있으며, 결과적으로 둥지를 공유하는 새들에게 공통의 관심사가 생긴다. 갓 낳은 알들은 하얀 분필색으로 코팅되어 있는데, 이것이 닳아 없어지면서 안쪽에 있는 푸른색 알 껍질이 점차 드러나게 된다. 알 품기가 시작된 이후에, 암컷들은 이러한 특징을 이용하여 다른 둥지의 알과 자신의 알을 쉽게 구분할 수 있다.

어떤 집단의 구성원들이 생존을 위해 서로의 도움이 필요하다면, 이들은 집단을 이루었을 때의 효과를 공유함으로써 함께 관심을 가질 수 있도록 만든다. 집단생활을 하는 원숭이들은 포식자를 피하고 경쟁자들을 물리치기 위해 서로의 도움을 필요로 한다. 투흐톤(Janeene Touchton)은 바로콜로라도 섬에서 전파 추적 장치를 부착한 뒤 놓아준 부채머리수리를 추적한 결과, 흰털원숭이 무리들이 부채머리수리에 대항하여 놀라운 회피와 방어 전략을 세워놓았다는 사실을 발견할 수 있었다(사진 9.5). 독수리가 접근하고 있다는 사실을 발견하면 수컷 원숭이는 나무의 수관에 올라가 독수리를 향해 위협적으로 주먹을

[사진 9.5] 파나마에서 발사꽃(*Ochroma pyramidale*)을 먹고 있는 흰털원숭이(*Cebus capucinus*). 이 원숭이들은 다른 집단과 싸우기 위해서 협력한다. 집단 내 원숭이들은 공동의 관심사를 가지고 집단의 크기를 키우고 협력한다. 다른 집단 간에 싸움이 벌어지면 더 많은 수의 구성원들이 있는 집단이 이길 가능성이 더 높다. 만약 싸움이 자신들의 거주지 중심에 가까이에서 벌어지면 더 많은 원숭이가 싸움에 참여한다.

휘두른다. 그동안 다른 원숭이들은 수관 밑으로 뛰어 내려 빠르게 나무 아래로 이동하고, 이어 주먹을 휘두르던 원숭이도 따라 도망친다. 또 다른 연구자인 크로풋(Margaret Crofoot)은 이 원숭이들이 그들의 포식자인 오셀롯을 무리지어 공격하는 것을 관찰하였다. 원숭이들이 처음 오셀롯을 보았을 때 함께 공격을 감행하여 오셀롯이 원숭이를 사냥하지 못하도록 하는데, 오셀롯은 가끔 이러한 상황에서 공포를 느끼기도 한다. 흰털원숭이 무리는 자신들의 영역을 지키고 또 확장하기 위해 이웃 집단과 싸우기도 한다. 크로풋은 원숭이들의 영역에서 중심에 위치한 원숭이 무리들이 싸움에서 이길 확률이 높다는 사실을 발견하였다. 싸움에서 승리하는 것은 구성원 모두에게 중요한 문제이기 때문에 많은 원숭이들이 싸움에 참여하는 것을 통해 일종의 '홈-코트의 이점'을 만들어낸 것이다. 무리의 구성원들은 생존을 위해 서로에게 의존한다. 따라서 어떤 원숭이가 게을러 동료 구성원들이 부상 당하거나 죽게 된다면, 혹은 다른 원숭이들이 먹이에 접근하지 못하게 막아 무리 생활에서 어떠한 혜택도 얻지 못하도록 한다면 이 원숭이는 자신의 미래를 위험에 빠뜨리는 것이다. 따라서 무리의 원숭이들은 서로의 복지를 위해서 이익들을 서로 나누고, 앞서 말한 도둑 무리의 구성원들처럼 서로를 잘 대해주어야 한다.

침팬지 무리에서 복지에 대한 구성원들의 공통적인 관심은 도덕성의 기초가 되는 몇 가지 요인들을 구성원들이 지키게끔 유도하였다. 침팬지들은 서로를 구분할 수 있는 능력이 있고, 다른 침팬지의 입장이 되었을 때 어떻게 행동할 것인지를 그려볼 수 있는 능력이 있다. 그리고 이러한 능력은 서로를 속이기 위해서 반드시 필요한 능력이기도 하다. 어린 침팬지는 자신보다 힘이 센 침팬지들의 방해를 받지 않고 먹이를 가져오기 위해 어른 침팬지를 음식물이 있는 곳으로 함께 데려가기도 한다. 다른 침팬지의 입장에서 자신을 바라볼 수 있는 능력으로 인해, 침팬지들은 다른 침팬지들에게 자신이 행동하는 것처럼 다른 침팬지들도 자신에게 행동해 주기를 바라게 된다. 침팬지들은 또한 서로 다툼을 벌인 침팬지들이 이후에는 서로 화해하기를 바라는데, 만약 화해의 의사를 분명하게 거부하는 침팬지가 있다면, 무리의 화합을 중요하게 생각하는 이들로부터 공격을 받을 수 있다. 한편 침팬지 무리의 우두머리가 구성원들 사이에서 일어난 분쟁에서 공정함을 보이지 않고 자신의 동맹이나 배우자에게 지나치게 호의적인 태도를 보인다면, 구성원들이 함께 힘을 합쳐 정의롭지 못한 우두머리를 물러나게도 할 수 있다. 이와 같이 구성원들 사이에 공유되어 있는 행동의 기준들은 원시적인 차원에서의 도덕성으로 볼 수 있으며, 이러한 도덕성은 침팬지 무리의 구성원들 사이의 권력 다툼과 속임수로부터 벌어지는 다양한 상호작용 속에서 힘을 발휘한다. 즉 원시적인 도덕성은 무리를 위해 더 유용한 일을 행하는 침팬지들에게 더 많은 보상을 제공함으로써 구성원들의 복지에 대한 공동의 이해를 강화시킨다.

서로 다른 종 사이의 협력: 상리공생

복잡한 인간 사회에서 경제적 생산성을 높이고, 직업의 다양성을 넓히며, 사회적 복지를 달성하기 위해서는 협력적 노력이 필요하다. **상리공생**은 둘 이상의 종이 상호 이익을 위해서 협력하는 것으로, 상리공생에 참여하는 종들이 이익을 얻는 것만큼이나 생태계의 다양성과 생산성을 높이는 데에도 필수적이다. 육지 식물들은 처음 진화했을 때부터 식물의 뿌리에 서식하는 균근의 도움을 필요로 하였다. 균근은 곰팡이의 일종으로, 식물이 토양으로부터 양분을 얻는 데 도움을 주었으며, 그 대가로 식물로부터 영양분인 탄수화물을 공급받았다. 홍조류가 녹조류에서 분기하기 이전에 그들의 조상은 자신들의 세포 안에서 함께 살고 있는 남세균을 엽록체로 전환시켰고, 이를 통해 다세포 식물로의 진화가 가능하게 되었다.

동일한 종 내에서의 협력뿐만 아니라 다른 종 사이의 협력 관계에서도 서로를 도움으로써 상호 간의 이익을 얻을 수 있을 때에만 진화가 일어난다. 즉, 협업이 그들에게 공동의 이익을 제공할 때에만 진화가 가능하다는 것이다. 서로 다른 종들은 유연관계가 없기 때문에 혈연 선택은 종 사이의 상리공생을 선호하지 않는다. 번식 능력이 없는 일개미가 자신들의 유전자를 퍼뜨리기 위해 여왕개미를 돕기는 하지만, 다른 종의 이익을 위해서 자신의 번식을 그만둔 개체가 발견된다면 다윈의 이론은 무너지게 될 것이다. 그러나 대부분의 개체들 사이의 경쟁은 다른 종보다 같은 종 내에서 더 치열하다. 다윈은 유연관계가 멀수록 생존을 위해 필요한 것들이 더 많이 달라 쉽게 공존할 수 있다는 사실을 알고 있었다. 게다가 유연관계가 먼 종들 사이에는 상보적인 능력을 갖는 경우들이 더 빈번하여, 이익을 얻기 위해 서로 힘을 모을 수 있다. 가장 유명한 상리공생의 사례인 식물과 그들의 번식을 돕는 수분매개자, 그리고 영양분을 얻는 데 도움을 주는 균근 사이의 공생과 산호와 조류 사이의 공생에서도 볼 수 있듯이 각 공생 관계를 구성하는 종들은 모두 분류학상 거리가 먼 계[1]에 속한다.

여러 종으로 구성된 새의 무리는 포식자로부터 서로를 보호하며 함께 먹이를 찾는다. 무리에 속한 종들은 좋아하는 먹이와 행동 습관들이 서로 달라 무리를 이뤘을 때 경쟁에 의해 발생하는 비용을 줄일 수 있다. 그린버그(Russell Greenberg)와 그래드올(Judy Gradwohol)은 학생일 때 파나마에서 점날개개미잡이새와 체크무늬목개미잡이새가 숲의 하층을 같이 날아다니면서 공동의 영역을 유지하는 것을 발견하였다. 점날개개미잡이새는 살아 있는 나뭇잎에 있는 곤충들을 먹이로 삼고, 체크목개미잡이새는 죽은 잎 더미에 서식하는 곤충들을 잡아먹는다. 따라서 그들은 살아 있는 나뭇잎과 죽은 나뭇잎을 모두 얻을 수 있는 나무 덩굴을 찾는 데 주력한다. 개미때까치는 좁은 영역에 서식하면서 먹이를 잡기 위해 먼 거리를 이동하는데, 이동할 때에는 다른 새들 무리에 합류한다. 흰옆구리개미잡이새는 2-3종의 새들과 함께 무리를 이뤄 살아간다. 이들은 나무 덩굴 바깥으로 먹이를 잡으러 갈 때 함께하는 경향을 보이는데, 사냥 기술과 먹이를 주로 찾는 곳이 서로 다르기 때문에 경쟁에 의한 간섭이 적어 함께 무리를 이룰 수 있는 것이다.

협력자의 기만행위 막아내기

협업 관계에 있는 종들은 항상 파트너로부터 기만을 당할 위험이 있다.

---

1) 분류학상 가장 기본 단위는 종이며, 종-속-과-목-강-문-계-역으로 그 분류 단위가 커진다.

일반적으로 협업 관계에 있는 종들은 서로 협력함으로써 공동의 이익을 얻지만, 이는 서로 속임수를 쓰지 않을 때의 이야기이다. 그렇다면 상리공생 관계에 있는 종들은 어떻게 상대방의 기만행위를 막아낼까? 이 질문에 답하기 위해, 우리는 상리공생을 두 가지 유형으로 구분하려 한다. 첫 번째 유형은 손님이 멀리 있는 가게에 가끔 가서 물건을 사는 것과 같이 매우 단순한 교환이 일어나는 경우로, 동물들이 나무의 씨앗을 퍼뜨리거나 꽃의 수분을 딱 한 번 돕는 것 등이 이에 해당한다(사진 9.6). 두 번째 유형은 생애의 절반 이상을 공생 관계에 있는 파트너와 함께하는 것으로, 가위개미가 자신들이 잘라온 잎으로부터 영양분을 얻기 위해 균류와 협력하는 것이 이에 해당한다.[2]

상리공생 관계에서의 단순 교환

식물과 그들의 수분을 돕는 동물들은 때때로 서로를 속이기도 한다. 많은 난초들은 수분을 매개하는 동물들을 유인하지만 이들에게 그 대가로 먹이를 제공하지는 않는다(사진 9.7). 심지어 일부는 수분을 매개하는 곤충들의 암컷과 비슷한 냄새를 풍기는 꽃을 만들기도 하는데, 곤충들은 이 꽃과 교미를 시도하는 과정에서 꽃가루가 묻어 의도치 않게 수분을 돕게 된다. 새나 벌들은 몸에 꽃가루가 묻지 않도록 꽃의 아랫부분을 뚫어 꿀을 얻기도 한다(사진 9.8). 앵무새들은 열매의 씨앗을 퍼뜨리지 않고 그냥 먹어버린다. 식물의 수분을 돕거나 씨앗을 퍼뜨려주는 동물들을 유인하는 꽃과 열매를 가진 식물들은

---

2) 가위개미들은 잎을 소화시킬 수 있는 소화효소가 없다. 따라서 나뭇잎을 개미들이 소화시킬 수 있는 형태로 분해해주는 균류의 일종인 갓버섯(*Lepiotaceae*)에게 나뭇잎을 먹이로 주고, 이 균류를 섭취함으로써 영양분을 얻는다. 개미들은 이 균류 없이 살 수 없지만, 더욱 흥미로운 점은 이 균류들도 개미가 없으면 살 수 없다는 것이다.

[사진 9.6] 단기성 상리공생(brief-exchange mutualism). 헬리코니우스 헤칼레(*Heliconius hecale*)라는 맛없는 나비가 뜨거운 입술이라고 불리는 세팰리스(*Cephalelis*) 꽃을 수분시키고 있다. 단기성 상리공생에서는 많은 동물들이 과즙이나 꽃가루를 묻혀가지만 다른 식물을 수정시키지 않는 일종의 사기를 치는 경우가 있다. 식물은 이러한 의미 없는 서비스라는 비용을 치루기도 한다.

[사진 9.7] 단기성 상리공생과 사기성 식물. 난초는 곤충에게 어떠한 이득도 제공하지 않으면서 곤충으로 하여금 자신을 수분시키도록 하는 데 달인이 되었다. 호주 서부에 서식하는 기만적이고 과즙이 없는 팬지 난초(*Diuris magnifica*)는 과즙이 풍부한 완두꽃을 닮아 곤충을 유인하는 사기를 친다.

[사진 9.8] 사진 속의 흰 목을 가진 벌새(*Florisuga mellivora*)는 꽃을 수분시키거나 꽃가루를 가져가 다른 발사꽃을 수분시키는 노력도 없이 그저 발사꽃(*Ochroma pyramidale*)에서 과즙을 먹고 있다.

많은 자손을 만들 수 있기 때문에, 진화적 변화는 어쩌면 식물들이 할 수 있는 유일한 반응이기도 하다. 속임수를 쓰는 동물들이 많이 있기는 하지만, 이들을 수분매개자로서, 또한 씨앗을 퍼뜨리기 위해 이용하는 것은 종자식물들이 경쟁 속에서 우위를 점할 수 있도록 하고, 결과적으로 열대림의 다양성과 생산성이 유지될 수 있다.

삶을 공유하는 공생 관계

함께 서식하는 공생 관계로 넘어오면 이야기가 상당히 달라진다. 이 관계에서는 기만행위가 일어나기 매우 어렵고, 우리는 그것이 어떻게 조절되는지 알고 있다. 부모로부터 자식에게로 공생체가 전달된 경우에는 이 공생체가 속임수를 쓰는 경우가 거의 존재하지 않는다. 왜냐하면, 이러한 공생체들은 숙주의 번식을 통해서만 번식할 수 있기 때문이다. 가위개미는 매우 다양한 종류의 나뭇잎들을 소화시킬 수 있는 놀라운 균류들을 사육하였는데, 이러한 균류들은 어미로부터 딸에게만 전달된다. 새로운 여왕개미는 어미가 만들어 놓은 균류농장에서 균류들을 한 입 먹은 후에 자신의 새로운 균류 농장을 만들기 시작한다. 이후에는 여왕개미의 일개미들이 균류농장에서 발생하는 오염물질을 제거하면서 균주들을 순수한 상태로 유지시킨다. 이러한 과정은 균류들의 번식을 돕는 것으로, 즉 균류의 번식은 오직 개미들의 번식에 의해서만 이루어진다. 반면 개미들은 소화를 돕는 균류의 사육을 통해서 나뭇잎을 마음껏 먹을 수 있게 되었다. 이와 유사한 사례로 미토콘드리아(그리고 엽록체)의 유전이 있는데, 이 세포 소기관들은 오직 모세포에서 딸세포로만, 즉 부모 중 한쪽에게서만 자손들에게 전달되는 특징이 있다.

회충의 한 종류인 선충은 무화과나무의 수분에 관여하는 말벌에 기생하는데, 이 선충에 관한 연구를 통해 모체로부터 공생체들이 전달되는 현상이 어떻게 공생관계를 강화하게 되는지 밝혀졌다. 무화과 말벌의 생활사를 살펴보면, 교미를 마친 암컷 말벌 몇 마리가 무화과 열매 속으로 들어가서 열매 안쪽에 있는 꽃들을 수분시키고, 절반 정도의 꽃에 알을 낳는다. 새로 태어난 유충들이 성숙 과정을 거치면 교미를 하고, 교미를 마친 암컷들은 수분할 준비를 마친 무화과나무를 찾아 날아간다(그림 9.5). 헤레(Allen Herre)는 대학원생일 때 바로콜로라도 섬에서 무화과 말벌에 대해 연구하기 시작하였는데, 그는 무화과나무의 수분을 돕는 말벌들이 기생성 선충을 운반한다는 사실을 발견하였다. 이 선충들은 번식을 마친 숙주 말벌을 먹어 치운 후, 짝짓기를 하고 알을 낳는다. 어린 선충들은 어린 암컷 말벌들이 날아가기 직전에 이 말벌에게로 들어가 기생한다.

열매당 한 종류의 암컷 말번만을 허용하는 무화과 종에서 선충은 숙주인 말벌의 번식에 의존해야 하기 때문에 자신의 번식을 위해 숙주의 번식을 도와

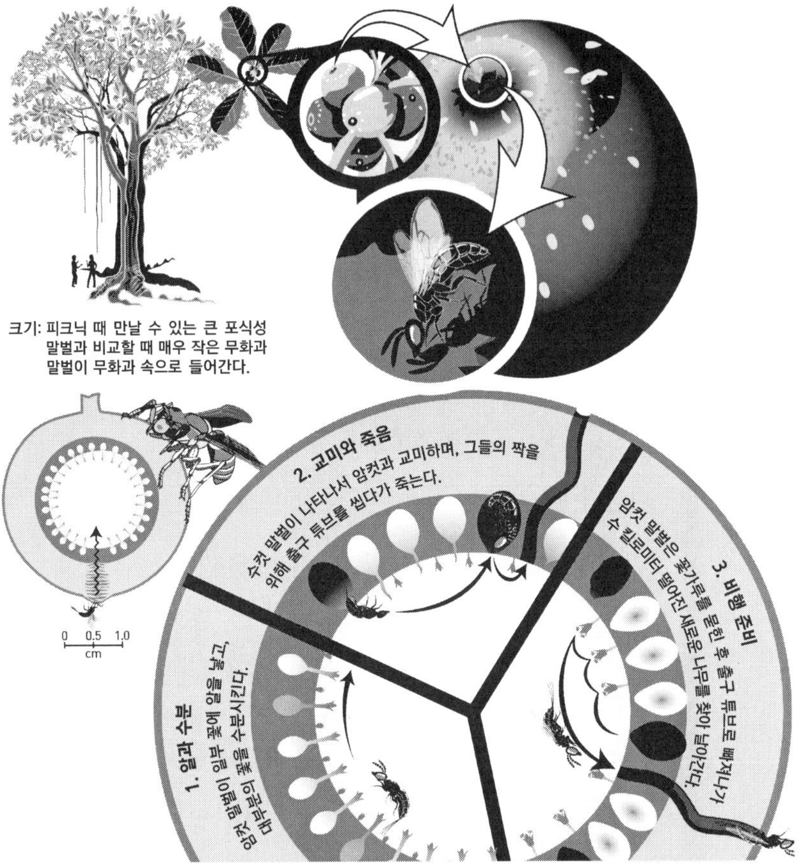

[그림 9.5] 무화과 말벌의 생활사: 말벌에 기생하는 선충에게 찾아온 기회. 각 종의 무화과나무 속에는 수분을 도와주는 고유한 종의 말벌들이 살고 있다. 교미를 하면서 꽃가루를 묻혀 온 작은 암컷 말벌들은 무화과나무의 구멍을 통해 기어들어간다(그림에 우리가 흔히 볼 수 있는 포식자 말벌과 비교하여 무화과 말벌의 크기를 표시하였다). 꽃 머리 바깥 부분이 뒤집혀 안쪽을 향함으로써 수분할 준비가 되어 있는 꽃들은 이 암컷 말벌들의 도움을 받아 수분을 할 수 있게 되고, 말벌들은 꽃의 절반 정도에 자신의 알을 낳는다(그림의 윗 부분). 각각의 말벌 유충들은 하나의 무화과 씨앗 속에서 성숙한다(그림의 아랫 부분). 수컷 말벌이 먼저 부화하여 아직 부화하지 않은 암컷을 수정시키고, 무화과 껍질에 암컷 말벌이 나갈 수 있도록 구멍을 만든 후 죽는다. 수정된 암컷들은 자신의 몸에 꽃가루를 묻히고, 다른 무화과나무를 찾아 수분시키기 위해 날아간다. 이러한 말벌에는 선충들이 기생한다. 어린 선충들은 갓 태어난 말벌 속으로 들어가고, 이 말벌들이 다른 무화과나무를 찾아 날아가는 동안 숙주의 몸속에서 성숙 과정을 거친다. 새로운 무화과나무에 말벌이 알을 낳는 동안에 선충들도 태어나고, 짝짓기를 하며, 새끼들을 낳는데, 이러한 생활사는 계속해서 반복된다.

야만 한다. 따라서 '한 종의 말벌'만 자리를 잡은 무화과에서는 선충을 품고 있는 무화과 말벌들도 선충이 없는 무화과 말벌만큼이나 많은 자손들을 생산해낸다. 그러나 '여러 종의 말벌'들이 자리잡은 무화과 종에서는 선충들이 다른 말벌의 자손에서도 살 수 있기 때문에 숙주인 말벌들로부터 영향을 덜 받는다. 또한 자신들과 혈연 관계가 없는 경쟁자들이 자신이 숙주로 삼은 말벌들의 자손에 기생할 수도 있기 때문에, 숙주를 돕는 것으로부터 얻는 이익이 적다. 따라서 여러 종류의 말벌이 자리를 잡은 열매에서는 오히려 숙주의 번식률이 낮아진다. 즉, 말벌과 말벌에 기생하는 선충 사이의 이해관계가 매우 약하게 연결되어 있기 때문에 굳이 선충들은 숙주를 돌보지 않는 것이다.

어떠한 개체가 기존과 다른 공생체를 얻게 되었더라도, 해당 공생체와의 관계 속에서 충분히 이점을 얻을 수 있다면 상리공생의 관계가 지속될 수 있다. 무화과와 무화과의 수분을 도와주는 말벌은 서로에게 도움이 될 만한 협상카드를 테이블에 가져온 것이다. 즉, 무화과는 먹이와 안전한 집을 말벌 유충에게 제공하고, 말벌은 다른 무화과나무로 꽃가루를 옮겨준다. 그러나 무화과 말벌들이 무화과 나무에 속임수를 쓸 수도 있을 텐데, 그렇다면 무화과 나무는 이를 어떻게 통제할 수 있을까?

고용주들이 일을 하지 않는 노동자들에게는 임금을 지급하지 않는 것처럼, 상대방이 속임수를 쓴다면 먹이 등의 이익을 제공하지 않는 방식을 이용해 협력 관계를 유지시킬 수 있다. 무화과 말벌들은 무화과나무의 조상격인 식물의 종자 속에서 살았던 '종자 사냥꾼'의 후예들이다. 성충이 된 말벌은 새로운 종자를 찾은 후 그 안에 알을 낳았는데, 이와 같이 종자를 필요로 하는 곤충들은 보통 한 종의 종자만 특별히 선호하는 경향이 있었다. 따라서 무화과나무는 곤충의 이러한 특징을 자신들의 수분에 이용할 수 있었다. 무화과나무 꽃의 머리 부분이 열매의 안쪽을 향하기 때문에 말벌들은 열매 속에서 짝짓기를 하게 되었다. 이때, 충분한 양의 꽃가루를 만들어내면 짝짓기 중인 암컷 말벌의 몸에 충분한 양의 꽃가루가 묻고, 이 암컷 말벌이 다른 무화과 열매 속에서 알을 낳을 때 자동적으로 수분이 일어날 수 있다. 열매가 익으면, 각 무화과나무는 특별한 냄새를 내뿜어 자신들이 필요로 하는 말벌들만을 유인한다. 후에, 말벌들이 능동적으로 꽃가루를 모아야 할 만큼 매우 적은 꽃가루만을 생산하는 무화과나무가 일부 생겨나기도 하였는데, 이런 나무에서는 말벌들의 자손이 성충으로 자라는 데 있어서 무화과나무의 수분이 필요하지 않았다. 따라서 말벌들은 무화과 꽃의 수분을 돕지 않는 속임수를 쓸 수 있게 되었다. 그러자 무화과나무들은 수분이 일어나지 않은 열매들을 떨어뜨려 말벌들의 번식을 막았고, 어쩔 수 없이 말벌들은 꽃가루를 모아 무화과 꽃의 수분을 도울 수밖에 없게 되었다.

많은 콩과 식물들은 뿌리혹을 만들어 이곳에서 공기 중의 질소를 암모니아로 바꿔주는 '질소 고정' 박테리아가 살 수 있도록 한다. 식물은 박테리아로부터 암모니아를 제공받는 대가로 박테리아가 박테리아의 생존 및 번식에, 그리고 질소를 고정하는 데에도 필요한 산소와 에너지를 공급한다. 질소 고정 과정이 필요한 식물들은 곰팡이의 일종인 균근을 불러들이고 성장시키는 데에 이용했던 화학 신호를 변형하여 토양에 있는 박테리아들을 유인하고, 뿌리에 혹을 만들어 박테리아가 살 수 있는 장소를 만든다. 식물들은 숙주가 제공하는 탄수화물을 자신들의 증식에만 이용하면서 질소 고정은 하지 않는 '나쁜 박테리아 손님'을 제거하지도, 심지어는 발견하지도 못한다. 그러나 대신에 식물들은 질소를 고정하지 않는 뿌리혹에 산소를 공급하지 않음으로써 박테리아들이 질소를 고정할 수밖에 없도록 만든다. 키어스(Toby Kiers)는 대학원생일 때 식물이 비협조적인 박테리아에게 어떻게 제재를 가하는지 보여주었다. 그녀는 식물에 있는 일부 뿌리혹의 공기 구성을 80%의 아르곤과 20%의 산소를 혼합한 것으로 바꿔보았다. 공기 중에 질소가 없기 때문에 박테리아들은 암모니아를 만들 수 없었다. 그러자 숙주 식물은 이 박테리아에게 공급하는 산소의 양을 절반으로 줄였으며, 결과적으로 박테리아들의 번식도 절반으로 줄었다.

산호와 공생조류 또한 서로에게 필요한 카드를 협상 테이블에 내놓는다. 산호는 조류에게 안전한 서식처와 질소 노폐물을 제공하고, 조류는 광합성을 통해서 생산한 당을 산호에게 제공한다(사진 9.9). 산호의 공생조류는 산호 주변의 물속에서 부유하다가 산호에게 잡아먹힌 것이지만, 그럼에도 양쪽 모두에게 이익이 되므로 이러한 상리공생 관계가 지속될 수 있다. 그러나 간혹 공생조류들이 산호에게 속임수를 쓰기도 하는데, 그러면 산호는 공생체로서 역할을 다하지 않는 공생조류들을 쫓아낸다.

공생 관계에 있는 생물체들의 운명은 상대방의 신의에 달려 있기 때문에 이러한 상황에서 속임수를 쓰는 것은 매우 터무니없는 일이다. 중앙아메리카의 쇠뿔아카시아는 속이 빈 가시들을 개미들의 서식처로 제공하고, 먹이도 준다(그림 9.6). 대신에 이 가시개미들은 초식동물과 기생 덩굴 식물의 공격으로부터 아카시아 나무를 보호한다. 개미들이 나무에 정착하여 자손들을 만들어내는 데에는 2년이 걸리는데, 만약 개미들의 보호가 없다면 아카시아 나무는 1년 내에 죽고 만다. 즉, 번식을 위해서 개미들은 이 나무를 보호해야만 하고, 따라서 아카시아와 개미들의 운명은 서로 엮여 있는 셈이다. 그러나 개미 중에는 사기꾼개미(*Pseudomymex nigropilosa*)들도 있는데, 이 개미들은 나무에 정착한 지 두 달 만에 번식할 수 있으며, 이 속도는 초식동물들의 공격으로 인해 나무가 죽는 데 걸리는 시간보다 훨씬 빠른 것이다. 이들은 공생개미를 필요로 하는 아카시아에 정착하여 나무로부터 먹이와 서식처를 제공받지만 그들을 지켜주지 않는다. 결론적으로, 개미들이 숙주인 나무를 지켜주어야만 자신들의 번식이 이루어질 수 있는 것과 같이 서로의 운명이 엮여 있어야만 상호 간의 공생 관계가 유지될 수 있는 것이다.

[그림 9.6] 다른 많은 식물들처럼 쇠뿔아카시아는 자신들을 보호하기 위해 개미를 이용한다. 개미들은 나무를 순찰하면서 나무에 기생하는 덩굴들을 갉아먹어 없애고, 초식동물들에게 위협을 가하거나 이들을 제거하기도 한다. 날카로운 가시는 개미 집단과 유충들의 거처로 이용되고, 나무에서 가장 공격받기 쉬운 어린 나뭇잎 밑의 꿀샘에서는 이곳을 순찰하는 개미들에게 먹이가 제공된다. 개미들은 정착 후 2년 뒤에야 번식을 할 수 있다. 개미들의 보호를 받지 못하는 나무들은 1년 내에 죽게 되므로, 개미들은 번식을 위해서 나무들을 반드시 보호해야만 한다.

[사진 9.9] 산호초(*Montastrea cavernosa*)의 폴립은 공생조류(*zooxanthellae*)로부터 탄수화물을 제공받는 대신 조류에게 미네랄 영양성분과 안전하면서 태양빛을 받을 수 있는 집을 제공한다. 산호는 역할을 하지 않는 공생체를 쫓아냄으로써 상리공생을 유지한다.

[사진 9.10] 2011년 8월 파나마 카리브해 연안의 상리공생인 산호초 스폰지(*Iotrochota birotulata*, 녹색; *Amphimedon compressa*, 진홍색; *Aplysina fulva*, 황토색). 이들은 섞여 자라면서 질병이나 포식자, 혹은 다른 해로운 것으로부터 방어하기 위하여 다른 종으로부터 도움을 받을 수 있도록 해준다.

울프(Janie Wulff)는 대학생일 때, 자메이카의 한 산호초에서 3종류의 매우 다른 해면들이 경쟁하지 않고 함께 얽혀 자라고 있는 것을 발견하였다(사진 9.10). 그녀는 각 해면들이 함께 살았을 때 과연 모두 이익을 얻을 수 있는지 궁금해 하였다. 이후 파나마 캐리비안 해안의 산호초에서 진행된 연구를 통해 이 3가지 해면 종의 역할을 규명하였다. 녹색손가락해면(*Iotrochota birotulata*)은 해면이 부서졌을 때 그 조각이 산호초에 가장 손쉽게 부착할 수 있는 해면이었고, 암피메돈(*Amphimedon rubens*)은 퇴적물들의 축적으로 인한 스트레스로부터 가장 영향을 적게 받고 포식자인 불가사리가 싫어하는 해면이었으며, 아플리시나(*Aplysina fulva*)는 잘 부서지지 않고 폭풍에 의해 쓸려 나가지 않으며, 포식자인 엔젤피쉬의 공격에도 잘 버텨낼 수 있는 해면이었다. 교수가 된 울프는 각 해면 종들이 다른 종과 함께 살 때 더 빠르게 자라고 더 생존을 잘한다는 사실을 보여주기 위해 16년간 이 산호초를 관찰하고 실험을 수행하였다. 3종류의 해면들은 함께 생활하면서 서로가 가진 능력을 한데 모을 수 있게 되었고, 이를 통해 다양한 위험으로부터 그들을 지켜낼 수 있었다. 불가사리가 녹색손가락해면의 밑 부분을 먹는다면 나머지 조각들은 불가사리가 싫어하는 암피메돈에 부착하여 자신의 삶을 이어나갈 수 있고, 폭풍이 불어 닥쳐 암피메돈을 뿌리째 뽑아버리면, 이 파편들은 폭풍에 잘 휩쓸리지 않는 아플리시나에 붙어 다시 생존할 수 있었다. 이 해면들은 비슷한 생활사를 갖고 있어 함께 생활하기 시작하면 그러한 상태를 계속 유지할 수 있기 때문에 상리공생이 지속될 수 있다. 또한 상대방이 다치는 것이 곧 자신이 다치는 것이 되기 때문에 이들의 운명은 서로 연결되어 있는 것이다.

그러나 만약 한 파트너가 다른 파트너 없이도 살아갈 수 있다면, 상황은 바뀌게 된다. 데스맵삼마(*Desmapsamma anchorata*)는 다른 종에 기생하는 해면으로, 상리공생하는 해면들과 함께 얽혀 자랄 수 있다. 이들은 숙주보다 훨씬 빠르게 성장하고 수명은 훨씬 짧으며, 분절 증식을 통해 빠르게 번식하므로 숙주들의 오랜 번영이 필요하지 않다. 이 종은 다른 파트너들의 유용한 능력으로부터 혜택을 받지만 그 대가로 기여하는 것은 아무 것도 없다. 그 대신 숙주들로부터 가지가 자라나오지 못하게 하거나 오히려 없애기도 한다. 숙주보다 훨씬 빠른 주기를 갖는 생활사로 인해 이들은 치고 빠지는 전략을 선호한다. 바이러스성 질병과 마찬가지로, 데스맵삼마는 이전 숙주를 제거하기 전에 새로운 숙주를 먼저 찾아 감염시킨다. 숙주 공생체들이 취할 수 있는 유일한 방어 전략은 이 기생 해면들이 감염된 부분을 제거하는 것뿐이지만, 그럼에도 이 숙주 공생체들은 기생체보다 훨씬 더 많이 관찰된다.

속임수는 공생 관계를 이룰 파트너를 직접 선택하는 방법을 통해서 막을 수 있다. 즉, 잠재적인 공생체들을 시험해본 후 자신에게 가장 협력적인 파트너만을 받아들이는 것이다. 야행성인 짧은꼬리오징어는 스스로 빛을 낼 수 있는 박테리아를 이용하여 자신의 몸 색깔을 주변 바다 환경과 비슷하게 만든다. 이와 같은 '몸 색깔 조절 능력'을 통해 오징어는 먹이를 잡을 수 있고, 또한 포식자를 피해서 자신의 몸을 숨길 수 있다. 오징어는 부화한 지 2시간 이내에 주변의 바닷물로부터 박테리아들을 유인한다. 그러나 유인한 박테리아 중 비브리오 피셔리(*Vibrio fischeri*)만 유일하게 남기고 나머지 박테리아들을 내보내거나 제거한다. 그러나 이 비브리오 박테리아들이 오징어로부터 정착할 집을 얻기 위해서는 동화 속 사랑에 빠진 청년이 공주님을 얻기 위해 마주해야 하는 그 어떤 것보다 어려운 장애물들을 극복해야만 한다. 비브리오 박테리아가 오징어의 내부에서 살기 위해서는 이동할 수 있어야 하고, 산성 환경과 잠재적인 살균제로부터 생존할 수 있어야 하며, 충분한 빛도 생산해내야 한다. 짧은꼬리오징어는 95% 정도의 공생체들을 매일 아침 쫓아낸다. 빛을 가장 잘 생산하는 박테리아들만이 안전하게 오징어 집에 붙어있을 수 있고, 오징어가 박테리아를 대량으로 방출시키는 것으로부터 벗어날 수 있다. 결과적으로, 박테리아들이 오징어와 공생체로서 살기 위해서는 계속해서 협조적일 수밖에 없다.

인간의 복잡한 경제 활동에서 협력 관계에 있는 기업 사이에 일어나는 부정행위들은 법을 통해 처벌할 수 있지만, 자연의 생태계에서 일어나는 속임수에 대한 대처 방법은 상리공생과 공생에 참여하는 참여자들의 특성에 의존하게 된다. 그럼에도 불구하고, 인간의 경제 활동이 건강하게 이루어지는 데 있어서 기업 사이의 협업이 매우 중요한 것과 마찬가지로 상리공생은 자연 생태계의 생산성과 다양성을 유지하는 데 매우 핵심적이다.

진화의 주요 전환점

개체의 적응, 사회적 협력, 종 분화, 그리고 종 사이에서 일어나는 상리공생과 같은 상호작용은 진화를 촉진시킨다. 이러한 상호작용들로부터 중요한 진화의 전환점이 만들어지기도 하는데, 이때 '땜장이로서의 진화'가 작동하여 개체가 이미 가지고 있었던 특징들을 조합하고 변형시킴으로써 새로운 능력을 갖춘 개체가 만들어진다. 물질대사와 복제의 과정이 조화를 이룸으로써 최초의 생명체가 에너지를 이용하여 스스로를 복제할 수 있게 되었고, 이로부터 생명은 시작되었다. 생명체의 이러한 특성으로 인해 번식이 가능한 개체에만 작용할 수 있는 자연선택이 일어날 수 있게 되었다. 이번 절에서는 이미 존재하고 있는 생명체들의 조합과 변형에 의한 전환에 대해서 다룰 것이다. 예를 들면, 진핵생물의 진화 과정에서 고세균이 박테리아를 세포 내에 서식하는 미토콘드리아로 전환시킨 일, 여러 세포 무리들이 모여 복잡한 다세포 개체로 진화한 일 등에 대한 이야기를 해보고자 한다.

많은 진화적 전환은 홀데인과 헉슬리가 제창한 응집에 의한 진화이다. "수많은 별개의 단위체들이 한데 모여 하나의 큰 단위(초단위)체를 형성한다.

즉, 다양한 단위체들이 서로 다른 역할을 담당하고 있었고, 이러한 단위체들이 뭉쳐지면서 하나의 개체를 형성하게 된 것이다." 이러한 전환은 친척 관계가 아님에도 서로 협력하는 평등주의적 전환과 친척 관계에 속하는 개체들이 서로 협력하는 형제주의적 전환으로 구분할 수 있다. 진핵생물의 진화가 평등주의적이라는 것은, 다시 말해 협력 관계에 있는 생명체들 모두 자신의 번식을 멈추지 않는다는 것을 의미한다. 즉, 어떠한 개체가 자신의 번식을 희생하여 유전자를 퍼뜨리지 못하면서까지 상대방을 돕지 않는다는 것이다. 반면, 형제주의적 전환은 동물계와 곤충 사회에서의 진화에서 나타나며, 주로 친족 사이의 협력을 포함한다. 이러한 입장에서 역할 분담은 번식의 역할을 담당하는 일부 세포들과 스스로 번식하지는 않지만 번식을 담당하는 세포들을 도와 유전자를 확산시키도록 하는 세포들을 나누는 것에서부터 시작된다. 평등주의적 전환과 형제주의적 전환의 차이는 개체 속에 존재하는 상염색체 유전체가 공통적으로 얻을 수 있는 이익 측면에서 뚜렷하게 대비된다.

평등주의적 전환에서 가장 결정적인 사건은 고세균 내에 미토콘드리아의 조상이 되는 진정세균이 정착하게 된 것이다. 세포 내에 서식하는 또 다른 세포인 진정세균을 길들이는 것은 과격한 반응을 불러일으킬 수도 있는 매우 벅찬 도전이었을 것이다. 원핵생물의 유전자와는 다르게 진핵생물의 유전자는 번역 과정을 거쳐 단백질을 생산하는 엑손(exons)과 단백질로 번역되지 않는 인트론(introns)으로 구분되어 있다. 인트론은 박테리아의 이기적 유전 인자의 잔해로, 이들은 한 염색체에서 다른 염색체로 이동할 수 있다.[3] 모든 진핵생물들에서 공통적으로 나타나는 유전자에는 이러한 인트론들이 공통적인 부위에 위치하는 경향을 나타내는데, 이는 진핵생물이 다양성은 물론이거니와 자기 방어 체계조차 갖추지 못했을 때 해당 인자들이 끼어들어갔기 때문으로 보인

3) 유전체 내에서 이동하는 유전자를 전이인자라고 하며, 유전자 재조합을 통해 한 염색체에서 다른 염색체로 이동한다.

다. 고세균과 진정세균의 공생 체계가 진화함에 따라 독립적인 생명체로서의 지위를 점차 잃어가게 된 박테리아는 자신의 유전자를 숙주 세포에 제공하여 '이기적 유전자'들이 고세균의 유전체 속으로 통합될 수 있게끔 해야만 했다. 반면에 고세균은 진정세균과는 달리 외부 유전자들이 자신의 유전체로 병합되는 것을 조절할 수 있는 능력이 없었으므로, 이와 같은 박테리아가 고세균에 가한 일종의 DNA 폭격은 큰 문제를 발생시켰다. 유전자로부터 메신저 역할을 하는 mRNA가 전사된 후에, mRNA 중 단백질을 암호화하지 않는 (박테리아에서 비롯된) 인트론 지역들은 특정 단백질들을 통해서 제거되어야 하고, 나머지 부분들은 리보솜이 붙어 단백질로의 번역이 일어나기 전에 다시 이어져야만 하기 때문이다. 박테리아 DNA의 폭격은 다공성의 '핵막'이 형성된 이후부터 급격히 줄어들었다. 핵막은 박테리아 공생체로부터 막 형성 과정을 담당하는 유전자들이 병합됨으로써 생성될 수 있었는데, 핵막은 숙주의 염색체들과 공생체, 그리고 그들의 이기적 유전자부를 분리시켰다. 또한, 인트론들은 핵막 안에서 mRNA로부터 제거될 수 있게 되었고, 이러한 제거 과정을 거쳐 편집이 완료된 RNA들은 핵막 바깥쪽에 위치한 리보솜에 의해 단백질로 번역되었다. 이러한 막으로 둘러싸인 염색체가 바로 핵의 기원이다. 한편 핵막의 형성을 통해 이기적 DNA의 폭격이 줄어들기는 했지만, DNA의 폭격으로 인해 대규모로 DNA를 수선할 수 있는 방법이 필요해졌다. 그리고 이 문제는 두 고세균 개체가 융합하는 과정에서 염색체들이 짝을 이루게 됨으로써 해결될 수 있었다. 염색체가 짝을 이루게 되면 한 염색체의 어떤 부위에 손상이 발생하더라도 다른 염색체가 이 부분을 고칠 수 있는 정상적인 틀을 제공할 수 있기 때문이다. 결론적으로 한때 세 종류의 뚜렷한 진화적 전환이라고 여겨졌던 미토콘드리아의 세포 내 정착, 핵의 발생과 진화, 체계적인 유성생식의 진화는 한 가지 사건의 여러 측면이라고 할 수 있다. 이와 같은 발달이 일어나는 것은 매우 어렵기 때문에 진핵생물은 오직 한 번만 성공적으로 진화할 수 있었다.

감수분열 과정에서는 동일한 상동염색체들이 서로 정확하게 짝을 이루어야 한다. 그러나 이러한 특성으로 인해 상호 교배가 일어나는 각 집단 특정 유전자 세트들이 염색체에 동일하게 배열되어 있는 '표준 유전체'를 선호하였다. 이는 어떤 개체가 집단에서 짝짓기 대상을 선택할 때 열등하거나 생존이 어려운 잡종을 피하도록 하는 데 장점으로 작용하였다. 또한 이로 인해 수평적 유전자 전달이 거의 일어나지 않도록 하여 집단의 유전자들이 함께 진화하는 것을 가능하게 하였다.

공생체들이 숙주세포에 정착하게 되면서 숙주세포에 대한 의존도가 높아지게 되었다. 정착이 완료된 공생체들은 외부에서 들어오는 다른 생명체들이 자신을 몰아내거나 숙주에게 큰 부담을 줄 수 있기 때문에 이들을 제거함으로써 이득을 얻었다. 따라서 공생체들이 숙주의 자손들을 통해 자신의 후손들을 퍼뜨리기 위해서는 가능한 모든 숙주에 정착하고 있어야 하고, 외부에서 이주해오는 다른 생명체들을 제거해야만 했다. 이러한 과정을 거친 박테리아들은 숙주에 완전히 의존적일 수밖에 없어 숙주가 잘 살아남는 것이 중요하고, 결과적으로 공생체들의 번식은 자신들과 후손들이 숙주의 번식을 얼마나 잘 도울 수 있는가에 달려 있다.

공생체를 갖고 있는 정자가 다른 유전자형의 공생체를 갖고 있는 난자와 수정을 하게 된다면 유성생식을 통해서 공생체의 수평적 전달이 가능하다. 혈연 선택은 자신들과 관련성이 높은 친족을 선호하는 것으로, 혈연 선택으로 인해 관련성이 없는 공생체들이 서로를 죽이는 일종의 내전이 벌어질 수도 있으며, 이는 숙주에게 좋지 않은 영향을 줄 수 있다. 유성생식을 하는 대부분의 종은 공생체들을 부모 중 한쪽으로부터만 전달받게 함으로써 이러한 내전을 억제하는데, 보통 모계로부터 전달되는 경우가 많다. 그러나 모계를 통해서만 공생체들이 전달되도록 하는 것은 새로운 위험을 만들어내기도 한다. 즉, 미토콘드리아의 입장에서는 모두 암컷이 되는 것이 이익이고, 이러한 일이 실제로 일어나기도 한다. 그러나 숙주 세포의 상염색체 유전자는 서로 다른 성을 갖는 자손을 동일한 비율로 만드는 것이 자신에게 유리하다는 점을 알고 있기 때문에, 숙주 유전자의 선택을 통해 암수의 성비가 동등하게 회복된다. 이와 같이 숙주와 미토콘드리아 사이의 유전적 갈등이 일어날 때, 유전체의 규모가 훨씬 크고 다양한 숙주들이 승리하게 된다. 요컨대, 한쪽 부모로부터 미토콘드리아와 엽록체가 전달되는 현상, 그리고 이로 인해 숙주와 숙주의 세포 소기관 사이에서 벌어진 성비에 대한 갈등은 세포 소기관들이 정착하는 과정 중에 기록된 유전적 갈등의 유물이라고 할 수 있다.

10억 년이 채 되기 전에 일어난 '형제주의적' 전환에는 다세포성 동물, 식물, 그리고 균류의 진화가 포함된다. 유성생식을 통해 태어난 개체들은 매우 연약한 단세포로부터 발생이 시작됨에도 불구하고, 모든 다세포성 동물, 식물, 그리고 균류들은 유성생식을 하는 선조들로부터 비롯되었다. 왜 그럴까?

선택할 수 있는 대안과 유전적 변이가 많을 때 보다 효과적인 선택이 일어날 수 있다. 서로 협력관계에 있는 개체들을 하나의 통합된 개체 속에서 각자의 역할을 수행하는 각기 다른 부분으로 전환시키기 위해서는, 집단들 사이의 유전적 변이가 집단을 구성하는 각 개체의 유전적 변이보다 훨씬 더 많아야 한다. 다세포 개체들의 각 수정란들은 독특한 유전자형을 지닌다. 그러나 이따금씩 일어나는 복제 오류와 같은 돌연변이들을 제외하면 수정란이 다세포 개체로 되는 세포 분열 과정에서 유전체들은 똑같이 복제된다. 원시의 다세포 군체들의 생장도 유성생식을 통해 만들어진 접합자의 연속적인 세포 분열을 통해서 이루어졌다면, 군체 사이의 유전적 차이들은 군체 내에서의 유전적 차이보다 훨씬 클 것이다. 유성생식, 수정란이 다세포 군체가 되기 위한 무성생식 과정, 그리고 다른 군체들의 세포를 배제시키는 것들은 모두 군체 내에서의 선택이 일어나지 못하도록 하는 것이고, 따라서 군체 사이에서의 선택만 일어날 수 있도록 하였다. 선택은 세포들이 서로 조화롭게 작동하기

[그림 9.7] 다세포성으로 인해 생겨날 수 있는 차이. 단세포 생물인 짚신벌레의 길이는 0.3mm인데, 다세포성인 담륜충(rotifer)의 길이는 0.5mm이다. 반면 다세포성인 개는 어깨까지 400mm의 길이를 나타낸다.

위해 필요한 신호 체계를 갖춘 군체를 선호하였고, 이러한 군체들은 놀라울 정도로 다양한 기능을 가진 세포들로 구성된 진정한 한 개체로 전환시켰다. 곤충과 척추동물의 세포는 감각계, 소화계, 운동 기관, 뇌 등으로 분화되었다.

동일한 유전체를 가지면서도 기능적으로 다양한 세포로의 분화가 일어날 수 있었던 이유는 배아의 전-후, 등-배 축을 따라 형성된 화학 물질의 농도 차이에 의한 것으로, 특정 유전자들이 화학 물질의 특정 농도에만 반응하여 발현될 수 있기 때문이다. 이러한 유전자들은 각 유전자가 발현되는 지역에서 적절한 발생 과정이 일어나도록 하였다. 또한 이들은 발생 과정의 각 시기와 지역을 모듈화[4](modularity)하여, 발생 과정에서 일어나는 유전자 돌연변이가 오직 돌연변이가 일어난 지역과 돌연변이 유전자가 발현되는 때에만 영향을 미치도록 하였다.

돌연변이는 매우 낮은 비율로 일어나기 때문에 100만 개 미만의 세포를 갖는 생명체에서 돌연변이가 매우 드물게 나타난다. 그러나 수 조 개의 세포로 되어 있는 동물이나 식물에서는 돌연변이가 상대적으로 많이 일어나는데, 만약 개체에게 해롭거나 치명적인 돌연변이 세포가 나타난다면 이 세포들의 확산을 막아야만 개체가 생존할 수 있고, 진화도 일어날 수 있다. 동물에는 돌연변이 세포의 확산을 막기 위한 3가지 방법이 있다. 첫 번째는 세포 분화의 초기 단계가 어머니로부터 물려받은 유전자 산물을 통해서 조절되는 것이고, 두 번째는 대식세포 등이 비정상적인 형태나 유전자를 갖는 잠재적 암세포들을 제거하는 것이고, 마지막 세 번째는 생식 세포들을 다른 세포들과 격리시켜 부모에게서 발생한 암세포가 자손 세대로 전달되지 않도록 하는 것이다. 한편, 식물에는 단단한 세포벽이 있어서 암세포가 전체 개체로 전이되어 퍼져나가는 것을 막아주는데, 이러한 현상은 종종 동물에서도 발견된다.

---

4) 형태적 모듈화는 몸의 어떤 부위가 다른 부위에 대한 기능 간섭 없이 변화하도록 허용해 주는 것이다.

한 개체가 번식을 전담하도록 하여 번식 과정에서 발생할 수 있는 여러 개체 사이의 갈등을 억제함으로써 복잡하지만 안정적인 곤충 사회의 진화를 가능하게 한 것과 마찬가지로, 다세포 생물의 진화에서도 각 세포들이 동일한 유전적 구성을 갖도록 하는 것-유전적 동질성 혹은 유전적 등가성-은 번식과 증식에 있어서 각 세포 사이에서 일어날 수 있는 갈등을 억제하기 위해 필수적이다. 한때 점균류로 불렸던 사회적 아메바는 유전적인 차이가 있는 아메바들이 서로 결합하여 여러 세포들이 뭉쳐 있는 상태인 슬러그를 형성한다. 번식하기에 적합한 장소를 찾게 되면 슬러그들은 가장 끝 부분에 포자들을 담고 있는 줄기 모양의 자실체로 변한다. 사회적 아메바들은 자신의 유전자형을 속이는 개체들로부터 어려움을 겪는데, 이 개체들 모두가 포자들을 멀리 퍼뜨리기 위해 필요한 부분인 줄기는 되지 않으면서 번식에 직접적으로 참여하는 포자만 되기 때문이다.

다세포성 동물들에는 진화의 과정에서 극복해 온 유전적 갈등의 흔적들이 남아 있다. 여기에는 동물들과 암세포 사이에서 일어난 갈등의 흔적들도 있고, 동물들이 암세포를 막아내는 데 필요한 매우 정교한 방법에 대한 흔적들도 있다. 예를 들어, 고등 동물들에는 비정상적인 유전적 구성을 갖는 세포들을 제거하는 특별한 대식세포들이 있고, 이로 인해 모든 세포들이 유전적으로 동일한 상태를 유지할 수 있다. 세포와 세포 속에 있는 미토콘드리아 사이의 유전적 갈등, 동물을 구성하는 세포와 개체로서의 동물 사이의 유전적 갈등, 그리고 이러한 유전적 갈등을 억제해 온 방식들의 자취 속에서 자유롭게 유영하던 박테리아가 미토콘드리아로 전환되고, 무성 생식을 통해 복제되던 세포들이 모여서 동물 개체가 되는 일들이 일어났다.

미토콘드리아와 후생동물의 진화로부터 우리는 또 다른 교훈을 얻을 수 있다. 선택 과정을 통해서 이미 존재하고 있는-그러므로 검증되어 있는-개체들이 일종의 모듈이 되어 보다 큰 규모의 개체가 될 수 있다. 자연선택이 생체 내에서 미토콘드리아와 엽록체를 직접 만들기보다는 땜장이가 이것저것 덧붙여서 무엇인가를 만들어내듯이 숙주가 박테리아를 삼켜서 미토콘드리아를 만든 것처럼 말이다. 이와 비슷하게, 땜장이식 진화는 각각이 스스로 번식할 수 있고 환경적 변화에 반응할 수 있는 세포 덩어리들을 한데 통합하여 하나의 다세포 개체를 만들어 내기도 하였다. 따라서 하나의 수정란으로부터 성체로 발생해 가는 과정은 급격하게 변화하는 환경 속에서도 적절하게 대처할 수 있다. 진화생물학에서 유명한 예로 돌연변이로 인해 앞발을 쓸 수 없게 된 기형의 염소는 뒷다리로만 서서 걸어야 했다. 서서 걷는 것은 뼈와 근육에 스트레스를 가하게 되고, 이러한 스트레스로 인해 근골격계에 커다란 변화가 일어났는데, 이러한 변화는 앞발이 없는 상황에 대처할 수 있게끔 근골격계의 광범위한 적응과정을 일으켰다. 이와 같이 새로운 상황에 대해 생물체의 구조 속에서 나타나는 발생학적 반응은 선천적으로 스스로를 보호하려고 하는 세포들의 반응이 반영되어 있다. 라이트(Sewall Wright)가 "어떠한 구조가 유전되는 것이 아니고 특정한 조건에서 세포들이 적응적으로 반응하여 특정한 유형의 구조를 만드는 것이다."라고 한 것처럼 말이다.

10장

최후의 전환

사고와 언어는 어떻게 진화하였는가?

동물의 행동 연구로 노벨상을 수상한 로렌츠(Konrad Lorenz)는 생명의 기원이 되는 물질의 탄생[1]과 생명체가 개념적 사고 및 언어를 구사할 줄 아는 단계로 진화하게 된 것을 지구 역사에서 가장 핵심적인 두 가지 전환점이라고 생각하였다. 그는 생명이 "정보를 습득하고 보유할 수 있는 능력과 함께 지식의 불꽃을 계속해서 태울 수 있을 정도의 충분한 에너지를 주변으로부터 흡수할 수 있는 능력을 갖춘 구조들을 '발명'함으로써 존재하기 시작하였다."는 점을 발견하였다. 또한 그는 무작위적 돌연변이에 의한 자연선택을 "유전체가 지속적으로 돌연변이를 시험하고, 그 결과를 현실과 견주어 비교해보면서, 그중에 가장 적합한 것을 유지해 가는 것"이라 생각했다. 객관적인 지식을 찾고자 하는 과학자들처럼, 자연선택은 '시행착오'를 통해 각 개체군들이 그들의 서식지에서 어떻게 생존하면서 번식할지에 대한 '가설'들을 개선시켜 나간다. 간단히 말해, 유전체에는 개체군이 생존과 번식을 위해 주변 환경을 이용하는 방법에 대한 노하우가 저장되어 있으며, 자연선택을 통해서 이러한 지식

1) 로렌츠는 생명체의 기원을 주변의 에너지를 이용하여 스스로 생식할 수 있는 존재로 보았다.

들은 발전해 간다. 그리고 이러한 자연선택의 과정을 거치면서 세상을 바꿔나가는 생명체들이 대를 이어 존재할 수 있게 되었다.

로렌츠는 개념적 사고와 언어를 통해서 한 세대에서 학습한 지식이 다음 세대로 보다 쉽게 전달, 즉 유전될 수 있다고 보았다. 갈까마귀(jackdaw)는 '오직 고양이가 있을 때에만' 저 고양이가 위협적이라고 다른 갈까마귀들과 소통할 수 있다. 그런데 언어 능력을 갖추게 되면 이러한 한계가 사라진다. 따라서 언어는 문화적 진화가 인간의 행동을 변화시킬 수 있는 주요 동력으로 작용할 수 있게 하였고, 결과적으로 인간은 빠르게 변화할 수 있게 되었다.

우리는 추상적 사고를 통해 복잡한 문제를 해결할 수 있다. 언어로 생각을 전달함으로써 보다 복잡한 협력이 가능해졌고, 경험으로 얻은 지혜를 언어와 개념적 사고를 통해서 다음 세대로 전달할 수 있게 되었다. 5천 년 전에, 생각할 수 있는 능력을 가졌던 인간으로부터 '글쓰기'가 창조되었다. 글쓰기는 지식의 보존과 확산을 보다 쉽게 만들었고, 이는 넓은 곳에 퍼져 있어 행동양식이 서로 달랐던 사람들이 서로 협력하는 데 도움을 주었다. 후에 인쇄기술과 운송 수단이 발달하면서 더 많은 지식이 생산되고 더욱 빠르게 확산되었으며, 이전보다 훨씬 큰 규모의 협력 사업을 보다 정밀하게 조직화하는 것이 가능해졌다. 결과적으로, 인간은 지구를 지배하는 존재가 되었다.

문화의 유산 vs 유전적 유산: 장점과 단점

유전체는 개체들 사이에서 나타나는 변이 혹은 돌연변이가 서식하고 있는 환경 속에서 생활하고 번식하는 데 있어서 적절한지를 시험해보는 일종의 가설 검증 과정인 자연선택을 통해서만 '학습'할 수 있다. 진핵생물의 유전체는 자연선택을 통해 해로운 대립유전자와 이익이 되는 대립유전자를 쉽게 가려낼 수 있으며, 이러한 특성으로 인해 진화는 더 빠르게 일어난다. 유성생식은 대립유전자들에게 '공평한 경쟁의 장'을 제공함으로써 자연선택이 새로운 대립유전자가 기존의 대립유전자들보다 더 큰 이익을 제공하는지 판단할 수 있도록 한다. 공정한 감수분열 과정을 거치면서 대립유전자들은 집단에 이익이 될 때에만 퍼져나갈 수 있고, 결과적으로 진화를 통한 적응이 일어난다.

작은 부족 단위로 생활하는 사회적 동물들에게 새로운 문화는 오직 부모로부터 자손들에게로, 혹은 가까운 이웃에게로만 확산된다. 따라서 이러한 문화 중에서 좋지 않은 것들은 금방 발견될 수 있고, 퍼져나가는 것도 쉽게 막을 수 있다. 작은 박쥐부터 큰 고양이까지 포식 생활을 하는 동물들은 새끼들에게 위험이 될 수 있는 먹이를 공격하는 방법을 직접 보여준다. 그러고는 새끼들에게 힘이 약한 먹이부터 힘이 센 먹이들까지 순차적으로 제공하면서 자신들의 행동을 모방해볼 수 있도록 하고, 이를 통해서 먹잇감에 어떻게 대처해야 하는지를 알 수 있도록 한다. 이러한 사냥 방법이 실제로 효과가 있다면 확산될 것이고, 그렇지 않다면 확산되지 못할 것이다. 사회의 규모가 커지고 의사소통과 운송 수단이 개선되면서, 아이디어들은 더 멀리, 그리고 더 빠르게 전달될 수 있다. 그리고 이러한 아이디어들이 서로 결합되고, 보다 유용한 방식으로 사용될 수 있도록 변화하면서 문화적 진화는 점차 가속화된다. 학교와 대학처럼 새로운 문화를 전달할 수 있는 곳이 등장하면서 새로운 아이디어들을 융합하는 것이 보다 용이해졌다. 일부 학교와 대학에서 학자들은 상호 교류의 과정을 통해서 자신들이 연구하고 있는 학문 분야에서 현상을 더 잘 설명하거나 삶을 개선하는 데 더 도움이 되는 새로운 이론들만을 가르치도록 하였다. 그리고 인간은 새롭게 전승된 지식들과 기술들을 이용하여 지구를 지배할 수 있게 되었다. 그러나 이러한 폭발적인 변화에 대해 인간은 그 대가를 치러야 했다. 다양한 기술이 발명되고, 먼 곳에서도 빠르게 의사소통할 수 있는 방법이 발달하면서 도덕성을 벗어나는 인간의 활동이 생겨나기도 하였다. 전통적인 도덕관념으로는 새로운 발전이 다른 사람들에게 해를 끼칠 수 있다는 점을 충분히 예견할 수 없었기 때문이다. 예를 들어, 해양 어업 기술은 지속 불가능할 정도로 환경을 파괴하며, 비료나 화학 약품들은 지하수를 오염시키기도 한다. 또한, 은행의 규모가 너무 방대하게 커지는 바람에 은행의 파산이 곧 국가 경제의 파산이 될 수 있는 현상이 일어나기도 하였다. 이러한 문제들은 다른 긴급한 문제를 해결하는 데 필요한 공공의 자원까지도 소모시킨다. 게다가 장거리에서도 빠르게 의사소통할 수 있는 기술은 분명 유용하지만 동시에 위험한 망상과 폭력적인 증오를 널리 퍼뜨리는 역할을 하기도 한다. 투기꾼들은 주식이나 집값이 끝없이 인상될 것이라는 믿음을 전파하면서 엄청난 금융 위기를 양산하기도 하고, 인터넷에 만연한 정치, 윤리, 종교적 혐오는 더 큰 위험을 낳을지도 모른다. 결과적으로, 문화적 진화는 유전적 진화만큼의 품질 관리가 잘 되어 있지 않다.

개념적 사고와 언어에 대한 접근: 객관적으로 이해하기

로렌츠에 따르면 "인간은 물리적인 독립체이자 능동적으로 대상을 지각할 수 있는 능력을 갖추고 있다. 이러한 인간이 물리적으로 동등한 상태로 외부 세계에 실재하고 있는 대상을 지각하는 인간과 대상 사이의 상호작용을 통해서 모든 지식들이 생성된다." 또한 "인간의 주관적인 경험 속에 투영되어 있는 모든 것들은 객관적으로 분석될 수 있는 물리적 과정과 밀접한 관련을 맺고 있고, 그러한 과정에 근간을 두고 있으며, 또 어떤 측면에서는 동일하다."고 했다. 이러한 가정은 우리가 사고와 언어를 과학적으로 이해하기 위해필요한 유일한 희망과도 같다. 신경생물학자 샹제(Jean-Pierre Changeux)는 철학자 리쾨르(Paul Ricoeur)와의 대화를 통해서 이러한 가정을 바탕으로 우리가 결실을 맺을 수 있을 것이라고 하였다.

땜장이로서의 진화[2]는 기존에 동물들이 가지고 있었던 객관적으로 이해하기, 추상적인 개념과 이론 생성하기, 비유를 통해 추론하기, 행동 조절하기 등의 능력을 조합하여 개념적 사고를 생산해내고 이를 이용해 도구를 만들거나, 먹이를 잡거나, 음식을 조리하는 등과 같은 새로운 기술을 충분히 학습할 수 있도록 하였다.

동물에게 객관적인 지식이 왜 필요하며, 동물들은 그것을 어떻게 얻는가?

개체는 살아남기 위해 그들이 생활하는 환경에 관한 객관적 지식을 가지고 있어야 한다. 모노(Jacques Monod), 르보프(André Michel Lwoff)와 1965년에 노벨상을 공동 수상한 프랑스의 분자생물학자 자코브(François Jacob)는 “아무리 생명체가 주변 환경에 대해서 살펴본다고 하더라도, 그들이 지각하는 것은 ‘실재’를 반영할 수밖에 없다. 보다 구체적으로 실재의 어떤 측면이 반영되는 것이며, 이는 생명체 자신의 행동과 직접적으로 관련되어 있다.”라고 이야기하였다. 게다가 “진화를 동반하는 수행 능력이 향상되기 위해서는 지각 능력이 개선되고, 주변 환경에 대한 입력 정보가 풍부해야 한다.” 우리가 앞으로 살펴보겠지만, 집단생활을 하는 영장류들에게 사회적 지각 능력이 요구되었고, 따라서 추상적인 이론을 만들고 유추를 통해 추론할 수 있는 능력을 발달

2) 땜장이는 금이 가거나 구멍이 난 솥, 주전자, 냄비 등을 때워서 메꾸는 사람을 말한다. 땜장이는 무엇인가에 결점이 발생하면 그것을 메꾸고 고쳐나간다는 점에서 진화와 통하는 면이 있으며, 이러한 측면에서 ‘진화의 땜장이’라는 표현을 이해할 수 있다.

시키는 방향으로 진화가 일어났다. 실제로, 자연선택을 통해서 일부 동물의 유전체에 암호화되어 있는 객관적인 지식은 주변 환경에 대한 객관적인 사실들을 학습할 수 있도록 해주었다. 뇌를 가지고 있는 개체들은 자연 세계에 대해 충분히 좋은 표상을 제공받음으로써 적절하게 행동할 수 있으며, 뇌 없이는 해석할 수 없는 감각적 자극들을 해석할 수 있다. 또한 적어도 유인원과 인간은 일어날 수 있는 사건과 행동들을 스스로 미리 그려볼 수 있으며, 이를 통해 사건과 행동에 대한 결과를 예측하고 그에 따라 적절히 반응할 수 있다. 이러한 것들이 어떻게 가능하게 되었을까?

자신의 주변 환경을 이해하기 위한 첫 번째 단계는 관련성을 갖는 것들을 구분할 수 있도록 하는 신호들을 자신의 뇌에 입력해 두는 것이다. 과학자들은 실험해보고자 하는 가설과 관련된 결과만을 뽑아내고, 그 이외의 다른 것들은 무시한다. 동물들은 서로 관련성이 없어 보이는 데이터로부터 먹이, 포식자, 피해야할 장애물들과 관련된 신호를 뽑아낼 수 있다. 이러한 능력은 동물이 신호에 대한 적절한 반응을 학습하기 이전부터 이미 자연선택을 통해서 발달되고 있었다. 개구리의 양쪽 망막은 정지 상태의 검은 반점과 이동 중인 검은 반점을 모두 인식할 수 있지만, 망막의 시신경은 움직이는 먹이를 뜻하는 검은 반점에 대한 신호만을 전달한다. 열대 우림의 암컷 귀뚜라미는 교미를 위해 밤 시간 동안 숲에서 발생하는 여러 시끄러운 소리로부터 수컷의 울음소리만을 판별해야 하는데, 이는 칵테일 파티[3]에서 내가 집중해서 듣고자 하는 사람의 소리만을 구별해내는 것과 같다. 그러므로 귀뚜라미의 '귀'는 아주 작은 약간의 음 치이를 보이는 소리를 구분할 수 있는 것 이상으로 수컷의 교미 신호에 훨씬 민감하다. 많은 나방들과 여치들도 그들을 향해 '날아오는

3) '칵테일 파티 문제'는 많은 자극으로부터 내가 집중해서 듣고자 하는 소리만을 선별해 낼 수 있는 뇌의 능력을 말한다. 파티에 자주 참석하는 사람들은 시끄러운 공간에 있어도 한 사람과의 대화에 집중할 수 있다는 점에서 유래한 용어이다.

포식자'인 박쥐의 초음파를 감지할 수 있는 특별한 기관을 가지고 있다. 색깔을 이용하여 찾고자 하는 꽃을 구분할 수 있는 꿀벌과 마찬가지로 우리도 물체가 어떤 색을 가지고 있는지 판별할 수 있다. 그 물체의 색이 무엇이든지, 물체에 비춰지는 빛의 세기가 대낮처럼 환하거나 석양이 질 때처럼 붉으스름하거나에 상관없이 말이다. 자연선택은 오랜 기간 동안 시행착오 과정을 거치면서 감각기관을 통해 들어오는 신호들을 분류하고 서로 관련된 신호들을 통합하여 주변 환경을 잘 표상할 수 있도록 신경계를 발달시켜왔고, 이를 통해 생명체들은 포식자를 피하고, 먹이를 찾고, 번식을 할 수 있는 능력을 갖게 되었다.

많은 무척추동물과 일부 척추동물은 어떠한 자극에 대해 특별한 학습 없이도 본능적이면서도 때로는 정교한 고정된 운동 패턴을 나타낸다. 프랑스의 곤충 행동 학자 파브르(Jean-Henri Fabre)는 유충들에게 먹이기 위해 거미들을 벌집에 보관해 두는 습성을 가진 말벌들은 누군가가 벌집의 방에 이미 있었던 알과 거미들을 치우더라도 계속해서 방을 만들고 거미를 보관하는 고정된 행동 패턴을 보인다는 사실을 관찰하였다. 심지어 말벌들이 벌집의 바깥쪽 부분을 덮기 시작한 후에 벌집의 모든 방들이 제거하더라도 이 말벌들은 계속해서 벗겨진 표면을 덮는 행동을 보인다. 파브르는 이와 같은 곤충들의 고정된 운동 패턴과 관련된 다양한 사례들을 제시하였다. 로렌츠는 빼앗긴 알을 둥지로 되돌려놓는 행동과 같이 거위에서 지속적으로 나타나는 행동 방식을 묘사하기도 하였다. 고정된 행동 패턴을 다시 개별적으로 조정 가능한 하위의 고정된 행동 패턴으로 나눔으로써 동물들은 주변에서 일어나는 다양한 상황에 유연하게 반응할 수 있으며, 이렇게 하기 위해서 동물은 주변 상황에 대해 더 잘 이해할 필요가 있다.

고양이, 원숭이와 같은 동물과 인간은 물체로부터 감각기관을 통해 입력된 복잡한 감각 정보들을 무의식적으로 통합하여 물체의 실재와 특징들을 이끌어낸다. 뇌가 대상의 크기나 모양, 색 등을 다양한 방향, 서로 다른 밝기, 다양한 거리에서 관찰하더라도 동일한 것으로 추론해 내는 방식은 시각의 기적이라고 할 수 있다. 수리물리학자 바일(Hermann Weyl)은 인간이 대상의 실재와 특징들을 다양한 감각 자극으로부터 추출하는 방식은 이론 물리학자들이 전자나 블랙홀과 같은 대상들을 다양한 자료로부터 도출해내는 것과 비슷하다고 이야기하였다. 차이가 있다면 물리학자들은 의식적으로 추상화하지만, 우리가 감각 정보로부터 대상을 추상화하는 것은 무의식적으로 일어난다는 점이다. 즉, 이러한 능력은 의식과는 독립적으로 존재한다는 것이며, 생명체들은 '고등 정신 능력'을 얻기 오래 전부터 이러한 능력을 발전시켜왔다. 동물이 대상을 구분할 수 있는 능력을 갖게 되고, 동일한 대상을 다시 마주했을 때 그것을 인지할 수 있게 되면서부터 공통적인 특징들을 갖는 대상들을 구분할 수 있게 되었다. 이에 대한 예로 원숭이들이 잠재적인 포식자인 날아다니는 독수리, 육상의 큰 육식동물, 그리고 위험한 뱀들을 구분해 서로 다른 경고음을 내는 것을 들 수 있다. 시각 정보로부터 어떠한 대상의 구체적인 특성이나 경향성을 분석해낼 수 있는 능력을 바탕으로 동물들은 주변 환경에 대해 더 많은 감각 정보들을 생산해낼 수 있고, 비슷한 특징들을 보다 쉽게 기억할 수 있으며, 주변의 환경들이 어떻게 변하고 이러한 변화가 자신에게 어떠한 영향을 미칠지에 대해 보다 신뢰할 만한 판단을 할 수 있게 되었다. 비록 동물의 추론 과정이 무의식적으로 일어나는 것이지만, 이를 통해 동물들은 대상에 대해 더 많이 생각해볼 수 있게 되었다.

뇌는 감각 정보를 유용하게 이용할 수 있도록 조직되었다. 동물들은 먹이, 포식자 혹은 도망칠 곳까지의 거리와 방향을 감지할 수 있어야 한다. 나무 위에서 생활하는 큰 원숭이들은 어디로 점프를 해야 할지 정하기 위해 주변에 대해 아주 잘 알고 있어야 한다. 원숭이들은 손을 갈고리처럼 이용하여 나뭇가지 사이를 스윙하듯이 이동하는데 이러한 행동을 정확하게 하기 위해서는 손과 눈의 협응이 잘 이루어져야 한다. 철학자 칸트(Immanuel Kant)는 인간의 뇌가 3차원 공간에서 대상의 위치를 정확하게 파악할 수 있는 능력을 태어날 때부터 가지고 있다고 주장하였는데, 이는 동물들이 감각 정보를 조직하는 데 이용하는 여러 선천적 능력 중 하나이다. 3차원 공간에서 대상의 위치를 특정하는 것은 "왕의 지위는 공작의 지위보다 위에 있다.", "오바마의 행동 뒤에는 어떠한 의도가 있다." 등의 문장들과 같이 비공간적인 관계를 공간적인 용어를 이용하여 말하는 것과 깊은 관련이 있다. 공간적인 관계를 시각화하여 나타내는 방식은 사람들의 생각을 조직하는 데 있어서 어떠한 기반을 제공해 준 것일까?

뇌는 인간의 필요와 감각 능력의 조화를 통해서 진화한다. 두 발로 걷게 되면서 자유를 얻은 손은 정교한 도구를 만들고 사용하는 것뿐만 아니라 물체를 감각하고 개, 말, 혹은 사람들과 의사소통하는 데에도 매우 유용하게 쓰였다. 아기들이 협응 능력을 발달시키기 위한 시도에는 사물을 바라보기, 닿기, 만져보기, 쥐워보기, 느껴보기와 같은 활동이 있다. 뇌는 보다 능숙하게 손을 사용할 수 있도록 해주며, 손을 사용하는 것은 뇌가 어떻게 진화할지에 대한 방향성을 정하는 데 다양한 방식으로 도움을 준다. 그래서 음악가, 미술가, 기술자 등과 같이 손을 이용하여 일을 하는 직업 분야에서 천재성을 보이는 일부 사람들은 추상적인 사고를 잘 못하기도 하고, 반면에 추상적인 사고를 잘 하는 사람들은 손으로 무엇인가를 하는 데 있어서 어설프기도 하다.

사회적 생활은 어떻게 사고와 언어의 진화를 도왔을까?

포유류에서 사회적 행동은 사고와 언어의 진화에 필요한 기술들의 통합을 촉진하였다. 늑대, 미어캣, 원숭이와 같은 동물들은 집단으로 생활을 하며, 집단의 구성원들은 먹이를 찾고, 포식자를 피하며, 집단의 영역을 지키기 위해

[사진 10.1] 마다가스카르 남서쪽에 서식하고 있는 나뭇가지에 앉아 있는 알락꼬리여우원숭이(*Lemur catta*). 이 여우원숭이는 사람이 고안한 학습퍼즐을 푸는 데 있어 보통 원숭이들보다 훨씬 부족하지만 안정한 사회 집단을 형성하여 살고 있다. 이들은 사회 집단으로 살기 위한 기술을 배워야 한다. 졸리(Alison Jolly)는 이러한 여우원숭이를 연구하면서 사회적 삶이 영장류 지능의 진화를 이끄는 주된 힘이라는 생각을 갖게 되었다.

서로 협력한다. 큰 집단의 구성원들은 먹이를 먹거나, 교미의 대상을 찾을 때 발생하는 우선권에 대한 지속적인 분쟁을 피하기 위해 집단 내에 '세력 순위'와 같은 서열을 만들어 그들 스스로의 위치를 구분한다. 사회생활을 하는 알락꼬리여우원숭이들이 무엇인가를 조작하는 능력은 실험실 연구에서 가장 낮은 성적을 받았던 영장류인 마모셋보다도 못하지만, 그들은 무리의 동료들이 누구인지 구별할 수 있고, 11마리의 원숭이들에 대해서는 그들의 서열이 어느 정도이고, 어떠한 특징을 갖는지에 대해서도 기억한다(사진 10.1). 그러나 여우원숭이의 사회적 구조는 개코원숭이보다도 훨씬 단순하다. 개코원숭이들과는 달리 서열이 높은 여우원숭이들은 서로 친족 관계가 아닌 어린 원숭이들을 보호하기 위한 싸움에 관여하지 않는다.

앞에서 보았듯이, 80마리의 개코원숭이 무리들은 자신을 제외한 79마리의 동료들을 시각이나 청각을 이용하여 구분할 수 있고, 성별, 상대적인 서열, 혈연관계를 기억할 수 있다. 그들은 사회생활에 대해 통사적[4]인 지식을 가지고 있다. 예를 들어, 서열이 높은 개코원숭이가 위협을 가하고 서열이 낮은 개코원숭이가 비명을 지르는 녹음 소리를 듣는 것은 그들에게 혼란스러운 일이 아니지만, 하급자가 위협을 가하고 상급자가 비명을 지르는 녹음 소리에는 충격을 받는다. 이것은 개코원숭이가 행위자와 행위의 주체 및 객체를 구분할 수 있다는 것인데, 그렇다면 개코원숭이는 주어, 서술어, 목적어를 구분할 수 있는 것일까? 개코원숭이들은 성공적인 번식을 위해 무리 내에서의 자신의 서열을 알아야 한다. 개코원숭이는 두 개체 간의 상호작용으로부터 모든 무리의 구성원들 중 자신의 서열이 어디에 있는지를 추론한다. 이것은 누가 누구보다 우위에 있다는 지식을 정리해주는 추상적이고, 객관적이며, 경제적인 이론으로, 성공적인 삶을 위해 개코원숭이들이 반드시 알아야 하는 이론이기도 하다. 개코원숭이 무리에 들어오는 새로운 구성원들은 이 이론을 적절하게 적용한다. 이와 유사하게 그들은 과거와 현재의 구성원들 사이의 상호작용을 통해 무리 내부에서의 모계 혈연관계를 추론한다. 이처럼 개코원숭이들의 마음은 자연선택의 과정을 거치면서 "다른 개코원숭이들의 행동에 바탕이 되는 패턴과 규칙"들을 파악할 수 있도록 조직된 것으로 보인다.

아이들은 말하는 법을 믿기 어려울 정도로 빠르게 배운다. 아이들은 다른 사람들이 하는 말에서 음절과 단어들을 뽑아내고, 이를 조직하여 문장으로 말하는 법을 배운다. 촘스키(Noam Chomsky)는 주어로 쓰이는 명사, 형용사와 부사를 포함하는 명사구, 혹은 명사로서 기능하는 보조 문장을 동사나 목적어와 구분할 수 있는 선천적인 능력을 아이들이 이미 가지고 있다고 하였다.

4) 여기서 통사적의 의미는 전체 구조를 이루는 성분들 사이의 관계를 의미한다.

언어마다 문장 성분의 배열 순서가 서로 다르지만, 아이들은 뇌에 이미 프로그램되어 있는 타고난 문법 지식을 토대로 이를 구분할 수 있고, 또한 단어들을 문장으로 조직할 수 있다. 청각 장애를 앓고 있는 아이들은 말을 하는 것과 동일한 문법 지식을 이용하여 수화 사용 능력을 발달시킬 수 있고, 만약 말을 하는 데 영향을 주는 뇌 지역에 장애가 있다면 수화를 하는 데 있어서도 동일한 영향을 미친다. 이러한 점들을 고려하였을 때, 의사소통을 하는 데 있어서 타고난 문법 지식은 우리의 말뿐만 아니라 사고를 조직하는 데에도 관여하는 것으로 보이며, 이러한 능력은 인류가 말을 할 수 있게 된 시점보다 훨씬 오래전부터 진화되어 왔음이 분명하다.

인류학자들은 단어를 말할 수 없는 일부 유인원에게 신호를 이용하여 의사소통하도록 가르쳤다. 유인원들은 몇 가지 수준의 물체와 행동에 대한 신호를 학습할 수 있었고, 때때로 신호의 순서에 따라 주어와 목적어를 구분하기도 했다. 유인원들은 서로 소통하기 위해 신호를 이용하는 것을 좋아하기는 했지만, 선천적 문법 지식이 없었기 때문에 그들의 학습 속도는 인간이 글쓰기를 배우는 속도보다 느리다. 인류는 아마도 말을 하기 전까지는 수화를 이용하여 의사소통했을지도 모른다. 실제로 지금도 상대방과 의사소통이 잘 되지 않을 때 손짓이나 발짓, 몸짓을 이용하기도 하는데, 때로는 이러한 시도로부터 성공을 거두기도 한다.

우리의 뇌는 사회적 지각이 가능하도록 조직되어 있다. 우리는 동료들을 인지할 수 있으며, 표정이나 목소리의 높낮이를 통해서 사람들의 감정을 해석한다. 진화론을 주장한 다윈도 일반적으로 사람의 얼굴 표정이 전 세계적으로 비슷하다는 것을 알고 있었다. 개코원숭이나 침팬지처럼, 우리는 우리가 속한 집단에서누가 혈연관계에 있고, 누가 상대적으로 우위에 있는지에 대해서 빠르게 학습한다. 우리가 생각하고 말하는 방식들에는 사회적 요구가 반영되어 있는 것일까? 사회생활은 우리의 생각과 언어를 풍부하게 해준다.

종합하면 사회생활을 효율적으로 영위하기 위해 필요한 지식들을 학습하는 데 필요한 객관적 추론, 유추를 통한 추리, 그리고 (무의식적이기는 하지만) 이론적 구조를 추론할 수 있는 능력은 동물들의 적응력을 신장시켰다.

의식의 미스테리

의식은 우리의 주관적 경험의 영역이자 자아에 대한 인식이다. 바일은 이에 대해 "나 자신에 대한 내적 인식은 주변 사람들을 이해하기 위한 밑바탕이 된다. 나 자신을 인식하는 것과 동일한 방법으로 다른 사람들의 의식을 알 수는 없지만, 그럼에도 불구하고 동료들에 대한 나름의 해석을 통해 그들을 이해하는 것은 논란의 여지없이 타당하다. 이러한 이해의 방식은, 비록 모호함과 불확실함의 증가를 동반하고 있기는 하지만, 동물계를 연구하는 데에도 이용되고 있다."고 하였다.

분자생물학자 모노(Jacques L. Monod)는 의식에 잠재적인 행동과 그에 따른 결과를 시뮬레이션할 수 있는 능력이 포함되어 있다고 주장하였다. 침팬지처럼 우리는 다른 사람들의 행동을 예측할 때 그 사람의 입장에 서서 행동을 상상해보곤 한다. 개코원숭이는 의식을 갖고 있기는 하지만 이런 행동을 하지 못한다. 문제를 해결하는 데 있어서 원숭이와 라쿤들은 해결책들을 하나씩 시도해보는 반면, 유인원들은 의식을 이용하여 잠재적인 해결책을 시뮬레이션해보고 그에 따른 결과를 상상해본다. 로렌츠는 방의 한쪽 끝에 박스 하나를 두고 다른 한쪽 끝에는 손이 닿지 않을 만큼의 높이에 바나나를 걸어 둔 뒤, 오랑우탄의 행동을 관찰하였다. 오랑우탄은 매우 좌절하는 표정으로 앉아 있었지만, 박스와 바나나를 본 뒤에 바나나 아래의 상자를 상상하고는 즉시 행동으로 옮겼다. 오랑우탄은 분명히 상자를 움직이기 전에 바나나 아래로 상자를 옮겼을 때의 효과를 상상한 것이다. 꿈을 꾸는 것은 상상할 수 있다는 것을 전제로 하며, 이것은 시뮬레이션할 수 있는 능력이 있음을 의미한다. 그리고 다윈은 개, 고양이, 말이 꿈을 꿀 수 있다는 사실을 알고 있었다.

일부 생물학자들은 의식이 주관적이기 때문에 객관적인 과학을 통해서는 이해할 수 없다고 판단하였다. 그러나 의식은 우리에게 부여된 자연선택이라는 연장통(toolkit)의 총체이며, 우리는 이를 이용하여 우리 주변의 것들에 대해 이해할 수 있다. 의식은 '마음 이론'의 근간이며, 이를 이용하여 우리는 다른 사람의 입장에 서서 그 사람의 생각과 감정을 추론해볼 수 있다. 이러한 능력은 사회생활을 하는 데 매우 필수적이고, 이것이 결여된 자폐증 환자들은 사회적으로 장애를 갖고 있는 것이다. 유추를 통한 추리는 또한 인간의 사고의 매우 핵심적인 특징이다.

샹제의 학생이었던 데하네(Stanislas Dehaene)는 의식을 보다 엄밀하게 의식적인 접근으로 정의하였다. 어떤 사람이 자신이 감각한 것을 인지한다면 그는 자극에 대해서 의식적 접근을 하고 있는 것이다. 데하네는 사람들이 의식적으로 보지 못한 이미지가 뇌의 일부분에 영향을 미칠 수 있고, 때로는 사람들의 행동에 영향을 미칠 수도 있지만, 의식적으로 감각하는 것은 뇌의 피질 전체에 공유된다는 점을 밝혀내었다. 이러한 특징을 이용하여 연구자들은 말을 하지 못하는 동물들의 의식적 감각을 연구하기 시작하였으며, 이는 의식 연구에 대한 큰 가능성을 보여준다.

놀이는 어떻게 객관적인 지식을 이끌어낼 수 있을까?

동물들의 호기심, 놀이, 탐험 행동들은 살아가는 데 필요한 감각, 사회성, 운동 능력을 조화롭게 발달시킨다. 유인원들은 어떠한 물체를 조작할 때 자신의 손을 유심히 바라본다. 유인원들이 자신의 손 혹은 스스로를 마치 다른 물체를 보는 것처럼 바라보는 것이 혹시 호기심 때문은 아닐까? 유인원들의 이러한 행동으로부터 자기 인식이 생겨날 수 있게 되고, 자신의 감정에 빗대어 타인을 이해할 수 있는 능력이 발달하게 된다.

호기심과 탐험 놀이는 개념적 사고에 적합하기도 하다. 로렌츠는 탐험 놀이를 세계와의 객관적인 상호작용으로 보았다. 동물은 분명한 목적 없이도 물체를 조사하는 행동들을 자주 나타내기도 하고, 숨을 곳이나 먹이를 찾는 것과는 상관없이 새로운 주거지를 찾기도 한다. 나이든 사람들이 젊은 사람들로부터 컴퓨터에 대한 새로운 사실들을 배우는 것처럼, 영장류들도 새끼들의 탐험 놀이로부터 새로운 것을 학습한다. 탐험 놀이와 학습은 자신을 위한 것이지 어떠한 특별한 목적을 이루기 위한 것이 아니다. 로렌츠는 "이와 같은 아주 작은 한 발의 전진을 통해, 인간의 탐구와 본질적으로 동일한 새로운 인지 과정이 발생하게 되고, 이는 과학 연구로 이어지게 된다. 다만, 사람은 성인이 되면서 놀이로부터 탐구로의 연계를 지속시킬 수 있지만, 동물에서는 이러한 현상이 사라지는 경향이 있다."고 하였다. 실제로, 우리 뇌에서 이성과 감정은 서로 나누어질 수 없게 얽혀 있다. 최고의 과학 연구는 명백히 새롭고 멋진 발견이 큰 즐거움을 줄 것이라는 기대감으로부터 동력을 얻는 것이다.

네덜란드의 역사학자 하위징아(Johan Huizinga)는 그의 책 『호모 루덴스(Homo Ludens; 놀이하는 인간)』에서 놀이는 문화의 형성과 인간의 사고 및 학습 능력에 결정적인 영향을 미쳤다고 주장하였다. 사회적 동물들은 놀이 속에서 의례적으로 행하는 사회적 행동을 통해 사회적 기술을 발달시킨다. 개들의 놀이는 의례적으로 초대의 의미를 갖는 '짖기'와 함께 시작된다. 이 '짖기'에는 "너는 내 귀를 물어서는 안돼! 만약 그러면 나도 엄청 세게 물어버릴 거야!"와 같이 놀이 친구들에게 부상을 입히지 말라는 엄격한 규칙이 담겨 있다. 아이들이 역할 놀이를 할 때 변장을 하는 것처럼, 놀이는 무엇인가를 표현할 수 있도록 해준다. 그리고 표현으로서의 놀이로부터 예술과 과학이 만들어진다. 어떠한 것에 대해서 의례적으로 행해지는 경쟁도 놀이가 될 수 있다. 예를 들어, 수컷 마나킨새가 정성을 다해 추는 춤도 짝짓기 상대를 유혹하기 위한 일종의 경쟁인데, 이는 아마도 놀이를 통해서 학습됐을 것이다. 의례적인 경쟁으로서의 놀이는 고대 그리스의 연극 대회, 기사들의 무술 대회, 법정에서의 다툼, 축구 대회와 같이 다양한 현상들을 만들어냈다. 그러나 놀이의 가장 근본적인 동기는 즐거움과 재미이다. 처음 축구를 하고, 체스를 두고, 음악을 연주하는 사람들처럼, 개와 아이들은 그것이 재밌기 때문에 놀이를 한다. 유능한 수학자들과 과학자들은 어린 아이들이 순수한 마음으로 놀이에 임하는 것처럼 그들이 탐구하는 과제에 대해 '무엇인가를 발견하는 즐거움'에 매료되어 임해 왔고, 지금도 그렇다. 그러한 놀이는 시, 음악, 드라마, 수학 혹은 뉴턴의 중력 법칙과 같은 진정한 아름다움을 만들어낼 수 있다.

수학은 의례화된 놀이의 한 종류로, 잘 선택된 공리(기본적인 가정과 개념)들로부터 매우 흥미롭고 아름다운 규칙들을 연역해가는 사람에게 상을 주는 게임으로 볼 수 있다. 정수는 셈을 필요로 하는 평범한 일상을 반영하고 있다(많은 척추동물들은 셋까지만 셀 수 있다). 하지만 무수히 많은 소수(2, 3, 5, 7, 11, 13, 17, ... 등과 같이 오직 1과 자기 자신으로만 나눠질 수 있는 수)가 존재한다는 유클리드의 증명은 일종의 놀이이다. 후에 수학자들은 n이 커짐에 따라 n보다 작거나 같은 소수의 개수가 $\frac{n}{\ln n}$에 가까워진다는 사실을 증명하였다. 이러한 근사공식을 이용하면 100보다 작은 소수는 145개, 10억보다 작은 소수는 48,254,942개임을 구할 수 있는데, 이러한 예측값은 실젯값인 168개 및 50,847,478개와 비교했을 때 큰 차이라고 볼 수는 없다. 이러한 놀이로부터의 발견이 비록 어떠한 실체가 있는 것은 아닐지라도 보편타당한 진실임에는 틀림없다. 우리의 마음이 물질에서 비롯된 것일 수는 있으나, 놀이로부터 물질적이지 않은 보편적인 사실을 찾을 수 있다. 실은 자연에는 이보다 더 많은 경이로움이 있다.

1차원적 프리즈[5], 1차원적 반복 패턴, 2차원적 벽화에서 나타나는 대칭성으로부터 수학과 예술이 융합된 놀이가 발견되었다. 대칭성은 일종의 연산으로, 이러한 연산에는 평행이동, 회전이동, 대칭이동이 있다. 이러한 연산과정에서 프리즈는 변화하지 않는다. 가장 단순한 프리즈는 하나 혹은 그 이상의 단위체들의 평행이동에 의해 대칭성을 갖는 것이다.

➚ ➚ ➚ ➚ ➚ ➚ ➚ ➚ ➚ ➚ or ¶ ¶ ¶ ¶ ¶ ¶ ¶ ¶ ¶ ¶.

두 번째 유형의 프리즈는 아래와 같이 ➚ ➘ or ╖ ╜의 단위체들이 반복되는 것이다.

➚ ➘ ➚ ➘ ➚ ➘ ➚ ➘ ➚ ➘ or ╖ ╜ ╖ ╜ ╖ ╜ ╖ ╜ ╖ ╜

이러한 유형의 프리즈는 글라이드 대칭이동을 통해 대칭성을 나타내기도 한다. 글라이드 대칭이동은 단위체의 절반을 평행이동시킨 후 다시 수평선을 기준으로 대칭이동시키는 것이다. 즉, 왼쪽 단위체의 두 기호는 화살대의 중앙점을 기준으로 대칭을 이루고, 오른쪽 단위체의 두 기호는 수평선을 기준으로 대칭을 이루는 것이다. 세 번째 유형의 프리즈는 평행이동과 수평선에 대한 대칭이동(단위체인 화살표를 반으로 가르는 선에 의해서 대칭)에 의해서 단위체들의 대칭성을 발견할 수 있다.

⇨ ⇨ ⇨ ⇨ ⇨ ⇨ ⇨ ⇨ ⇨ ⇨

앞의 3가지 이외에도 4가지의 다른 프리즈 유형이 존재한다는 사실이 증명되었다.

---

5) 수학에서 프리즈는 한 방향으로 반복되는 패턴을 말하며, 대칭성에 따라 총 7가지의 유형으로 구분할 수 있다.

4. ΛΛΛΛΛΛΛΛΛΛΛ　　5. ΛVΛVΛVΛVΛV
6. ✧ ✧ ✧ ✧ ✧ ✧ ✧ ✧ ✧　　7. # # # # # # # # #

4번째 프리즈는 하나의 단위체의 평행이동에 의해, 그리고 단위체 사이의 수직선에 의한 대칭이동에 의해 대칭성이 나타난다. 5번째 프리즈는 글라이드 대칭이동, 그림을 절반으로 나누는 선에 대한 대칭이동, 그리고 단위체 사이의 가운데 점을 지나면서 종이에 수직한 축을 기준으로 하는 180도 회전이동에 의해 대칭성을 나타낸다. 6번째는 모든 단위체를 수평으로 가르는 선을 기준으로 하는 대칭이동, 단위체 사이를 수직으로 가르는 선에 의한 대칭이동, 단위체 내부의 중심점 혹은 단위체와 단위체 사이에 위치하는 점에 대한 180도 회전이동에 의해 대칭성을 나타낸다. 그리고 마지막 7번째는 각 단위체 안의 중심점 혹은 단위체 사이의 중심점에 수직인 축에 대한 180도 회전이동에 의해 대칭성을 나타낸다. 예술과 수학이 융합되는 지점에서 놀이를 즐기던 수학자들은 아랍의 예술가들이 경험적으로 알고 있었던 벽화 속에 17종류의 대칭성이 존재한다는 사실을 수학적으로 증명했다(그림 10.1).

동물들에게 놀이는 유용한 지식을 만들어내는 강력한 무기와 같다. 그러나 인간은 놀이를 통해 그 이상의 것을 만들어낼 수 있다. 수학 놀이는 종종 물리학에서의 발견을 표현하기 위해 필수적인 도구들을 개발해왔다. 아인슈타인은 수학을 통해 별과 행성에 의한 시공간의 뒤틀림을 중력 법칙으로 표현할 수 있었고, 이러한 시공간의 뒤틀림에 의한 움직임의 변화로부터 이전에는 상상하지 못했던 블랙홀과 중력파와 같은 현상들을 예측할 수 있었다. 이는 노벨상 수장자인 위그너(Eugene Wigner)가 수학이 물리학에 있어서 "불합리하게 효과적"인 이유에 대해 탐구할 수밖에 없도로 만들었다. 놀이는 종종 아름다움과도 관련되어 있다. 현대 생태학의 할아버지로 불리는 허친슨(G. Evelyn Hutchinson)은 "인생은 성스러운 춤 혹은 최상의 아름다움, 진실, 그리고 사랑을 다른 참가자들에게 보여주는 사람이 챔피온이 되는 게임이라고 생각할 수 있도록 하는 데 교육의 목표를 두어야 한다."고 주장하였다. 프랑스의 신비주의자 베일(Simone Weil)처럼 허친슨도 과학의 진정한 의미는 세상의 아름다움을 연구하는 데 있다고 생각한 것이다.

[그림 10.1] 예술로서의 수학: 2가지 놀이의 결합. 이 다이어그램은 무슬림 예술가들이 모스크 사원의 벽을 장식하는 데 이용한 17 종류의 대칭성을 갖는 벽화 중 하나를 나타낸 것으로, 수학자인 폴리아(George Polya)는 1924년에 대칭성을 나타내는 패턴이 총 17개의 군으로 이루어져 있다는 사실을 처음 이론적으로 증명하였다. 이 그림의 좌측 상단에 표시된 것처럼 기본 단위를 분할하는 4종류의 선에 의한 대칭이동으로는 패턴이 바뀌지 않는다. 또한 4종류의 선이 교차하는 점(검은 점)을 수직으로 통과하는 선에 의한 90도 회전에 의해서도, 두 선이 만나는 점(하얀 점)에 수직인 축을 기준으로 하는 180도 회전이동에 의해서도 패턴이 변하지 않는다. 마지막으로, 하나의 단위체가 위, 아래, 양쪽으로 평행이동하더라도 역시 패턴은 그대로이다.

11장

우리는 무엇을 배웠고, 무엇을 여전히 모르는가?

우리가 알고 있다고 생각하는 것

40억 년 전 깊은 바다 열수분출구 아래의 마그마로부터 나오는 알칼리성의, 수소가 풍부한 물이 이산화탄소가 풍부한 산성의 해양수와 만나게 되었다. 열수분출구로부터 나온 뜨거운 물과 바다 밑의 차가운 물이 만들어낸 열역학적 불균형으로부터 발생하는 에너지를 이용하여, 생명체의 기원이 되는 존재가 스스로 번식할 수 있는 생명체가 되어가는 연속적인 과정들이 자연스럽게 일어난 것일까? 만약 그렇다면, 어떤 특별한 목적 없이 진행된 화학 반응을 통해 물질적인 존재가 생명을 획득하고 번식하게 되었다는 것인데, 이는 철학자들에게 매우 역설적인 현상으로 여겨질 것이다. 초기 생명체의 번식은 분명히 에너지와 물질을 효율적으로 이용하기 위한 방법인 '생존하고 번식하는 방법에 대한 가설'에 대한 내용을 암호화하고 있는 분자들에 달려 있었을 것이다. 이러한 가설은 자연선택 과정을 거친 후손들에 의해 발전되었을 것이고, 이로 인해 생명체들은 증식해 나갈 수 있었으며, 나아가 지구를 보다 살기 좋은 곳으로 변화시켜 왔을 것이다. 번식에 필요한 자원에 대한 경쟁이 일어남에 따라 다양한 생존의 방식이 나타나게 되었고, 이러한 다양성은 자원들을 조달하는 데 상호 보완적인 방법을 사용하는 생명체들이 서로 의존하게 되는 현상을 이끌어냈다. 종 사이 혹은 종 내에서의 적응적 다양성과 협력은 경쟁이 치열하게 일어나는 생태계를 보다 다양하고 생산적으로 진화시켰다. 이 과정에서 상호의존적인 관계는 훨씬 더 복잡해지고, 광범위해졌다.

적응이 어떻게 진화했는지 이해하기 위해서는 자손들이 어떻게 부모의 특징을 물려받는지 알아야 한다. 부모의 형질은 유전자를 통해 그들의 자손들에게 전달되는데, 유전자에는 부모가 가지고 있는 생존과 번식에 관한 가설, 즉 개체의 발생과 행동을 다스리는 기본적인 과정에 관한 내용들이 모두 암호화되어 있다. 적응적 진화를 일으킨 대립유전자가 자연선택을 통해 확산되기 위해서는 유전자의 복제가 체계적이고 조화롭게 잘 이루어져야 한다. 2배체 세포로부터 반수체 생식세포에게 유전자를 분배하는 감수분열 과정은 매우 정교하게 진행되며, 이러한 감수분열을 통해 서로 다른 유전자형을 갖는 개체들 사이에서 광범위한 유전자 교환을 일으킬 수 있는 유성생식이 가능하게 되었다. 유성생식은 상동염색체 사이에서의 유전자 교환을 통해 자연선택이 대립유전자 각각의 적합도를 시험할 수 있도록 하였는데, 만약 유성생식이 없었다면 유전자형을 구성하는 대립유전자는 여전히 처음 등장했을 때처럼 2개의 대립유전자가 서로 붙어서 함께 움직이는 상태였을 것이다. 유성생식을 통한 유전자 교환은 좋은 대립유전자와 나쁜 대립유전자를 보다 효과적으로 구분하여 선택할 수 있도록 하였고, '좋은 잡종'을 만드는 대립유전자들을 선호하게 하였다. 그리고 이를 통해서 대립유전자들이 속해 있는 모든 유전자형의 적응도를 향상시킬 수 있었다. 이와 같이 유성생식은 유전자들이 개체의 생장과 행동을 프로그래밍하는 과정을 모듈화하여 조직하는 것을 선호하였고, 이를 통해 다른 특징들은 바꾸지 않으면서 하나의 특징만 선택하여 변화시키는 것이 가능하게 되었다. 마지막으로, 상동염색체 사이의 재조합을 포함하여 아주 질서정연하게 진행되는 유성생식은 공정한 감수분열 과정에 참여하는 대립유전자들이 오직 개체의 환경 적응에 이익이 될 때에만 확산되도록 하는 대립유전자 사이의 공동의 이익을 만들어냈다.

대립유전자들에게 동등한 경쟁의 장을 제공하고, 개체에게 도움이 될 때에만 확산될 수 있도록 하는 이러한 규칙은 적응적 진화의 토대가 되었다. 그러므로 자연선택은 사회적 집단을 선호할 수 있게 되었고, 생물이나 서로 밀접하게 통합되어 있는 꿀벌 군락과 같이 스스로의 권리를 갖는 한 개체로 진화하게 되었다. 종 내의 개체들이 서로 다른 생활방식을 선택하게 되면, 한 개체군은 서로 다른 종으로 갈라질 수 있다. 마지막으로, 자연선택은 공동의 이익을 위해 서로 대비되는 능력을 모아서 이익을 얻는 상리공생을 선호하였다. 상리공생은 진핵생물의 진화와 생태계의 기능 모두에 매우 중요하다. 적응, 다양성, 집단생활의 진화, 상리공생의 진화를 통해서 복잡하고 상호의존적인 군집 속에서 살고 있는 다양한 유기체들의 진화를 설명할 수 있다.

우리가 모르는 것과 그로 인한 한계들

첫 번째 한계는 생명의 기원에 관한 것이다. 생명이 없는 무생물로부터 어떻게 생명을 가진 존재가 만들어져 생존하고 번식할 수 있었을까? 폭포나 산불처럼 어떠한 목적 없이 물질들을 조직하여 생존과 번식을 발달시킬 수 있는 생명체가 어떻게 만들어질 수 있었을까? 우리는 이러한 현상이 어떻게 일어났는지 추측해보고 근거를 제시하였다. 그러나 이에 대해 충분히 납득할 만한 자세한 설명은 생물학뿐만 아니라 철학에서도 매우 중요할 것이다.

두 번째로는 식물이 계절적 가뭄이나 초식동물들에 대처하는 방법부터 새들이 정확한 시간에 정확한 장소로 이주할 수 있는 능력에 이르기까지 생명체들이 가지고 있는 기술적인 역량이 생태계의 진화에 영향을 어떻게 미치는지를 이해하는 것도 시급한 문제이다. 우리는 작은 미생물에서부터 박쥐, 꿀벌, 계절에 따라 이동하는 고래 등과 같은 생물들의 다양한 기술적인 역량이 서로 다른 종들과 지역 사이에 나타나는 상호의존성의 규모와 정도에 어떻게 영향을 미치는지에 대해서도 공부할 필요가 있다.

세 번째 질문은, 경쟁, 포식과 피식을 동반하는 종 사이의 상호작용이 어떻게 풍부하고 다양한 군집 형성에 작용하는지에 대한 것이다. 해달이 모두 사냥당해 성게로 가득한 황폐해진 갯녹음보다 해달이 살고 있는 해초가 풍부한 지역, 그리고 여우가 땅을 비옥하게 만드는 새들을 잡아먹어 생산성이 없는 툰드라보다 여우가 없는 비옥한 초원인 알루샨 열도와 같이 인간 정착자들이 처음 마주한 군집들은 왜 훨씬 더 생산적이고 다양성을 갖추고 있었을까?

마지막 한계는 가장 최근에 일어난 진화적 전환의 성과인 개념적 사고와 언어에 관한 것이다. 이는 생명체의 탄생과 더불어 지구 역사상 가장 큰 두 가지의 혁신적 사건이다. 우리의 뇌는 생각할 수 있는 물질인가? 만약 그렇다면, 이 물질은 어떻게 조직되고 구성되었기에 생각을 할 수 있는 것인가? 어떻게 물체인 뇌가 아름다움을 감상할 수 있는가? 시각, 생각, 그리고 아름다움에 대한 인식은 모두 뇌에 있는 신경세포의 활동에 의한 것으로, 사고하고, 말하고, 감상하는 것에 모두 물질이 관여한다. 톰슨(D'Acry Thompson)은 그의 걸작인 『성장과 형태에 대해(On Growth and Form)』라는 책에서 생리학에 관해 다음과 같이 이야기하였다.

> 한편, 물리학자들이 생명체에 관한 물리적 문제에 접근할 때 상정했던 적절하고 합법적인 가정은 적어도 이 현상에 외부의 영향이 없었다는 것이다. 하지만 이러한 가정이 타당하고, 적합하며, 과학적 탐구를 위해 필요한 전제

라고 하더라도, 언젠가는 그것이 사실이 아닌 것으로 밝혀질지도 모른다. 그리고 이것은 물리학자들의 실수라기보다는 그들의 성과로 여겨질 것이다.

마음의 가장 신비로운 측면은 의식이 있다는 것이다. 의식은 인간의 경험에 근간을 두고 있으며, 얼마나 많은 동물들이 의식을 가지고 있는지는 아무도 모른다. 의식과 가장 최근에 진화한 의식을 동반한 자기 인식을 통해 우리는 다른 사람들을 이해하고 사회적인 문제에 대처할 수 있게 되었다. 바일은 "이러한 이해의 방식은, 비록 모호함과 불확실함의 증가를 동반하고 있기는 하지만, 동물계를 연구하는 데에도 이용되고 있다."라고 생각하였다. 일부 심리학자들과 동물 행동학을 연구하는 사람들은 의식을 이해하는 것이 매우 어렵기 때문에 의식은 과학을 통해 알 수 없으며 과학과 관계없는 것으로 간주하고 이를 연구하는 것을 거부하였다. 그러나 이것은 생물학에 대한 이해를 오히려 저해하는 매우 창피한 회피일 뿐이다. 다행히도 분자생물학자 모노는 이에 대하여 좀 더 전향적인 생각을 가지고 있었다. 그는 1970년에 객관적인 지식과 주관적인 의식에 대한 자기 이해를 분리하는 것이 여전히 어렵다고 생각하기는 했지만, 우리의 의식이 우리에게 이야기하는 것을 무시하지 않았다. 오늘날, 데하네는 의식적으로 지각에 대해 인식하는 '의식적 접근'에 초점을 두고 있다. 이러한 접근은 의식과 관련된 것을 양적으로 측정할 수 있는 방안이며, 의식의 본성과 뇌의 작동 방법을 우리가 훨씬 더 잘 이해할 수 있는 새로운 길을 열어줄 것이다.

감사의 글

무엇보다도 이 책에 기여한 미술가와 사진작가들에게 감사드립니다. 참여한 미술가로는 Debby Cotter Kaspari, Damond Kyllo, Anne Klein, Barrett Klein, Mary Bruce Leigh, Aaron O'Dea와 Danielle VanBrabant가 있으며, 사진작가로는 Anne Paine, Robert Delfs, Janie Wulff, Annette Aiello, Patrick Kennedy와 Teague O'Mara가 있습니다.

전체 원고의 초고를 읽어주신 Anthony Coates, Henry Horn과 Richard Schooley에게 깊이 감사드립니다. Janie Wulff는 이 책의 한 부분에 도움이 되는 논평을 제공해주었습니다. 뉴저지주 몽클레어 주립 대학의 과학 수학 전문 자원 연구소에서 바로콜로라도 섬을 방문한 적이 있습니다. 이때 여러 교사들은 아직 삽화나 사진이 없는 상태였던 유전과 자연선택에 관한 장을 읽고 책에 대한 긍정적인 평가를 해주었습니다. 시카고대학의 출판부에서 일했던 Christie Henry는 원고 집필 중인 상태임에도 실질적인 조언을 많이 해주어서 매우 큰 도움이 됐습니다. Karen Kostyal은 책의 앞부분인 생명의 기원에 관한 내용을 크게 발전시켜 주었습니다.

그리고 Geerat Vermeij에게는 특별히 감사를 표합니다. 그와는 진화생물학의 문제에 대해 정말 오랫동안 논의했기 때문입니다. 이제는 책 속에 담긴 생각이 누구의 생각인지 구별하기가 어려울 정도입니다. 그의 놀라운 문학적

수완은 이 책의 수많은 틈새를 메워 주었습니다.

또한 스미스소니언의 열대연구소에 있는 여러 커뮤니티에 감사드립니다. 이 분야에 대해 많은 정보가 있는 커뮤니티에서 파나마를 사이에 두고 매우 다른 특징을 보인 대서양과 태평양 간의 차이를 알려 주었는데 Charles Birkeland, Janie Wulff, Peter Glynn가 제공해준 매우 유용한 정보부터 대학원생인 Robin Foster가 밝힌 열대우림의 조직 원리를 포함한 많은 특징들까지 열대생물학에 대해 많은 것들을 알려 주었습니다. 게다가 원고 교정 작업을 끝까지 맡아주었습니다.

파나마에서의 연구는 공룡의 시대부터 현재에 이르는 역사에 대한 지식을 설정하고 있었습니다. 이 연구소의 설립 책임자인 Martin Moynihan은 제가 열대 생물학에 입문할 수 있도록 도움을 주었습니다. 그의 후임자인 Ira Rubinoff와 Eldredge Bermingham은 『A Magic Web』의 지속적인 개정판 출판과 바로콜로라도 섬의 숲 공동체를 대상으로 한 사진 에세이에 대한 자금을 지원하여 Christian Ziegler의 경력에 도움을 주었으며, 현 연구소 소장인 Matthew Larsen은 이 책을 출판하는 데에 재정적으로 많은 지원을 해주었습니다. 스미스소니언 열대 연구소의 직원들, 특히 펠로우쉽 프로그램을 운영하여 연구소의 지적인 삶의 질을 유지하기 위해 많은 일을 한 Adriana Bilgraydp에게 감사를 전합니다. 또한, 바로콜로라도 섬 연구소에서 즐거운 삶과 더불어 편안한 과학 활동을 할 수 있도록 해준 Oris Sanjur, Oris Acevedo, 그리고 Melissa Cano에게도 깊이 감사드립니다.

끝으로 예일대학 출판부, 특히 과학 편집장인 Jean Thomson Black, 편집 보조인 Michael Deneen, 책의 인쇄 편집장인 Phillip King에 감사드리며, 또한 저자들이 알 수 없는 곳에서 이 책을 발행하기까지 많은 관심과 애정을 쏟아부은 출판부의 많은 다른 이들에게도 깊이 감사드립니다.

Egbert Giles Leigh, Jr.
Christian Ziegler

찾아보기

ㅈ

ㅋ

ㅌ

ㅍ

ㅎ

기타

진화의 렌즈로 본
생명의 아름다움

인쇄 | 2023년 1월 2일
발행 | 2023년 1월 5일

지은이 | 에그버트 자일스 리 · 크리스티안 지글러
옮긴이 | 전상학 · 박기석 · 심현표
안주현 · 유금복
펴낸이 | 조승식
펴낸곳 | (주)도서출판 북스힐

등 록 | 1998년 7월 28일 제 22-457호
주 소 | 서울시 강북구 한천로 153길 17
전 화 | (02) 994-0071
팩 스 | (02) 994-0073

홈페이지 | www.bookshill.com
이메일 | bookshill@bookshill.com

정가 18,000원

ISBN 979-11-5971-449-8